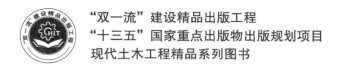

"双一流"建设精品出版工程
"十三五"国家重点出版物出版规划项目
现代土木工程精品系列图书

环境工程毕业设计指南：
以城市排水工程设计为例

GUIDELINE ON GRADUATION PROJECT OF ENVIRONMENT ENGINEERING:
URBAN DRAINAGE ENGINEERING DESIGNING AS AN EXAMPLE

魏亮亮　主　编

姜珺秋　杨　楠　副主编

赵庆良　主　审

U0222776

哈尔滨工业大学出版社
HARBIN INSTITUTE OF TECHNOLOGY PRESS

内 容 简 介

本书以城市排水工程设计为对象,首先系统阐述了城市排水工程的概念、组成、设计要素,然后论述了城市排水管网工程设计及规范制图,在此基础上,对城市排水工程中的泵站、一级处理、二级处理、深度处理、消毒、污泥处理处置等单元的设计计算及工程绘图进行了全面的论述。

全书共 14 章,主要内容包括:城市排水工程的概念与设计元素;城市排水工程本科毕业设计依据及过程管理;城市排水管网工程设计及规范制图;城镇污水处理厂常见工艺及工艺选择;城镇污水处理厂泵站及一级处理工艺设计与规范制图;城镇污水处理厂典型二级生化处理工艺设计及规范制图;城镇污水处理厂二次沉淀池及集配水井设计与规范制图;城镇污水处理厂深度处理工艺设计及规范制图;城镇污水处理厂出水消毒及工艺设计;污泥处理处置工程设计及规范制图;城镇污水处理厂平面、水力高程布置图设计及规范制图;本科毕业设计的规范化写作;城市排水工程方案经济性比较;本科毕业设计中文献的查阅方法及文献翻译等。

本书可作为高等院校环境工程、市政工程专业及其他相关专业的毕业设计用书,也可供科研、设计及管理人员参考使用。

图书在版编目(CIP)数据

环境工程毕业设计指南:以城市排水工程设计为例/魏亮亮主编.—哈尔滨:哈尔滨工业大学出版社,2021.3
(现代土木工程精品系列图书)
ISBN 978 - 7 - 5603 - 9063 - 5

Ⅰ.①环… Ⅱ.①魏… Ⅲ.环境工程－毕业设计－高等学校－教学参考资料 Ⅳ.①X5

中国版本图书馆 CIP 数据核字(2020)第 170180 号

策划编辑 贾学斌
责任编辑 佟雨繁 陈雪巍
出版发行 哈尔滨工业大学出版社
社 址 哈尔滨市南岗区复华四道街 10 号 邮编 150006
传 真 0451 - 86414749
网 址 http://hitpress.hit.edu.cn
印 刷 哈尔滨博奇印刷有限公司
开 本 787mm×1092mm 1/16 印张 22 字数 549 千字
版 次 2021 年 3 月第 1 版 2021 年 3 月第 1 次印刷
书 号 ISBN 978 - 7 - 5603 - 9063 - 5
定 价 68.00 元

前　言

　　环境工程是环境保护和生态学学科的一个重要分支，是通过研究微生物学、化学、物理学等自然科学及社会学等基础学科知识，来解决环境污染、改善环境质量、促进环境保护与社会发展、实现生态文明建设目标的专业。在环境工程人才培养中，工程设计知识的强化越来越得到广泛关注，其地位和重要性日渐提升。为了有效促进工程人才的发展，国家及教育部实施了一系列包括新工科建设、"卓越工程师教育培养计划"等相关的举措，力争在短时间内有效提升工程人才培育水平，改变现有本科教学中"纵深横弱"的现象，着力培养一批工程知识扎实、本领过硬的生态环境综合型人才。

　　毕业设计作为高等院校实现人才培养目标的重要实践性教学环节，其对学生工程能力的培养起到至关重要的作用。环境工程专业毕业设计主要涵盖水污染控制、大气污染控制以及固体废物处理与处置三大环境工程领域的设计等。城市排水工程设计作为水污染控制领域的实践设计，一直是我国环境工程领域学生毕业设计的首选。在传统的教学中，存在课时压缩后设计理念碎片化、课程限时（1～2周）后设计大局观欠缺等问题突出；此外，目前的环境工程培养体系中对环境质量标准、设计标准及规范未设置强制性的教学任务，学生做设计过程中规范性不够，对设计的体系及细节理解不到位，影响毕业设计的整体质量。

　　基于此，编者在指导本科课程设计及主讲"怎样做毕业设计""城市排水工程设计规范与计算"的基础上，收集了历年课设资料及毕业设计成果，通过常见问题剖析及规范制图，编写了《环境工程毕业设计指南——以城市排水工程设计为例》，以期为环境工程等相关专业本科毕业设计提供有效指导。

　　本书是为了配合环境工程专业的毕业生进行毕业设计而编写的，着重讲述城市排水工程的设计规范、设计流程、设计组成、专业制图的要求与毕业设计写作等相关知识，并辅以计算机辅助设计（CAD）图纸讲解、经济概算、文献查阅方法以及相关的专业标准说明，以期加深学生对于排水工程设计规范、设计方法、设计工艺的认识，协助毕业生完成毕业设计和报告的撰写。本书以城市排水工程科学设计为对象，以培养学生科学剖析问题、有针对性地选择工艺方案、细致地进行设计计算、规范化制图等能力为目标，重点论述了城市排水工程设计过程中的工程需求、设计细节、规范设计等内容；结合我国已有的设计准则和相关标准，对工程的科学性、规范化设计提出了具体要求。同时，本书还对环境工程毕业设计报告的规范化写作及系统性设计计算等内容做了详细讲解。

　　本书的编写工作由魏亮亮主持，各章节的编写人员分工如下：第1～3章，魏亮亮、丁晶、李乔洋、陈颜；第4章，姜珺秋、苏建国；第5章，魏亮亮、姜珺秋，杨海洲；第6章，魏亮亮、杨楠、任益民；第7章，杨楠、魏亮亮、于航；第8章，任益民、高晨晨、夏鑫慧；第9章，姜珺秋、魏亮亮、高晨晨；第10～12章，魏亮亮、杨楠、朱丰仪；第13～14章，魏亮亮、李健菊、姜珺秋。本书在编写过程中除列出的文献目录外，还参考了大量优秀的文献和成果，在此表示衷心感谢！

　　由于编者水平有限，疏漏和不妥之处在所难免，热忱希望读者提出批评和意见。

编　者

2020 年 10 月

目　　录

第1章 城市排水工程的概念与设计元素

1.1 城市排水工程的概念与建设意义

1.1.1 城市排水工程的概念

城市也称为城市聚落,一般指坐落在有限空间地区内的各种经济市场——住房、劳动力、土地、运输等——相互交织在一起的网络系统;其具有一定的行政、经济、文化、交通等多方面的功能。城市为人类提供重要的生活环境,相应的,人类的活动也会对城市的环境产生重要的影响。

运行良好的城市,需要将其辖区内汇流的雨水、生活污水、工业生产废水等,通过专门砌筑的沟管、泵站等进行收集及输送,并将生活污水、工业废水及部分受污染的雨水送至污水处理厂等进行处理,这些工程设施及构筑物等统称城市排水工程。运行良好的城市排水工程需要实现以下目标:第一,能够使整个城市的雨水顺利下渗或排放;第二,能够实现生活污水、工业废水的有效收集、高效处理及达标排放;第三,能够实现水资源的梯级利用等。

1.1.2 城市排水工程建设意义

城市排水工程的建设,将对城市环境的改善和居民生存环境的提高大有裨益,其主要的意义如下:第一,从环境保护及公共安全方面讲,排水工程可有效改善废水水质、控制水体污染、缓解初雨径流污染、防治城市内涝等;第二,从卫生方面讲,排水工程的兴建对保障人民的健康意义深远;第三,收集、处理后的再生水的水体功能大幅提高,妥善处理后的污水可用于工农业诸多领域,可作为再生水源水进行回用;第四,在城市排水设施运行过程中可回收诸如甲烷、氮、磷等高价值物质,实现资源的回收和再利用等。

1.1.3 城市排水工程建设程序

城市排水工程的建设必须按照国家基本建设程序进行。

1. 我国基本建设程序

我国对基本建设的程序规定如下。

(1)项目建议书阶段(包括立项评估)。项目建议书是由投资者(目前一般是项目主管部门或企、事业单位)对准备建设项目提出的大体轮廓性设想和建议,主要确定拟建项目的必要性和是否具备建设条件及拟建规模等,为进一步研究论证工作提供依据。

(2)可行性研究阶段(包括可行性研究报告评估)。该阶段是根据项目建议书的批复进行可行性研究工作,对项目在技术上、经济上和财务上进行全面论证、优化和推荐最佳方案。可行性研究一般需重点探讨以下方面的问题:技术是否可行,经济效益是否显著,所需投入的人力、物力和财力,建设所需时间,能否筹集到所需资金等。

（3）设计阶段。根据项目可行性研究报告的批复，项目进入设计阶段。由于勘察工作是为设计提供基础数据和资料的工作，这一阶段也可称为勘察设计阶段。这是项目决策后进入建设实施的重要阶段。设计阶段的主要工作通常包括初步设计和施工图设计两个阶段，对于技术复杂的项目还要增加技术设计阶段。

（4）开工准备阶段。开工准备阶段的工作包括申请列入固定资产投资计划及开展各项施工准备工作。这一阶段工作就绪，即可编制开工报告，申请正式开工。

（5）施工阶段。工程具备了开工条件并取得施工许可证后方可开工，并进入施工阶段。

（6）竣工验收阶段。这一阶段是项目建设实施全过程的最后一个阶段，是考核项目建设成果、检验设计和施工质量的重要环节，也是建设项目能否由建设阶段顺利转入生产或使用阶段的一个重要阶段。

（7）后评价阶段。在竣工验收若干年后，规定要进行后评价工作，并将其正式列为基本建设的程序之一。

上述 7 个步骤，可进一步概括为以下 3 个较大的阶段。

（1）项目前期阶段。该阶段以确定建设项目为核心，包括调查、规划、编制计划任务书和确定建设地点等内容。

（2）工程准备阶段。该阶段以勘察设计为核心。

（3）投资实施阶段。该阶段以建设安装施工为核心。

2. 城市排水工程基本建设程序

对于新建的城市排水工程，其基本建设程序如下。

（1）进行排水工程专项规划。该工作一般由城市规划部门进行，其主要任务为：根据总体规划的布局和安排，估算城市的雨水、污水总量；确定排水体制；进行排水管渠系统规划布局；确定污水处理厂位置、规模、处理等级及用地范围。在进行城市排水工程规划时，要求根据城市发展特点和自身城市特点，节约用地，少占农田，要防止水源和水体的污染。

（2）编制排水工程设计任务书。设计任务书是确定建设项目方案的重要文件，该工作一般由具有资质的建设单位完成。设计任务书的主要内容包括：建设目的和依据；建设规模和工程投资及资金筹措；建设周期、财务效益分析和工程效益分析；设计范围及主要工程项目；服务对象和使用要求；工程标准；排放水体特征；供电和运输条件；材料供应条件；建设地点或地区发展现状及未来规划；水文、地质、气候等资料。设计任务书中要明确提出排水项目的总体评价和拟推荐的方案。对改（扩）建大中型项目还应包括固定资产利用程度和现有生产潜力发挥情况等方面。自筹大中型项目，还应注明资金、材料、设备的来源情况；小型项目设计任务书内容可适当简化。

设计任务书应向上级单位申报批准。重大项目由中央审批，中型项目一般由省、自治区、市审批。批准后由建设单位或业主委托具有设计资质的单位进行工程的勘察设计。

（3）勘察设计。设计之前，必须进行勘察测量和调查研究，以获取基础资料。设计单位接受设计委托后，根据规划和设计任务书的要求，应组织设计人员深入现场实地查勘，实地调研，研究解决设计任务书中尚未明确的有关问题，提出资料要求，布置初步勘察工作（如水源地和排放水体、主要构筑物地基的地质情况等）。

（4）编制初步设计。根据上级部门批准的任务书内容编制初步设计，其任务为确定待建工程的规模、技术、技术参数和经济合理性，解决建设对象最重要的经济和技术问题。设计应提出不同方案并进行认真比较,该过程中,设计单位应认真听取管理部门、施工单位及有关部门的意见,选择出最佳方案。经批准的初步设计及其所附设备、材料清单和投资概算,是进行成套设备订货、组织建筑材料供应、核定建设投资和拨款结算、征购建设用地以及编制施工图设计的重要依据。未获准的初步设计的项目,一律不得列入计划,不得订购设备和材料,不得征地拆迁,以免发生混乱,造成浪费。

设计单位在完成初步设计后,按照工程的大小,由建设单位或业主报送主管单位审批,设计单位在审查会议上对有关设计情况进行答辩。初步设计上报有关单位审批后,如审批意见与初步设计内容有重大出入,则应根据审批意见进行修正,报原审批单位批准。

(5)施工图设计及签图。根据批复的初步设计进行施工图纸设计。施工图深度应满足施工安装、加工及施工预算编制要求,设计文件则应包含设计说明书、图纸、材料设备表、施工图预算等。施工图的设计,特别是排水工程的主要构筑物,其结构选型、施工方法等均应符合标准,并征求施工部门和生产运转部门的意见。施工图设计的质量由设计单位负责,并由相关责任人负责签字,除指定者外,一般不需再审批。

(6)设计图的施工建设。排水工程的施工建设应严格按照施工图。在工程建设前,应由设计单位相关人员向施工部门进行施工图的技术交底,说明设计意图、施工要求,并听取相关施工人员意见。施工单位要按照设计图施工,若发现问题,应及时与设计单位沟通,经相关手续后,方可变动。

施工时,为了总结设计经验,要及时解决施工中出现的技术问题,或根据具体情况对设计做必要的修改和调整,设计人员要有计划地配合施工。对一般设计项目,指派主要设计人员到施工现场,解释设计图纸,说明工程的设计标准、原则、依据及设计细节,提出施工应注意事项和新技术的特殊要求,并会同测量人员,向施工单位交验有关探测路线、桩位和控制水准点等方位;对重大设计项目,必要时应派设计代表,以应对现场实际问题。

(7)竣工验收及运行。竣工验收是对建设成果的全面考核,要对施工质量进行重点检查。所有项目竣工后,待验收合格后,施工才算最后结束。工程验收完毕后,施工单位应编制竣工图纸。最后进行生产性运行,并编写工程总结。大型设计项目,设计人员必须参加试运行,总结设计经验。

1.1.4　城市排水工程设计阶段划分

城市排水工程设计阶段按照建设项目大小、重要性和技术复杂程度可分为两阶段或三阶段。一般建设项目按照两阶段进行设计,包含初步设计和施工图设计,对于技术复杂且缺乏实际设计经验的项目,经主管部门指定可增加技术设计阶段,将初步设计阶段扩大。大中型、重要或技术复杂工程一般按两阶段设计,即初步设计和施工图设计;当工程简单,设计牵涉面较小、工程进度紧迫且各方意见一致时,在征求上级主管部门意见后,可简化设计程序,以设计原则或设计方案代替初步设计,以工程估算代替工程概算,经相关部门批准后可进行施工图设计。

1.1.5　城市排水工程各设计阶段设计内容

城市排水工程在初步设计阶段和施工图设计阶段中的主要设计内容如下。

1. 初步设计阶段

初步设计的关键在于比选最优方案,确定待建工程的规模、主体工艺、技术参数等,并进行经济合理性比较。初步设计文件应包括:设计说明书、工程概算书、主要材料及设备表、设计图纸及附件。整个文件应满足审批、控制工程投资和作为编制施工图设计、组织施工和生产准备的要求。

排水工程初步设计文件编制深度要求如下。

(1)设计说明书。

①概述。概括包括设计依据、主要设计资料、采用的规范和标准、结论及主要经济指标、城市(或区域)概况及自然条件、城市(或区域)排水或再生水现状及存在问题、城市(或区域)排水或再生水规划概况。

②设计内容。设计内容包括总体设计、雨水(或合流)管渠设计、污水管渠设计、再生水管线设计、泵站设计、污水处理厂(再生水厂)工艺设计、建筑设计、结构设计、采暖通风与空气调节设计、供电设计、仪表/自动控制及通信设计、机械设计。

③环境保护。环境保护包括说明污水理厂处理效果的监测手段、建设地点的环境现状、主要污染源和主要污染物的种类、名称、数量、浓度[①]或强度及排放方式等。

④劳动保护、职业安全与卫生。对主要危险因素进行分析,并对主要防护措施进行选用等。

⑤消防设计。根据构(建)筑物的火灾危险性、防火等级等,考虑必要的安全防火间距、消防道路、安全出口、消防给水等措施。

⑥节能措施。结合工程实际情况,叙述能耗情况及主要节能措施,包括建筑物隔热措施、节电、节药和节水措施、余热利用等,说明节能效益。

⑦管理机构与人员编制及建设进度。管理机构与人员编制及建设进度包括提出需要的管理机构和人员编制、确定全厂(站)总定员、列出建设进度计划表。

⑧水土保持。水土保持指对施工或自然因素引起的水土流失采取预防措施,并提出优化方案。

⑨征地与拆迁。在业主或其他有关单位配合的情况下,说明征地面积、征地性质、拆迁面积、征地和拆迁单价及总价。

⑩投资概算、资金筹措计划与成本。说明项目的投资概算和资金筹措计划,进行项目的成本分析。

(2)工程概算书。

排水工程设计概算的文件组成、编制办法及深度,应按《市政工程设计概算编制办法》(建标[2011]1号)文件执行。

(3)主要材料及设备表。

主要材料及设备表应列出全部工程及分期建设需要的主要设备、材料的名称、规格(型号)、数量等(以表格方式列出清单),进口设备单列。

(4)设计图纸。

城市排水工程的初步设计一般包括下列图纸,可根据实际工程内容进行适当的增减。

①总体布置图(流域面积图)。

---

① 本书中提到的浓度均为质量浓度。

②主要排水干线、次干线平面、纵断面图。

③再生水管线设计图。

④泵站及污水(再生水)厂的工程区域位置图、总平面图/平面图、水力流程图、厂(站)区竖向设计图、管线综合图。

⑤主要建筑物、构筑物建筑图。

⑥变电所高、低压供配电系统图。

⑦自动控制仪表系统布置图。

⑧采暖通风与空调系统布置图。

⑨锅炉房、采暖通风和空气调节布置图及供热系统流程图。

⑩机械设备布置图。

(5)附件。各类批件和附件等。

2. 施工图设计阶段

施工图设计是根据建筑施工、设备安装和组件加工所需的程度,将初步设计确定的设计原则和方案进一步细化和具体化。施工图的设计深度,应能够满足施工、安装、加工及施工预算编制的要求。

施工图阶段应提交的文件包括:设计说明书、主要材料及设备表、设计图纸及工程概算书。各设计文件的编制深度总体如下。

(1)设计说明书。

①概述。概述包括简述工程项目的规模、目的、来源、采用的工艺、进出水水质要求、招标情况等。

②设计依据。设计依据包括说明初步设计批准的机关、文号、日期及主要审批内容、施工图设计资料依据、采用的规范标准和标准设计、详细勘测资料。

③设计内容。设计内容包括工艺设计、建筑结构设计、其他专业设计、对照初步设计变更部分的内容依据等。

④采用的新技术、新材料的说明。

⑤施工安装注意事项及质量验收要求。

⑥运转管理注意事项。

⑦排水下游出路说明。

(2)主要材料及设备表。

主要材料及设备表列出全部工程及分期建设需要的主要设备、材料的名称、规格(型号)、数量等(以表格方式列出清单),进口设备单列。

(3)设计图纸。

①总体布置图。

②污水处理厂及再生水厂的总平面图;污水、再生水、污泥工艺流程图、竖向布置图;厂内管渠结构示意图;厂内排水管渠纵断面图;厂内各构筑物和管渠附属设备的建筑安装详图;管道综合图;绿化布置图。

③排水、再生水管渠的平纵断面图;各种小型附属构筑物详图;倒虹管、涵洞以及管道穿越铁路、公路等详图。

④单体建构筑物设计图(工艺图、建筑图、结构图);采暖通风与空气调节、冷、热源机房、

建筑给水排水设计图。

⑤厂(站)高、低压变配电系统图和一、二次回路接线原理图;各种保护和控制原理图、接线图;电气设备安装图;厂区室外线路照明平面图;非标准配件加工详图。

⑥有关工艺流程的检测与自控原理图;全厂仪表及控制设备的布置、仪表控制流程图;仪表及自控设备的接线图和安装图;仪表及自控设备的供电、供气系统图和管线图;工业电视监视系统图;控制柜、仪表屏、操作台及有关自控辅助设备的结构布置图和安装图;仪表间、控制室的平面布置图;仪表自控部分的主要设备材料表。

⑦专用机械设备的设备安装图;非标机械设备施工图;机修车间平、剖面图,设备一览表。

(4)工程概算书。

工程概算书是指工程设计单位在初步设计阶段根据设计图纸及说明书、概算定额(或概算指标)、各项费用定额等资料,或参照类似工程预决算文件,用科学的方法计算和确定待建设工程全部建设费用的文件。工程概算的计算主要有三种方法:用概算定额、概算指标或类似工程预决算来编制概算。

1.2 城市排水工程设计资料需求

城市排水工程的建设是一项系统工程,为完成排水工程设计,应由项目建设地的城市规划部门和建设单位提供设计所需基本资料。对于设计中使用的资料和数据,设计人员必须深入实际调查了解,以保证设计基础资料的准确性。

1.2.1 可行性研究/初步设计阶段

可行性报告编制之前,应收集以下 7 个方面的资料。

1. 设计任务相关的资料

(1)设计范围和设计题目。

设计范围和设计题目相关资料主要包括地域范围、设计时间界限、工程内容等。地域范围应指明排水工程涉及的城市区域。设计时间界限应指出是近期还是远期规划设计。工程内容应指出是管道系统,还是污水处理厂,抑或是整个排水系统设计;在设计过程中需要明确当前的设计是初步设计还是施工图设计。

排水工程的设计题目应该与工程设计的范围和内容相符。

(2)城市或工业企业的排水现状。

城市或工业企业的排水现状相关资料应包括城市已建成管网的排水体制,现有排水管渠的布置、走向、断面大小、结构形式,建成(规划)污水处理厂的位置、处理规模等情况,工艺流程等。

(3)城市的总体规划资料及相关专业规划资料。

城市的总体规划资料及相关专业规划资料主要包括城市布局、发展方向、人口密度及分布、工业及产业布局、工业及产业生产规模等。此外,排水工程设计还应与已颁布环境保护规划等专业规划相协调。

(4)城市水环境现状及质量。

城市水环境现状及质量相关资料主要包括城市排水设施的布局、数量、规模等方面的信息,还需包含污水处理程度和处理后出水排放水体水质相关信息。另外,生活污水和工业废水的水量、水质、污泥处理处置现状和再生水利用方面的信息也需要给出。

2. 自然条件资料

(1)气象资料。

气象资料主要包括:温度——历年最热月平均气温、历年最冷月平均气温、年平均气温、逐年各月平均气温;蒸发量——历年年蒸发量、最大年蒸发量、历年平均相对湿度等;降雨量——多年最高年降雨量、多年平均年降雨量、暴雨强度公式等;土壤冰冻资料——多年土壤冰冻深度、最大冰冻深度;风向——常年夏季主导风向,风向玫瑰图或多年风向频率、风级、风速。

(2)地震资料。

地震资料包括主要建设地区及污水处理厂厂址地区的地震基本烈度及地震史料。

(3)水文资料。

河流概况——流域面积,河床、边岸历年变迁情况及其断面,河床特征,河流上下游的卫生防护及取水点位置、上下游的风景旅游区分布情况、上下游的排污现状,环境容量及今后可能污染的趋势。

水文资料——当地水体一览表,有关河流的水位(100 年一遇洪水位、50 年一遇洪水位、20 年一遇洪水位、常年水位、最低水位);洪水淹没范围等;污水处理厂出水排放水体各特征水位的年平均流速、平均流量、最大流量、冰封水位、冰封期限。

湖、库概况——湖泊、水库的容量及其特征、水位标高及其变化幅度、冰冻情况、综合利用情况。

水质分析资料——水质的物理化学参数分析、细菌检查及藻类生长情况。

3. 城镇规划资料

所需的城镇规划资料主要包括:①城市规划总图;②污水处理厂厂址地形图;③污水处理厂出水排水口位置及附近地形图;④城镇排水规划图。

4. 排水设施现状

所需的排水设施现状资料主要包括:①现有雨水、污水管网系统及布局,管道走向及排水口位置;②现有排水构筑物(设备)运转情况等;③现有排水设施运行状况,处理流程及运行效率;④经营管理水平及定员编制;⑤存在的问题等。

5. 供电资料

供电资料所需的主要资料包括:①用电地点、供电电源电压、电源的可靠程度;②供电方式、供电点及用电距离;③供电部门的要求;④电力安装费用。

6. 有关编制概算、预算及组织施工资料

有关编制概算、预算及组织施工资料所需的主要资料包括:①本地建材、设备供应价格及供应情况;②施工力量在技术水平、施工设备及劳动力方面的基本情况;③有关编制概算、预算的定额资料,包括地区差价、间接费定额、运费等;④关于征地、拆迁、青苗赔偿等方面的规章制度及办法。

7. 相关法律法规资料

相关法律法规资料所需的主要包括:①国家相关法律、法规、指南及标准等;②行业及地方有关法律、法规、条例及标准等。

1.2.2　施工图设计阶段

除了上述初步设计阶段所收集的全部资料外,还应搜集补充以下方面的资料。

(1)初步设计批准文件及审查会议纪要。

(2)相关协议文件或协议纪要。

(3)为本阶段设计布局的全部勘察成果。

(4)工程建设单位所订购的设备和材料清单。

(5)管道布设线路,包括已规划、已建成管线所经路线的综合设计资料,该资料中,应包含各种地上、地下交叉或平行距离很近的管线平面布置、高程及断面尺寸等数据参数。

(6)与设计管道相接的各街区管道的管径、平面位置及相接点管道高程资料。

1.2.3　排水工程设计及施工中勘察阶段

充分、准确的勘察资料是保证工程设计高质量完成的重要前提,因此,应根据设计的不同阶段布置勘察工作。为了提高勘察工作的效率,应在勘察之前搜集建设区域已有的勘察资料,在核查并保证质量的前提下尽可能地加以利用,以减少勘察工作量。现场勘察必须深入细致,不能只局限于主观方案而忽略了实地的客观条件,在勘查后应提交勘察报告和相关方案。

1. 现场勘察的目的及注意事项

排水工程建设过程中现场勘察的主要目的为:

(1)了解现有的排水设施及周围地质情况。

(2)了解设计现场、特别是污水处理厂建设地现场情况。

(3)选择管线布设路线,污水处理厂和泵站建设位置。

(4)搜集并核实所需的设计基础资料。

现场勘察应注意以下事项:

(1)选择污水处理厂厂址时,需了解排涝、防洪及排水出路。

(2)进行排水管线勘察时,必须沿线步行实地勘察,提出几条线路位置方案进行比较。现场踏勘要做到三勤(腿勤、眼勤、手勤)两多(多问、多想),避免设计脱离实际。

2. 现场勘察的步骤

(1)现场勘察前需了解设计任务书内容和相关要求。

(2)熟悉地形资料,列出勘察提纲。

(3)到现场后,可先提取规划、管理等有关部门对区域情况的介绍及对建设项目初步考虑的意见。

(4)进行勘察、访问、搜集有关资料,并整理分析提出初步的设计方案。

(5)向当地有关部门汇报勘察情况、初步方案和下阶段设计工作的重点及相关考虑,提取意见。

3. 地形测量勘察的要求

地形测量勘察过程中应对总平面图、污水处理厂厂址、污水处理厂出水排放口、排水管道测定等提出要求。

（1）总平面图——应包含地形、地物、等高线、坐标等信息。比例尺一般介于 1：10 000～1：50 000。

（2）污水处理厂厂址——应包含相关区域内的地形、地物和等高线等，最好用 20～50 m 的方格导线施测，比例尺一般介于 1：200～1：1 000。

（3）污水处理厂出水排放口——应给出地形图、河床垫面图。

（4）排水管道测定——测量范围一般按照管道每侧大于 30 m 考虑，其中每侧 10 m 范围内应详细测定，平面地形图（包括定线测量）与纵断面图亦可绘于一张图上。按照设计提出的定向在平面地形图上测量定桩，定出管道中心桩。管道的起点、终点、转折点除测出桩号外应给出坐标，并绘出点桩距。

勘察中应勘测管道的纵断面中给定的相关参数，沿管道中线应绘制出现有地面高程，管道沿线如有地下交叉管线，应测出交叉点桩号。

当管道穿越公路、铁路、堤坝等处时应测其横断面详图。除交叉段地形高程外，应分别测出铁路轨顶高程，交叉点的铁路里程数，公路、河床、堤坝断面，路边沟深度、水面高程等。

1.3　城市排水工程本科毕业设计任务

1.3.1　本科毕业设计的概念

毕业设计是高等学校实现人才培养目标的重要实践性教学环节，是学习、实践、探索和创新的教学过程，是提高和体现本科教育质量的关键环节之一。毕业设计是教学过程最后阶段采用的一种总结性的实践教学环节。通过毕业设计，能使学生综合应用所学的各种理论知识和技能，进行全面、系统、严格的技术及基本能力的练习。通常情况下，仅对大专以上学校要求在毕业前根据专业的不同设置毕业设计任务。

在毕业设计过程中，一般要求学生针对某一课题，综合运用本专业有关课程的理论和技术，做出解决实际问题的设计。毕业设计是高等学校教学过程的重要环节之一。其目的在于总结检查学生在校期间的学习成果，是评定培养成效的重要依据；同时，通过毕业设计，也使学生对某一课题进行专门深入系统的研究，巩固、扩大、加深已有知识，培养综合运用已有知识、独立解决问题的能力。

本科生在毕业设计中应明确工程设计的好坏，这直接关系到工程的质量和未来的运行，并在很大程度上影响工程的造价。因此，在毕业设计中需要对设计项目在技术上和造价上进行科学、细致的比选和计算。

为规范过程管理，不断提高本科生毕业设计的质量，不同学校对毕业设计均制定了不同规则的过程管理制度及考核标准。如哈尔滨工业大学制定了《哈尔滨工业大学本科生毕业设计（论文）的若干规定》，对本科生毕业设计进行了规范。

1.3.2　本科毕业设计的目标

毕业设计中，要指导学生通过设计工作将所学的理论知识应用到实际工程问题的解决中。通常情况下，本科毕业设计阶段对学生能力的培养主要聚焦在：

（1）培养学生综合运用所学知识，结合实际独立完成课题的工作能力。

（2）考核学生的知识面及掌握知识的深度，评价学生运用理论结合实际去处理问题的能力，以及相对应的实践能力、外语水平、计算机运用水平、书面及口头表达能力等。

（3）考查学生对国家及地方法律法规、设计规范、行业标准等的掌握程度。

1.3.3　环境工程专业能力培养目标

环境工程是研究和从事防治环境污染和提高环境质量的科学技术。环境工程专业学生主要学习普通化学、工程力学、测量学、工程制图、微生物学、水力学、电工学、环境监测、环境工程学科的基本理论和基本知识，接受外语、计算机技术及绘图、污染物监测和分析、工程设计、管理及规划方面的基本训练。通过大学四年的学习，使学生初步具有环境科学技术和给水排水工程领域的科学研究、工程设计和管理规划方面的基本能力。

当前，我国不同大学在环境工程专业本科生培养上虽然有所侧重，但总体而言，都是通过大学四年的学习，要求学习环境工程原理、污染控制工程等环境科学与工程方面的专业理论和知识，掌握分析与解决复杂环境工程问题的基本能力。如哈尔滨工业大学环境工程专业关于毕业要求说明如下：

（1）工程知识。具有从事环境工程工作所需的相关数学、化学、生物等自然科学知识，掌握环境污染预防与控制的基本理论和基本技能，并能将所学知识用于解决复杂环境工程问题。

（2）问题分析。能够应用数学、自然科学和工程科学的基本理论和技术方法，识别、表达并通过文献研究分析复杂环境工程问题，获得有效结论。

（3）设计/开发解决方案。能够综合运用所学知识设计和开发复杂环境工程问题的解决方案，设计满足特定需求的系统、单元和工艺流程，并能够在设计环节中体现创新意识，考虑社会、健康、安全、法律、文化及环境等因素。

（4）研究。具有初步的科学研究和科技开发能力，具有创新意识和对新工艺、新技术和新设备进行研究、开发和设计的初步能力。

（5）使用现代工具。具有工程制图、计算机辅助设计的能力；能够使用现代化的分析检测设备和应用计算机进行数据处理；掌握文献检索及运用现代信息技术获取相关信息的基本方法；能够预测和模拟环境问题。

（6）工程与社会。具有一定的经济、管理知识，熟悉环境工程设计的规范，能够基于工程相关背景知识合理分析和评价建设项目，正确认识复杂工程问题解决方案对社会、健康、安全、法律及文化的影响，并理解应承担的责任。

（7）环境和可持续发展。了解国家环境保护相关的政策、法律法规、标准，理解可持续发展的内涵，了解环境工程的发展现状和趋势，能够评价复杂工程实践对环境、社会可持续发展的影响。

（8）职业规范。具有较好的人文社会科学素养，具有保障人类健康、维护生态安全和改善环境质量的理念，求真务实，遵守工程职业道德和规范，履行责任。

（9）个人和团队。具有一定的组织能力和较强的人际交往能力，团结协作，能够在多学科背景下的团队中承担个体、团队成员至负责人的角色。

（10）沟通。具有撰写报告和设计文稿、陈述发言、清晰表达的能力，能够就复杂工程问题与业界同行及社会公众进行有效沟通和交流；具备一定的国际视野，能够在跨文化背景下进行沟通和交流。

（11）项目管理。理解并掌握环境工程管理原理与经济决策方法，理解环境工程与相关学科的关系及影响，以及在多学科环境中的应用。

（12）终身学习。具有自主学习和终身学习的意识，有不断学习和适应发展的能力。

1.3.4　环境工程专业毕业设计组成

按照学科门类和未来可能从事的专业，可将环境工程专业本科毕业设计分为污废水处理工程设计（包括城市排水工程设计和工业废水处理工程设计）、大气污染控制工程设计和固体废物处理工程设计等。

1.污废水处理工程设计

污废水处理是为使污水达到排入某一水体或再次使用的水质要求，而对其进行净化的过程。污废水处理被广泛应用于建筑、农业、交通、能源、石化、环保、城市景观、医疗、餐饮等各个领域。污废水处理工程是指用各种方法将水中所含的污染物分离出来或将其转化为无害物，从而使污废水得到净化的工程项目。根据处理对象的不同，可将污废水处理工程分为城市排水工程和工业废水处理工程两类。

城市排水工程收集处理的对象为生活污水、工业污水、初期污染雨水，其水质水量一般较为稳定；工业废水处理工程是对工业生产过程中排出的废水，如工艺过程用水、机器设备冷却水、设备和场地洗涤水等进行处理，因其工业种类不同，废水性质差异较大。现阶段，高校污废水处理工程毕业设计步骤通常包括指导老师准备并下发设计任务书、学生查阅文献和收集基础资料、提出初步的处理工艺设想、结合参观调研深化对拟选工艺的理解、针对任务书撰写开题报告、确定合理的工艺流程、进行平面和高程布局、进行具体构筑物计算和简图设计、撰写所选污水处理工艺的设计说明书和计算书。

2.大气污染控制工程设计

随着近年来我国空气污染的加剧，特别是雾霾天气的频繁出现，大气污染控制已成为当前环境领域研究的热点，相对应的大气污染控制工程设计亦成为环境工程领域学生毕业设计的另一重要选择。大气污染控制工程方面的设计主要包括锅炉房除尘系统设计、燃煤系统脱硫脱硝设计等。在大气污染控制工程设计中，一般要求学生：①通过课程设计全面总结课程学习的成果，加深对课程理论内容的理解，掌握应用理论知识解决实际工程问题的完整过程。②掌握大气污染物处理工程设计的全过程。③掌握编制设计方案（除尘方案、脱硫脱硝方案的比较选择与确定）。④掌握核心装备的选型计算，系统布置，烟风道阻力计算，风机选型等知识。⑤能够进行简单的工程造价估算。

3.固体废物处理工程设计

固体废物处理是指通过物理手段（如粉碎、压缩、干燥、蒸发、焚烧等）或生物化学作用（如氧化、消化分解、吸收等）以缩小固体废物体积、加速其自然净化的过程。固体废物有多种分类方法，可以根据其性质、状态和来源进行分类，如按其化学性质可分为有机废物和无机废物；按其危害状况可分为有害废物和一般废物。欧美等地区的许多国家按来源将其分为工业固体废物、矿业固体废物、城市固体废物、农业固体废物和放射性固体废物五类。按照行业种类，可将其分为城市生活垃圾、城市污泥、矿业固体废物、有色冶金工业固体废物、黑色冶金工业固体废物、电力工业固体废物、化学工业固体废物、建筑垃圾、农业有机废物、特殊危险废物。

不同的固体废弃物处理方式不同,当前在高校本科毕业设计中通常见到的固体废物处理工程设计主要包括城市垃圾填埋场设计和城镇污泥处理处置工程设计等。

1.3.5　城市排水工程毕业设计构成

对于本科毕业设计,城市排水工程设计基本包含以下四个方面的内容:①排水系统方案的比较——排水体制的比较与选择、污水处理厂位置的比较与选择、排水管渠的走向、雨(污水)管渠的布设、污水处理工艺、流程的比较与选择、污泥处理处置方法的比较与选择、排水系统方案的综合比较;②排水工程的设计计算——排水管渠的设计计算、污水处理单元及构筑物的设计计算、污泥处理处置单元及构筑物的设计计算、污水处理厂高程的计算;③图纸的设计及绘制——排水工程总平面布置图设计及绘制,污水主干管、雨水管渠纵断面图设计及绘制,污水处理厂平面图设计绘制,污水处理构筑物设计及绘制,污水处理厂高程图,相关主体构筑物的细节大样图;④设计说明书的编制——设计说明书编制、设计计算书编制。

1.3.6　城市排水工程毕业设计重点任务

对于需要进行本科毕业设计的同学来说,城市排水工程设计需要完成的主要工作包括以下方面。

(1)设计说明书的下发(指导教师任务)及设计说明书阅读。

重点了解待设计城市的城市概况、设计目的及意义、地形与城市规划资料、气象资料、地质资料、受纳水体水质与水文资料等。

(2)污水管网设计的重点包括城市排水管网定线原则、排水体制确定及区域划分、排水系统的布置形式、水量计算公式、污水管网的水力计算、污水管网布设等。

(3)雨水管渠设计的重点包括雨水管渠系统平面布置的原则、径流系数 ψ 的确定、暴雨强度公式的确定、雨水管渠设计流量计算公式、雨水管渠的水力计算等。

(4)污水处理厂设计初步的主要内容包括污水设计流量计算、污水进出水水质的确定、污水处理工艺的选择与计算等。

(5)污水一级处理设计及计算的主要内容包括进水集配水井设计计算、粗/细格栅的设计计算、沉砂池的设计计算、初沉池的设计计算、进出水灌渠设计计算等。

(6)生化处理工艺与泥水分离设计及计算的主要内容包括 A^2O(或 SBR、CASS、氧化沟、BIOLAKE、AO 等)工艺的特点、参数校核、剩余污泥量、进出水、曝气池及曝气系统设计计算、二沉池的设计计算。

(7)消毒工艺计算与设计包括加氯消毒工艺中加药间的设计计算、接触消毒池的设计计算等。

(8)污水的深度处理主要包括高效沉淀池、反硝化滤池、V 型滤池、化学除磷区、过滤区等单元的设计及计算。

(9)污泥处理的主要内容包括污泥量计算、污泥浓缩池计算、贮泥池设计计算、污泥脱水工艺的设计、消化池设计计算(容积计算、平面尺寸计算、消化池热工计算、混合搅拌设备、消化后污泥量计算、沼气产量、一级消化池的管道系统、二级消化池的管道系统、贮气柜、沼气压缩机)、污泥脱水设计计算等。

(10)污水厂出水泵站设计主要内容包括泵站位置选择及说明、泵站设计流量和扬程的确定、选泵、泵站构造形式的确定及说明、泵站主要尺寸、设备型号与数量、技术性能等设计与说明;泵房平面布置、集水井计算、泵站辅助设施的设计与说明;关于泵站设计的其他说明等,包括泵站图纸设计。

(11)污水处理厂总图设计主要包括污水厂的平面布置、各处理单元构筑物的平面布置、管道及渠道的平面布置和竖向布置、辅助建筑物、污水厂的高程布置、污泥的高程布置等。

(12)污水处理厂其他构筑物、建筑物的设计主要包括泵房、鼓风机房、办公楼、化验室、检修车间、仓库、变电所、集中控制室等厂区构筑物、建筑物的设计计算。

(13)污水处理厂投资估算与技术经济评价主要包括投资估算、运行费用和成本核算、经济评价。

1.4　城市排水工程毕业设计任务书解读

毕业设计任务书是毕业设计主要内容和背景材料的集合,在城市排水工程设计过程中,学生通过毕业设计说明书的阅读,对相关资料的查阅,应该全面地理解设计的工程背景,当地的地质、水文、气候、社会经济条件等基础条件,再结合设计任务书中要求的出水水质和提供的排放水体水质特质,提出可行、经济、合理的污水收集和处理技术路线,进而指导实际设计工作。

1.4.1　设计任务书应包含的原始资料

在城市排水工程设计中,诸如地形与城市规划资料、气象资料、地质资料、受纳水体水质与水文资料等基础资料对整个工程的设计影响巨大。教研室及指导教师,可以根据需求,给出全部信息;或者给出部分重要的信息后,让学生去查阅相关基础资料。设计区域中的人口密度、人均污水排放量、设计区域各类地面及屋面的比例、工业企业与公共建筑的排水量和水质资料、气温、风向、地质资料、冰冻层高度、地下水位深度及受纳水体水文与地质等资料也应该在整个收集范围之内。

典型的基础资料主要包含地形与城市规划资料、气象资料、地质资料、受纳水体水质与水文资料。

(1)地形与城市规划资料。

①城市地形与总体规划平面图一张,比例1:10 000。

②城市各区人口密度与居住区生活污水量标准(表1.1)。

表 1.1　城市各区人口密度与居住区生活污水量标准(平均日)

	人口密度 */(人·公顷$^{-1}$)	污水量标准 /(L·人$^{-1}$·d^{-1})
Ⅰ区		
Ⅱ区		

③城市各区中各类地面与屋面的比例(表1.2)。

表1.2　城市各区中各类地面与屋面的比例(%)

区域	各种屋面	混凝土与沥青路面	碎石路面	非铺砌土路面	公园与绿地
Ⅰ区					
Ⅱ区					

④工业企业与公共建筑的排水量和水质资料(表1.3)。

表1.3　工业企业与公共建筑的排水量和水质资料

企业或公共建筑名称	平均排水量 /(m³·d⁻¹)	最大排水量 /(m³·h⁻¹)	悬浮物 SS /(mg·L⁻¹)	化学需氧量 COD /(mg·L⁻¹)	五日生化需氧量 BOD₅ /(mg·L⁻¹)	总氮 /(mg·L⁻¹)	总磷 /(mg·L⁻¹)	pH	水温 /℃
工厂 A									
公建 A									

(2)气象资料(表1.4)。

表1.4　气象资料

年平均气温/℃		月平均最高/℃	
年最低气温/℃		月平均最低/℃	
年最高气温/℃		月平均气温/℃	
温度在－10 ℃以下的天数/d		温度在 0 ℃以下的天数/d	
降雨量/(mm·年⁻¹)		年蒸发量/(mm·年⁻¹)	

常年主导风向：_____

(3)地质资料(表1.5)。

表1.5　地质资料

	土壤性质	冰冻深度/m	地下水位/m	承载力/kPa
排水管网干管处一般性资料				
污水总泵站与污水处理厂址				

(4)受纳水体水质与水文资料(表1.6)。

表1.6　受纳水体水质与水文资料

	流量 /(m³·s⁻¹)	流速 /(m·s⁻¹)	水位标高 /m	水温 /℃	DO /(mg·L⁻¹)	BOD /(mg·L⁻¹)	SS /(mg·L⁻¹)	SS 允许增加量 /(mg·L⁻¹)
最小流量								
最高水位								
常水位								

在污水总排放口下游_____km 处有国控/省控断面,要求达到地表水_____类水质标准。

不同高校排水工程毕业设计任务书内容见表 1.7。

表 1.7　不同高校排水工程毕业设计任务书内容

高校	哈尔滨工业大学	重庆大学	北京工业大学
设计内容	完成某地区的城市排水工程设计： (1)排水管网设计。 (2)污水总泵站工艺设计。 (3)污水处理工艺设计(含各部分单体构筑物的工艺设计计算和图纸、污水处理厂平面布置图、高程布置图)。 (4)污泥处理工艺设计	完成某城区水污染控制工程的规划与设计： (1)设计基础资料分析。 (2)城镇水环境质量现状分析及工程项目建设的必要性分析。 (3)水污染控制工程方案的提出和技术经济性比较。 (4)水污染控制工程规划与治理工程系统设计(含排水管网和污水处理厂)	完成某城镇污水处理厂工艺设计： (1)以 AO 脱氮工艺(指定生物处理工艺)为主体工艺的污水处理厂工艺设计(含部分单体构筑物的工艺施工图设计)。 (2)污泥处理工艺设计
设计要求	(1)通过阅读文献，收集资料，拟定合理的设计方案。 (2)毕业设计说明书应包括工程设计的主要原始资料以及各单体构筑物选型的分析说明、工艺设计计算与有关简图等。 (3)毕业设计图纸应能较准确地表达设计意图，图画力求布局合理、正确清晰，符合制图标准、专业规范及有关规定，用工程字注文。主体工艺设计达到初步设计深度，总泵站设计达到施工图深度。 (4)出水水质应达到《城镇污水处理厂污染物排放标准》(GB 18918—2002)一级 A 标准		
设计图纸数量要求	设计图纸 13～18 张	设计图纸不少于 10 张，其中手工绘图 2 张	设计图纸不少于 8 张
原始资料	(1)地形与城市规划资料。 ①城市地形与总体规划平面图一张。 ②城市各地区人口密度与居住区生活污水量标准(平均日)。 ③城市中各类地面与屋面比例。 ④工业废水平均排水量/最大排水量。 (2)气象、水文等资料(由学生根据教师给出的地区查阅确定)。 (3)受纳水体水文与水质资料		(1)污水处理厂区附近地形与地质资料。 ①污水处理厂区附近地形图。 ②厂区附近地下水标高、土质构造。 ③城区排水干管进厂处入水点管底设计标高。 (2)进出水水质、设计处理水量、总变化系数、水温。 (3)气象资料(常年平均气温、年平均风速、常年主导风向)

1.4.2　原始资料对设计影响的解读

1. 地形与城市规划资料

(1)城市地形与总体规划平面图一张，比例 1∶10 000。

排水区域一般根据地形按分水线划分，地形平坦的地区按一定的服务面积划分，使每根干管合理分担排水面积，尽量减少管道的埋深，少设或不设中途泵站，使污水以最短的距离自流排出。山区排水管线布置应尽量少穿越障碍物,尽可能利用地形高差,采用重力流排水,尽量避免和减少提升,降低运行费用。

确定污水管道布置形式,主干管、干管、街道支管的位置和流向,并确定中途泵站、总泵站、污水处理厂及出水口位置。在一般情况下,城市地形多倾向于水体,可将主干管沿河敷设,干管垂直于等高线布置,尽量设在集水线上。在地形平坦的地区,为减少平行于等高线的横支管过长,应适当减少相邻干管的布设距离。污水干管与主干管应尽量避免和障碍物相交,如遇特殊地形时,应考虑特殊措施,并应在图上标明。根据服务范围内的地势走向及排放水体的方位,布置厂外污水管网的走向,可减少污水提升泵站的建设,节约工程投资。

城市排水系统主干管常见的布设形式有正交式和平行式,其中正交式干管垂直于等高线,适合于地形平坦、轻微倾向于水体的地形;而平行式适合于地面坡度较大的地方(图1.1)。

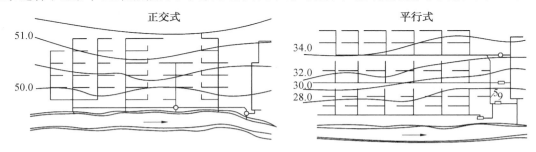

图 1.1 城市排水系统主干管常见布设形式

污水支管常见的布设形式有低边式、围坊式和穿坊式等几类(图 1.2)。其布设形式也与地形密切相关。

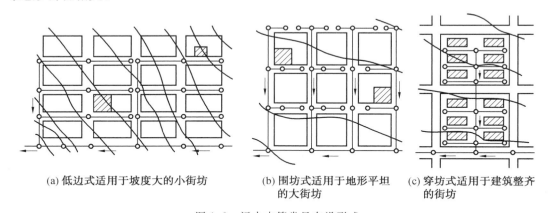

(a) 低边式适用于坡度大的小街坊   (b) 围坊式适用于地形平坦的大街坊   (c) 穿坊式适用于建筑整齐的街坊

图 1.2 污水支管常见布设形式

对于没有排水专业规划的地区,需要结合可行性研究,在可研报告中提出污水服务范围的设想及采用何种排水体制,合理确定污水处理厂服务范围、系统布局和处理规模。

从防洪规划上了解拟建污水处理厂厂址地区的防洪水位,厂区设计地坪标高应满足防洪排涝的要求,同时,高程设计中应考虑洪水位时的尾水排放。

(2)城市各区人口密度与居民区生活污水量标准。

服务范围内的现状人口和规划人口,与人均生活用水指标一起,决定了污水处理厂服务范围内的生活污水量,从而影响到污水处理厂规模的确定。《城市给水工程规划规范》

(GB 50282—2016)中规定了 3 种计算城市最高日用水量的方法,分别是:城市综合用水量指标法、综合生活用水比例相关法、不同类别用地用水量指标法。

用水量指标应根据城市的地理位置、水资源状况、城市性质和规模、产业结构、国民经济发展和居民生活水平、工业用水重复利用率等因素,在一定时期用水量和现状用水量调查基础上,结合节水要求,综合分析确定。当缺乏资料时,最高日用水量指标可按表 1.8～1.10 选用。

表 1.8　城市综合用水量指标　　　　　　　单位:万 m³/(万人·d)

区域	城市规模						
	超大城市 ($P \geqslant 1\,000$)	特大城市 (500≤ $P<1\,000$)	大城市		中等城市 (50≤ $P<100$)	小城市	
			Ⅰ 型 (300≤ $P<500$)	Ⅱ 型 (100≤ $P<300$)		Ⅰ 型 (20≤$P<50$)	Ⅱ 型 ($P<20$)
一区	0.05～0.80	0.50～0.75	0.45～0.75	0.40～0.70	0.35～0.65	0.30～0.60	0.25～0.55
二区	0.40～0.60	0.40～0.60	0.35～0.55	0.30～0.55	0.25～0.50	0.20～0.45	0.15～0.40
三区	—	—	—	0.30～0.50	0.25～0.45	0.20～0.40	0.15～0.35

注:①超大、特大城市指市区和近郊区非农业人口 100 万及以上的城市;大城市指市区和近郊区非农业人口 50 万及以上,不满 100 万的城市;中、小城市指市区和近郊区非农业人口不满 50 万的城市。

②本表共提及 31 省份,下文同。

一区包括:湖北、湖南、江西、浙江、福建、广东、广西、海南、上海、江苏、安徽;

二区包括:重庆、四川、贵州、云南、黑龙江、吉林、辽宁、北京、天津、河北、山西、河南、山东、宁夏、陕西、内蒙古河套以东和甘肃黄河以东的地区;

三区包括:新疆、青海、西藏、内蒙古河套以西和甘肃黄河以西的地区。

③本指标已包括管网漏失水量。

④P 为城区常住人口,单位:万人。

表 1.9　城市综合生活用水量指标　　　　　　　单位:L/(人·d)

区域	城市规模						
	超大城市 ($P \geqslant 1\,000$)	特大城市 (500≤ $P<1\,000$)	大城市		中等城市 (50≤ $P<100$)	小城市	
			Ⅰ 型 (300≤ $P<500$)	Ⅱ 型 (100≤ $P<300$)		Ⅰ 型 (20≤$P<50$)	Ⅱ 型 ($P<20$)
一区	250～480	240～450	230～420	220～400	200～380	190～350	180～320
二区	200～300	170～280	160～270	150～260	130～240	120～230	110～220
三区	—	—	—	150～250	130～230	120～220	110～210

注:综合生活用水为城市居民生活用水与公共设施用水之和,不包括市政用水和管网漏失水量。

表 1.10　不同类别用地用水量指标　　　　单位：m³/(hm²·d)

类别代码	类别名称		用水量指标
R	居住用地		50～130
A	公共管理与公共服务设施用地	行政办公用地	50～100
		文化设施用地	50～100
		教育科研用地	40～100
		体育用地	30～50
		医疗卫生用地	70～130
B	商业服务业设施用地	商业用地	50～200
		商务用地	50～120
M	工业用地		30～150
W	物流仓储用地		20～50
S	道路与交通设施用地	交通用地	20～30
		交通设施用地	50～80
U	公用设施用地		25～50
G	绿地与广场用地		10～30

注：①类别代码引自现行国家标准《城市用地分类与规划建设用地标准》(GB 50137—2011)。

②本指标已包括管网漏失水量。

③超出本表的其他各类建设用地的用水量指标可根据所在城市具体情况确定。

(3)城市各区中各类地面与屋面的径流系数。

径流系数(Ψ)是一定汇水面积内总径流量(mm)与降水量(mm)的比值,是任意时段内的径流深度 Y 与造成该时段径流所对应的降水深度 X 的比值。径流系数说明在降水量中有多少水变成了径流,它综合反映了流域内自然地理要素对径流的影响。径流系数的地区差异：Ψ 值变化于 0～1 之间,湿润地区 Ψ 值大,干旱地区 Ψ 值小。

根据《室外排水设计规范》(GB 50014—2006)(2016 年版)中的规定,给排水设计中雨水设计径流系数取值可按表 1.11(本规范适用于居住小区、公共建筑区、民用建筑给水排水设计,亦适用于工业建筑生活给水排水和厂房屋面雨水排水设计)。

表 1.11　不同类型地面径流系数

地面种类	Ψ
各种屋面、混凝土或沥青路面	0.85～0.95
大块石铺砌路面或沥青表面处理的碎石路面	0.55～0.65
级配碎石路面	0.40～0.50
干砌砖石或碎石路面	0.35～0.40
非铺砌土路面	0.25～0.35
公园或绿地	0.10～0.20

表 1.12　综合径流系数分布表

区域情况	Ψ
城市建筑密集区	0.60~0.85
城市建筑较密集区	0.45~0.60
城市建筑稀疏区	0.20~0.45

（4）工业企业排水量和水质资料。

工业废水的处理方式大致有三种：一是以工厂为单元独立地进行无害化处理后直接排放水体或循环利用；二是全部排入城市排水管网，进入城市污水处理厂与生活污水合并处理；三是一般性的工业废水直接排入城市排水管网，特殊的有毒有害的工业废水经预处理或特殊处理后排入城市排水管网，进入城市污水处理厂与生活污水合并处理。显然，采用不同的处理方式对城市污水处理厂的设计有不同的影响，也将得到不同的技术、经济效果。

排入城市污水处理厂的工业废水，应符合《污水排入城镇下水道水质标准》（GB/T 31962—2015）的相关规定。

该标准规定了污水排入城镇下水道的水质、取样和监测的基本要求，适用于向城镇下水道排放污水的排水用户和个人的排水安全进行管理。

根据城镇下水道末端污水处理厂对污水处理程度的要求，对排入下水道的污水水质污染物控制限值分为 A、B、C 三个等级。

2. 气象资料

气象资料是表明大气物理状态、物理现象的各项要素，主要包括气温、气压、风、湿度、云、降水及各种天气现象。扩大气象要素的概念，则还可包括日射特性、大气电特性等大气物理特性，还有自由大气中的气象要素的说法。

排水设计过程中，要重点考虑主导风向对污水处理厂设计的影响。在设计过程中，应根据当地常年主导风向，进行污水处理厂总图布置，将厂前区布置在常年主导风向的上风向，减少污水处理厂臭气对厂前区的影响。

此外，温度对污水处理微生物活性的影响是广泛的，尽管在高温环境（50~70 ℃）和低温环境（−5~0 ℃）中也活跃着某些细菌，但污水处理中绝大部分微生物最适宜生长的温度范围是 20~30 ℃。在适宜的温度范围内，微生物的生理活动旺盛，其活性随温度的增高而增强，处理效果也越好。超出此范围，微生物的活性变差，生物反应过程就会受影响。因此，气温条件直接影响到曝气量的计算以及曝气方式的选取，设计最低水温会影响到反应池的容积计算。

3. 地质资料

地质资料中的土壤性质和冻土厚度会影响到工艺管线的埋设深度及土建抗冻设计等。对于管网埋置深度、土壤性质和冰冻线相关的规定如下：

（1）《室外给水设计标准》（GB 50013—2018）第 5.0.17 条规定：管道埋设深度应根据冰冻情况、外部荷载、管材性能、抗浮要求及与其他管道交叉等因素确定。

（2）《室外排水设计规范》（GB 50014—2006）（2016 年版）第 4.3.7 条规定：管顶最小覆

土深度,应根据管材强度、外部荷载、土壤冰冻深度和土壤性质等条件,结合当地埋管经验确定。管顶最小覆土深度宜人行道下 0.6 m,车行道下 0.7 m。

(3)《室外排水设计规范》(GB 50014—2006)(2016 年版)第 4.3.8 条规定:一般情况下,排水管道宜埋设在冰冻线以下。当该地区或条件相似地区有浅埋经验或采取相应措施时,也可埋设在冰冻线以上,其浅埋数值应根据该地区经验确定,但应保证排水管道安全运行。

不同城市的最大冻土深度见《给水排水设计手册(第 01 册)》第 144 页<气象参数表>里的每个城市的最大冻土深度。

4. 受纳水体水质与水文资料

为促进城镇污水处理厂的科学合理建设和规范化管理,加强城镇污水处理厂污染物的排放控制和污水资源化利用,维护良好的生态环境,国家生态环境部(原国家环境保护总局)、国家质量监督检验检疫总局于 2002 年底发布了《城镇污水处理厂污染物排放标准》(GB 18918—2002),该国标要求污水处理厂建设和运行过程中应根据城镇污水处理厂排入地表水域环境功能和保护目标,以及污水处理厂的处理工艺,将基本控制项目的常规污染物标准值分为一级标准、二级标准、三级标准(表 1.13)。一级标准分为 A 标准和 B 标准。一类重金属污染物和选择控制项目不分级。不同标准的适用范围和受纳水体特征如下:

(1)一级标准的 A 标准是城镇污水处理厂出水作为回用水的基本要求。当污水处理厂出水引入稀释能力较小的河湖作为城镇景观用水和一般回用水等用途时,执行一级标准的 A 标准。

(2)城镇污水处理厂出水排入《地表水环境质量标准》(GB 3838—2002)地表水 III 类功能水域(划定的饮用水水源保护区和游泳区除外)、《海水水质标准》(GB 3097—1997)海水二类功能水域和湖、库等封闭或半封闭水域时,执行一级标准的 B 标准。

(3)城镇污水处理厂出水排入《地表水环境质量标准》(GB 3838—2002)地表水 IV、V 类功能水域或《海水水质标准》(GB 3097—1997)海水三、四类功能海域,执行二级标准。

(4)非重点控制流域和非水源保护区的建制镇的污水处理厂,根据当地经济条件和水污染控制要求,采用一级强化处理工艺时,执行三级标准。但必须预留二级处理设施的位置,分期达到二级标准。

《城镇污水处理厂污染物排放标准》(GB 18918—2002)中对一级 A 标准、一级 B 标准、二级标准、三级标准污水处理厂出水水质规定见表 1.13。

表 1.13 《城镇污水处理厂污染物排放标准》(GB 18918—2002)基本控制项目最高允许排放浓度(日均值)

单位:mg/L

序号	基本控制项目	一级标准		二级标准	三级标准
		A 标准	B 标准		
1	化学需氧量(COD)	50	60	100	120[①]
2	五日生化需氧量(BOD_5)	10	20	30	60[①]
3	悬浮物(SS)	10	20	30	50
4	动植物油	1	3	5	20

续表 1.13

| 序号 | 基本控制项目 | | 一级标准 | | 二级标准 | 三级标准 |
			A 标准	B 标准		
5	石油类		1	3	5	15
6	阴离子表面活性剂		0.5	1	2	5
7	总氮(以 N 计)		15	20	—	—
8	氨氮(以 N 计)②		5(8)	8(15)	25(30)	—
9	总磷 (以 P 计)	2005 年 12 月 31 日前建设的	1	1.5	3	5
		2006 年 1 月 1 日起建设的	0.5	1	3	5
10	色度(稀释倍数)		30	30	40	50
11	pH		6~9			
12	粪大肠菌群数/(个·L^{-1})		10^3	10^4	10^4	—

注:①下列情况下按去除率指标执行:当进水 COD 大于 350 mg/L 时,去除率应大于 60 %;BOD 大于 160 mg/L 时,去除率应大于 50 %。②括号外数值为水温>12 ℃时的控制指标,括号内数值为水温≤12 ℃时的控制指标。

近年来,为了改善城市内河水质,进行生态补水,部分地区采取了更为严格的污水处理厂排水标准。如北京市执行地方标准《城镇污水处理厂水污染物排放标准》(DB 11/890—2012)(表 1.14),该标准严于原执行标准,对改善北京市水环境质量和污水资源化利用具有重要意义。该标准要求新(改、扩)建城镇污水处理厂基本控制项目的排放限值执行表 1.15中的限值。现有城镇污水处理厂基本控制项目的排放限值,A 标准相当于 GB 18918—2002一级 A 标准;B 标准相当于 GB 18918—2002 一级 B 标准。GB 18918—2002 基本控制项目排放限值见表 1.13。其中排入北京市 Ⅱ、Ⅲ 类水体的城镇污水处理厂执行 A 标准,排入 Ⅳ、Ⅴ 类水体的城镇污水处理厂执行 B 标准。

表 1.14 《城镇污水处理厂污染物排放标准》(DB 11/890—2012)部分一类污染物最高允许排放浓度(日均值)

单位:mg/L

序号	项目	标准值
1	总汞	0.001
2	烷基汞	不得检出
3	总镉	0.01
4	总铬	0.1
5	六价铬	0.05
6	总砷	0.1
7	总铅	0.1

表 1.15　GB 11/890—2012 标准规定的新(改、扩)建城镇污水处理厂基本控制项目排放限值

单位:mg/L(注明的除外)

序号	基本控制项目	A 标准	B 标准
1	pH/无量纲	6～9	6～9
2	化学需氧量(COD)	20	30
3	五日生化需氧量(BOD$_5$)	4	6
4	悬浮物(SS)	5	5
5	动植物油	0.1	0.5
6	石油类	0.05	0.5
7	阴离子表面活性剂	0.2	0.3
8	总氮(以 N 计)	10	15
9	氨氮(以 N 计)[①]	1.0(1.5)	1.5(2.5)
10	总磷(以 P 计)	0.2	0.3
11	色度/稀释倍数	10	15
12	粪大肠菌群数/(MPN · L^{-1})	500	1 000
13	总汞	0.001	
14	烷基汞	不得检出	
15	总镉	0.005	
16	总铬	0.1	
17	六价铬	0.05	
18	总砷	0.05	
19	总铅	0.05	

注:①12 月 1 日～次年 3 月 31 日执行括号内的排放限值。

《地表水环境质量标准》(GB 3838—2002)是评价江河湖泊等地表水体相应的水质的标准,且规定了水环境质量应控制的项目及限值,依据地表水水域环境功能和保护目标,按功能高低可将江河、湖泊、运河、渠道、水库等依次划分为五类:

①Ⅰ类,主要适用于源头水、国家自然保护区。

②Ⅱ类,主要适用于集中式生活饮用水地表水源地一级保护区、珍稀水生生物栖息地、鱼虾类产卵场、仔稚幼鱼的索饵场等。

③Ⅲ类,主要适用于集中式生活饮用水地表水源地二级保护区、鱼虾类越冬场、洄游通道、水产养殖区等渔业水域及游泳区。

④Ⅳ类,主要适用于一般工业用水区及人体非直接接触的娱乐用水区。

⑤Ⅴ类,主要适用于农业用水区及一般景观要求水域。

对应地表水上述五类水域功能,将地表水环境质量标准基本项目标准分为五类,不同功能类别分别执行相应类别的标准值。水域功能类别高的标准值严于水域功能类别低的标准值。同一水域兼有多类使用功能的,执行最高功能类别对应的标准值。实现水域功能与达

标功能类别标准为同一含义。

《地表水环境质量标准》(GB 3838—2002)中规定的Ⅰ类、Ⅱ类、Ⅲ类、Ⅳ类和Ⅴ类水体对应的水质参数见表 1.16。

表 1.16　《地表水环境质量标准》(GB 3838—2002)规定的各类水体水质参数

序号	项目	分类标准值				
		Ⅰ类	Ⅱ类	Ⅲ类	Ⅳ类	Ⅴ类
1	水温/℃	人为造成的环境水温变化应限制在：周平均最大温升≤1　周平均最大温降≤2				
2	pH 值(无量纲)	6～9				
3	溶解氧≥	饱和率90%(或7.5)	6	5	3	2
4	高锰酸盐指数≤	2	4	6	10	15
5	化学需氧量(COD)≤	15	15	20	30	40
6	五日生化需氧量(BOD_5)≤	3	3	4	6	10
7	氨氮(NH_3-N)≤	0.15	0.5	1	1.5	2
8	总磷(以 P 计)≤	0.02(湖、库 0.01)	0.1(湖、库 0.025)	0.2(湖、库 0.05)	0.3(湖、库 0.1)	0.4(湖、库 0.2)
9	总氮(湖、库,以 N 计)≤	0.2	0.5	1	1.5	2
10	铜≤	0.01	1	1	1	1
11	锌≤	0.05	1	1	2	2
12	氟化物(以 F^- 计)≤	1	1	1	1.5	1.5
13	硒≤	0.01	0.01	0.01	0.02	0.02
14	砷≤	0.05	0.05	0.05	0.1	0.1
15	汞≤	0.000 05	0.000 05	0.000 1	0.001	0.001
16	镉≤	0.001	0.005	0.005	0.005	0.01
17	铬(六价)≤	0.01	0.05	0.05	0.05	0.1
18	铅≤	0.01	0.01	0.05	0.05	0.1
19	氰化物≤	0.005	0.05	0.2	0.2	0.2
20	挥发酚≤	0.002	0.002	0.005	0.01	0.1
21	石油类≤	0.05	0.05	0.05	0.5	1
22	阴离子表面活性剂≤	0.2	0.2	0.2	0.3	0.3
23	硫化物≤	0.05	0.1	0.2	0.5	1
24	粪大肠菌群(个/L)≤	200	2 000	10 000	20 000	40 000

注:未标注单位的项,其单位均为 mg/L,表示该物质的质量浓度。

为了防止受污染严重且未经处理的污/废水进入下水道,《污水排入城镇下水道水质标准》(GB/T 31962—2015)对进入下水道的污水水质进行了规定(表1.17)。总体而言,对于排入下水道的污水,要求:①严禁向城镇下水道倾倒垃圾、粪便、积雪、工业废渣、餐厨废物、施工泥浆等造成下水道堵塞的物质;②严禁向城镇下水道排入易凝聚、沉积等导致下水道淤积的污水或物质;③严禁向城镇下水道排入具有腐蚀性的污水或物质;④严禁向城镇下水道排入有毒、有害、易燃、易爆、恶臭等可能危害城镇排水与污水处理设施安全和公共安全的物质;⑤标准中未列入的控制项目,包括病原体、放射性污染物等,根据污染物的行业来源,其限值应按国家现行有关标准执行;⑥水质不符合本标准规定的污水,应进行预处理,不得用稀释法降低浓度后排入城镇下水道。

表 1.17 《污水排入城镇下水道水质标准》(GB/T 31962—2015)中对污水排入城镇下水道水质控制项目限值

序号	控制项目名称	单位	A 级	B 级	C 级
1	水温	℃	40	40	40
2	色度	倍	64	64	64
3	易沉固体	mL/(L·15 min)	10	10	10
4	悬浮物	mg/L	400	400	250
5	溶解性总固体	mg/L	1 500	2 000	2 000
6	动植物油	mg/L	100	100	100
7	石油类	mg/L	15	15	15
8	pH	—	6.5～9.5	6.5～9.5	6.5～9.5
9	五日生化需氧量(BOD_5)	mg/L	350	350	150
10	化学需氧量(COD)	mg/L	500	500	300
11	氨氮(以 N 计)	mg/L	45	45	25
12	总氮(以 N 计)	mg/L	70	70	45
13	总磷(以 P 计)	mg/L	8	8	5
14	阴离子表面活性剂(LAS)	mg/L	20	20	10
15	总氰化物	mg/L	0.5	0.5	0.5
16	总余氯(以 Cl_2 计)	mg/L	8	8	8
17	硫化物	mg/L	1	1	1
18	氟化物	mg/L	20	20	20
19	氯化物	mg/L	500	800	800
20	硫酸盐	mg/L	400	600	600
21	总汞	mg/L	0.005	0.005	0.005
22	总镉	mg/L	0.05	0.05	0.05
23	总铬	mg/L	1.5	1.5	1.5
24	六价铬	mg/L	0.5	0.5	0.5

续表 1.17

序号	控制项目名称	单位	A 级	B 级	C 级
25	总砷	mg/L	0.3	0.3	0.3
26	总铅	mg/L	0.5	0.5	0.5
27	总镍	mg/L	1	1	1
28	总铍	mg/L	0.005	0.005	0.005
29	总银	mg/L	0.5	0.5	0.5
30	总硒	mg/L	0.5	0.5	0.5
31	总铜	mg/L	2	2	2
32	总锌	mg/L	5	5	5
33	总锰	mg/L	2	5	5
34	总铁	mg/L	5	10	10
35	挥发酚	mg/L	1	1	0.5
36	苯系物	mg/L	2.5	2.5	1
37	苯胺类	mg/L	5	5	2
38	硝基苯类	mg/L	5	5	3
39	甲醛	mg/L	5	5	2
40	三氯甲烷	mg/L	1	1	0.6
41	四氯化碳	mg/L	0.5	0.5	0.06
42	三氯乙烯	mg/L	1	1	0.6
43	四氯乙烯	mg/L	0.5	0.5	0.2
44	可吸附有机卤化物(AOX,以 Cl 计)	mg/L	8	8	5
45	有机磷农药(以 P 计)	mg/L	0.5	0.5	0.5
46	五氯酚	mg/L	5	5	5

注:单位为 mg/L 的项表示该物质的质量浓度。

第2章 城市排水工程本科毕业设计依据及过程管理

城市排水工程行业的发展对我国生态文明建设和美丽中国战略的实施有着显著的推进作用,工程的科学设计是排水工程行业有序发展的基石,排水工程毕业设计培养的便是能够科学地进行工程设计的人才。

通过城市排水工程专业毕业设计,将系统锻炼学生应用所学的污水处理、城市排水管网、工业废水处理等相关知识解决复杂实际工程问题的能力,锻炼学生独立构建理论、选择参数进行排水工程设计的能力,引导学生将工程精神与科学精神相结合,为未来完成实际排水工程设计任务打下坚实基础。在上述各个设计环节中,需要根据行业相关标准、规范等对设计过程进行规范,并通过严格的过程管理来保障整个毕业设计的高质量完成。

2.1 排水工程毕业设计参考书目及设计依据标准

城市排水工程设计过程中,可能涉及的设计依据、相关标准、设计手册、设计规范及相关书目主要如下。

2.1.1 环境保护设计依据

(1)《中华人民共和国环境保护法》。

(2)《中华人民共和国环境影响评价法》。

(3)《建设项目环境保护设计规定》。

(4)《城镇污水处理厂污染物排放标准》(GB 18918—2002)。

(5)《工业企业厂界环境噪声排放标准》(GB 12348—2008)。

(6)《建筑施工场界环境噪声排放标准》(GB 12523—2011)。

(7)《恶臭污染物排放标准》(GB 14554—1993)。

(8)《污水排入城镇下水道水质标准》(GB/T 31962—2015)。

(9)《地表水环境质量标准》(GB 3838—2002)。

(10)《开发建设项目水土流失防治标准》(GB 50434—2018)。

(11)《室外排水设计规范》(GB 50014—2006)(2016 年版)。

(12)《建筑给水排水设计标准》(GB 50015—2019)。

2.1.2 重要参考书目

(1)《给水排水设计手册》[第二版]第 1 册:常用资料。

(2)《给水排水设计手册》[第三版]第 3 册:城镇给水。

(3)《给水排水设计手册》[第三版]第 5 册:城镇排水。

(4)《排水工程》[第五版]上册。

(5)《排水工程》[第五版]下册。

2.1.3　依据标准介绍

(1)结构设计依据标准。

①《给水排水工程构筑物结构设计规范》(GB 50069—2002)。

②《给水排水工程混凝土构筑物变形缝技术规范》(T/CECS 117—2017)。

③《混凝土结构设计规范》(GB 50010—2010)。

④《给水排水工程钢筋混凝土水池结构设计规程》(CECS 138—2002)。

⑤《混凝土结构工程施工质量验收规范》(GB 50204—2015)。

⑥《建筑结构可靠性设计统一标准》(GB 50068—2018)。

⑦《建筑结构荷载规范》(GB 50009—2012)。

⑧《建筑抗震设计规范》(GB 50011—2010)。

⑨《建筑工程抗震设防分类标准》(GB 50223—2008)。

⑩《室外给水排水和燃气热力工程抗震设计规范》(GB 50032—2003)。

⑪《建筑地基基础设计规范》(GB 50007—2011)。

⑫《建筑地基处理技术规范》(JGJ 79—2012)。

⑬《建筑桩基技术规范》(JGJ 94—2008)。

⑭《建筑边坡工程技术规范》(GB 50330—2013)。

⑮《砌体结构设计规范》(GB 50003—2011)。

⑯《钢结构设计标准》(GB 50017—2017)。

⑰《门式刚架轻型房屋钢结构技术规范》(GB 51022—2015)。

⑱《工程结构可靠性设计统一标准》(GB 50153—2008)。

(2)采暖通风设计依据标准。

①《工业建筑供暖通风与空气调节设计规范》(GB 50019—2015)。

②《公共建筑节能设计标准》(GB 50189—2015)。

(3)给水排水依据标准。

①《建筑给水排水设计标准》(GB 50015—2019)。

②《室外给水设计标准》(GB 50013—2018)。

③《室外排水设计规范》(GB 50014—2006)(2016 年版)。

④《建筑给水排水制图标准》(GB/T 50106—2010)。

(4)供电设计依据标准。

①《建筑物防雷设计规范》(GB 50057—2010)。

②《供配电系统设计规范》(GB 50052—2009)。

③《3～110 kV 高压配电装置设计规范》(GB 50060—2008)。

④《35～110 kV 变电站设计规范》(GB 50059—2011)。

⑤《低压配电设计规范》(GB 50054—2011)。

⑥《通用用电设备配电设计规范》(GB 50055—2011)。

⑦《电力工程电缆设计标准》(GB 50217—2018)。

⑧《电力装置的继电保护和自动装置设计规范》(GB 50062—2008)。

⑨《电力装置电测量仪表装置设计规范》(GB/T 50063—2017)。

⑩《交流电气装置的接地设计规范》(GB/T 50065—2011)。

⑪《并联电容器装置设计规范》(GB 50227—2017)。

⑫《建筑照明设计标准》(GB 50034—2013)。

(5)建筑设计依据标准。

①《建筑设计防火规范》(GB 50016—2014)。

②《建筑内部装修设计防火规范》(GB 50222—2017)。

③《建筑灭火器配置设计规范》(GB 50140—2005)。

④《工业企业总平面设计规范》(GB 50187—2012)。

⑤《建筑采光设计标准》(GB 50033—2013)。

⑥《建筑地面设计规范》(GB 50037—2013)。

⑦《工业建筑防腐蚀设计标准》(GB/T 50046—2018)。

⑧《民用建筑隔声设计规范》(GB 50118—2010)。

⑨《公共建筑节能设计标准》(GB 50189—2015)。

⑩《民用建筑设计统一标准》(GB 50352—2019)。

⑪《办公建筑设计标准》(JGJ/T 67—2019)。

⑫《宿舍建筑设计规范》(JGJ 36—2016)。

(6)自控设计依据标准。

①《自动化仪表选型设计规范》(HG/T 20507—2014)。

②《仪表配管配线设计规范》(HG/T 20512—2014)。

③《仪表系统接地设计规范》(HG/T 20513—2014)。

④《控制室设计规范》(HG/T 20508—2014)。

⑤《仪表供电设计规范》(HG/T 20509—2014)。

⑥《建筑物电子信息系统防雷技术规范》(GB 50343—2012)。

⑦《自动化仪表工程施工及质量验收规范》(GB 50093—2013)。

(7)道路设计依据标准。

①《城市道路工程设计规范》(CJJ 37—2012)。

②《城镇道路路面设计规范》(CJJ 169—2012)。

③《城市道路路基设计规范》(CJJ 194—2013)。

2.2　工程图制图规范及基本要求

为了实现土建类工程图纸的规范化设计,CAD设计图要严格遵守制图标准。制图标准是对图纸的各个项目在表达上严格而统一的规定,能够使不同岗位的工程人员对工程图的各项内容有完全一致的理解。常见的标准有国家标准、部委标准和国际标准等。

图纸上的各类文字,必须书写正确,且应字体工整、笔画清晰、间隔均匀、排列整齐。字体高度的公称尺寸系列为:2.5 mm、3.5 mm、5 mm、7 mm、10 mm、14 mm、20 mm,高度尺寸即为字体的号数。字母和数字分为A型和B型,在同一张图纸上只允许一种形式的字体出现。

所有 CAD 工程设计图纸都要配备图纸封皮、图纸说明、图纸目录。其中图纸封皮须注明工程名称、图纸类别(施工图、竣工图、方案图)、制图日期。图纸说明须对工程进一步说明工程概况、工程名称、建设单位、施工单位、设计单位或建筑设计单位等;每张图纸须编制图名、图号、比例、时间。

2.2.1　国家或行业标准

《工程制图规则》(GB/T 18229—2000)和《建筑给水排水制图标准》(GB/T 50106—2010)均对土建类毕业设计 CAD 工程图提出了明确要求,对设计中的图纸幅面与格式、图纸比例尺尺寸、图纸中字体大小设置、不同线型代表意义等做出说明。

1. 图纸幅面

图纸幅面具体格式要求见图 2.1 与表 2.1。

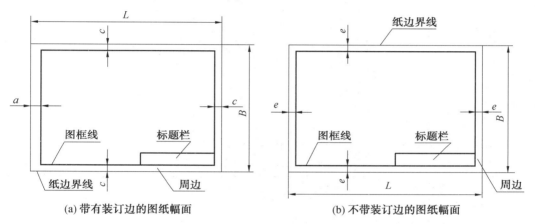

(a) 带有装订边的图纸幅面　　　　　(b) 不带装订边的图纸幅面

图 2.1　图纸幅面设计要求

表 2.1　图纸幅面设计尺寸要求　　　　　单位:mm

幅面代号	A0	A1	A2	A3	A4
$B \times L$	841×1 189	594×841	420×594	297×420	210×297
e	20			10	
c	10			5	
a	25				

注:在 CAD 绘图中对图纸有加长、加宽的要求时,应按基本幅面的短边(B)成整数倍增加。

2. 图纸比例尺

图纸比例尺具体设置见表 2.2,必要时也允许选取表 2.3 中的比例。

表 2.2　图纸比例尺设置要求

种类	比例		
原值比例	1 : 1		
放大比例	5 : 1	2 : 1	
	$5 \times 10^n : 1$	$2 \times 10^n : 1$	$1 \times 10^n : 1$
缩小比例	1 : 2	1 : 5	1 : 10
	$1 : 2 \times 10^n$	$1 : 5 \times 10^n$	$1 : 10 \times 10^n$

注:n 为正整数。

表 2.3　图纸比例尺设置要求

种类	比例				
放大比例	4 : 1	2.5 : 1			
	$4 \times 10^n : 1$	$2.5 \times 10^n : 1$	$1 \times 10^n : 1$		
缩小比例	1 : 1.5	1 : 2.5	1 : 3	1 : 4	1 : 6
	$1 : 1.5 \times 10^n$	$1 : 2.5 \times 10^n$	$1 : 3 \times 10^n$	$1 : 4 \times 10^n$	$1 : 6 \times 10^n$

注:n 为正整数。

给排水设计中各种构筑物及其他细节图的绘图比例可按表 2.4 执行。

表 2.4　给排水设计中常用比例

名称	比例	备注
区域规划图	1 : 50 000、1 : 25 000、1 : 10 000	宜与总图专业一致
区域位置图	1 : 5 000、1 : 2 000	
总平面图	1 : 1 000、1 : 500、1 : 300	宜与总图专业一致
管道纵断面图	纵向:1 : 200、1 : 100、1 : 50	
	横向:1 : 1 000、1 : 500、1 : 300	
水处理厂(站)平面图	1 : 500、1 : 200、1 : 100	
水处理构筑物、设备间、卫生间、泵房、平面、剖面图	1 : 100、1 : 50、1 : 40、1 : 30	
建筑给排水平面图	1 : 200、1 : 150、1 : 100	宜与建筑专业一致
建筑给排水轴测图	1 : 150、1 : 100、1 : 50	宜与相应图纸一致
详图	1 : 50、1 : 30、1 : 20、1 : 10、1 : 5、1 : 2、1 : 1、2 : 1	

3. 字体大小

图纸中字体大小设置见表 2.5。

表 2.5　图纸中字体大小要求　　　　　　　　单位：mm

图幅 字体	A0	A1	A2	A3	A4
字母数字			3.5		
汉字			5		

4. 字体间距、行距等

图纸中字体的最小字距、行距以及间隔线或基准线与书写字体之间的最小距离要求见表 2.6。

表 2.6　图纸中最小字词距等要求　　　　　　　　单位：mm

字体	最小距离	
汉字	字距	1.5
	行距	2
	间隔线或基准线与汉字的间距	1
拉丁字母、阿拉伯数字、 希腊字母、罗马数字	字符	0.5
	字距	1.5
	行距	1
	间隔线或基准线与字母、数字的间距	1

注：当汉字与字母、数字混合使用时，字体的最小字距、行距等应根据汉字的规定使用。

5. 字体选择

工程图中字体选用范围见表 2.7。

表 2.7　工程图中字体选用范围

汉字字型	国家标准号	字体文件名	应用范围
长仿宋体	GB/T 13362.4～13362.5—1992	HZCF.*	图中标注及说明的汉字、标题栏、明细栏等
单线宋体	GB/T 13844—1992	HZDX.*	大标题、小标题、图册封面、目录清单、标题栏中设计单位名称、图样名称、工程名称、地形图等
宋体	GB/T 13845—1992	HZST.*	
仿宋体	GB/T 13846—1992	HZFS.*	
楷体	GB/T 13847—1992	HZKT.*	
黑体	GB/T 13848—1992	HZHT.*	

6. 线型及颜色

计算机绘图时，屏幕上的图线一般应按表 2.8 中提供的颜色显示，相同类型的图线应采用同样的颜色。

表 2.8　图纸中基本图线的颜色要求

图线类型	屏幕上的颜色
粗实线	白色
细实线	绿色
波浪线	
双折线	
虚线	黄色
细点画线	红色
粗点画线	棕色
双点画线	粉红色

图纸中不同线型代表的意义见表 2.9,其中 $b=0.75$ mm 或 1 mm。

表 2.9　图纸中不同线型的意义

名称	线型	线宽	用　　途
粗实线	————————	b	新设计的各种排水和其他重力流管线
粗虚线	— — — —	b	新设计的各种排水和其他重力流管线的不可见轮廓线
中粗实线	————————	$0.75b$	新设计的各种给水和其他压力流管线;原有的各种排水和其他重力流管线
中粗虚线	— — — —	$0.75b$	新设计的各种给水和其他压力流管线及原有的各种排水和其他重力流管线的不可见轮廓线
中实线	————————	$0.50b$	给排水设备、零(附)件的可见轮廓线;总图中新建的建筑物和构筑物的可见轮廓线;原有的各种给水和其他压力流管线
中虚线	— — — —	$0.50b$	给排水设备、零(附)件的不可见轮廓线;总图中新建的建筑物和构筑物的不可见轮廓线;原有的各种给水和其他压力流管线的不可见轮廓线
细实线	————————	$0.25b$	建筑的可见轮廓线;总图中原有建筑物和构筑物的可见轮廓线;制图中的各种标注线
细虚线	— — — —	$0.25b$	建筑的不可见轮廓线;总图中原有建筑物和构筑物的不可见轮廓线
单点长画线	—— · —— · ——	$0.25b$	中心线、定位轴线
折断线	——/\——	$0.25b$	断开界线
波浪线	～～～～	$0.25b$	平面图中水面线;局部构造层次范围线;保温范围示意线等

7. 管道的标注

图纸中管道标注的图例见表 2.10。

表 2.10　图纸中管道标注的图例

序号	名称	图例	备注
1	生活给水管	——J——	—
2	热水给水管	——RJ——	—
3	热水回用管	——RH——	—
4	中水给水管	——ZJ——	—
5	循环给水管	——XJ——	—
6	循环回水管	——XH——	—
7	热媒给水管	——RM——	—
8	热媒回水管	——RMH——	—
9	蒸汽管	——Z——	—
10	凝结水管	——N——	—
11	废水管	——F——	可与中水源水管合用
12	压力废水管	——YF——	—
13	通气管	——T——	—
14	污水管	——W——	—
15	压力污水管	——YW——	—
16	雨水管	——Y——	—
17	压力雨水管	——YY——	—
18	膨胀管	——PZ——	—

8. 其他一些约定俗成的画图要求

在 CAD 污水制图中还有其他一些约定俗成的画图要求,见表 2.11。

表 2.11　其他要求

管线名称	CAD 制图中对应颜色	管线名称	CAD 制图中对应颜色
污水处理工艺	红色	给水管线	绿色
回流污泥管线	浅棕	空气管线	蓝色
剩余污泥管线	棕色	照明电杆	灰色
超越管线	黄色	加药管线	紫色
服务水管线	黄绿		

至于线性和线宽是一样的情况,由管线图例来说明,一般重要的管线(如为了表达污水的流程)用较粗的线性;略显次要的(如加药管)可以用较细的线条或者是虚线来表示。

2.2.2　其他要求

1. CAD 图面布置

CAD 设计图图面编排应紧凑、清晰、比例恰当,并能够对工程内容和设计细节进行清楚的表达,所以图面的选择至关重要。在图面编排上,应致力于避免图与图之间、图与文字说明之间、图与表格之间空隙过大或者过分拥挤的现象。通常情况下,CAD 设计图图面布置可参照图 2.2。

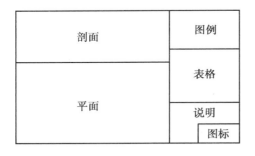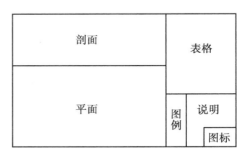

图 2.2　CAD 设计图图面布置

2. 剖面剖切线

剖切线一般剖向图面的上方或左方,投影方向用垂直于剖切线的阿拉伯数字按顺序连续编排,剖切线要求最好不穿越图面上的线条。CAD 设计中的剖切线一般最多转折一次。剖切线示例如图 2.3 所示。

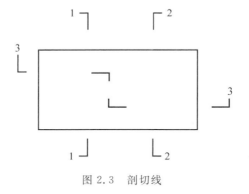

图 2.3　剖切线

3. 尺寸界线与尺寸线

CAD 设计图构筑物的尺寸标注,一般通过尺寸线来标记。尺寸界线应用细实线,且要求与被注长度垂直,其一端应离开图样不小于 2 mm,另一端宜超出尺寸线 2～3 mm。一般不用图样轮廓线作为尺寸界线。尺寸线一般也用细实线,其应与被注长度平行,且不宜超出尺寸界线,任何图线均不得作为尺寸线。尺寸起止符号用中粗短线绘制,倾斜方向与尺寸界线成顺时针 45°,长度 2～3 mm。尺寸界线与尺寸线的标注方式如图 2.4 所示。

4. 构筑物、管道或高程图标高

构筑物标高一般以 mm 为单位,单位为其他长度单位时需说明,给排水工程图纸大多

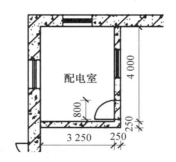

图 2.4　尺寸界线与尺寸线标注法

采用绝对高程;各种水处理构筑物均应表明其主要部件或结构部位的安装高度,如池顶、池高、曝气头高度等;必须注明主要的液体标高,如进水高度、滗水高度、出水高度、出水槽水位等。

平面图中,管道标高应按图 2.5 的方式标注,沟渠标高应按图 2.6 的方式标注。

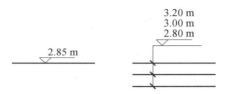

图 2.5　平面图中管道标高标注法

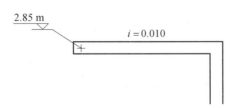

图 2.6　平面图中沟渠标高标注法

剖面图中,管道及水位的标高应按图 2.7 的方式标注。

5. 表头说明

总图中材料统计方式表头见表 2.12 和表 2.13。

表 2.12　管件

序号	名称	规格	材料	单位	数量	备注

表 2.13　闸门井

序号	名称	主要尺寸	结构模式	单位	数量	选用图号	备注

单体中材料设备统计方式表头见表 2.14 和表 2.15。

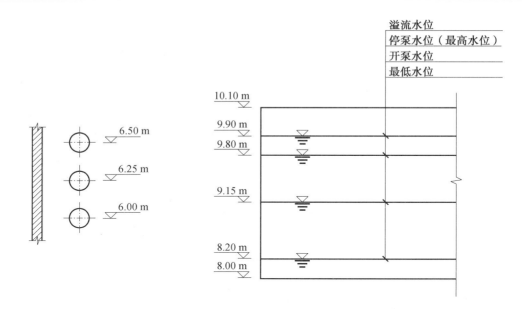

图 2.7　剖面图中管道及水位标高标注法

表 2.14　材料

序号	名称	材料	单位	数量	备注

表 2.15　设备

编号	名称	规格	单位	数量	备注

6. 索引标志

索引标志是表示 CAD 图上某一部分或某一构件另有详图,用单圆圈表示,圆圈直径一般以 8～10 mm 为宜。索引标注法如图 2.8 所示。

图 2.8　索引标注法

7. 管径表示

管径单位应为 mm。管径表达方式规定如下:水煤气输送钢管(镀锌或非镀锌)、铸铁管等管材,管径宜以公称直径 DN 表示;无缝钢管、焊接钢管(直缝或螺旋缝)等管材,管径宜以外径 D×壁厚表示;铜管、薄壁不锈钢管等管材,管径宜以公称外径 Dw 表示;建筑给水排水塑料管材,管径宜以公称外径 dn 表示;钢筋混凝土或混凝土管,管径宜以内径 d 表示;复合管、结构壁塑料管等管材,管径应按产品标准的方法表示,当设计中均采用公称直径 DN 表示管径时,应有公称直径 DN 与相应产品规格对照表。

单根管道管径(单管管径)标注方法如图 2.9 所示,多根管道(多管管径)时,按图 2.10 的方式进行标注。

图 2.9　单管管径表示法

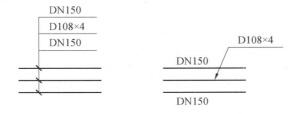

图 2.10　多管管径表示法

8. 指北针表示

指北针如图 2.11 所示,指北针常用细实线绘制。圆的直径为 24 mm,指针尾部宽度为 3 mm;需要较大直径指北针时,指针尾部宽度宜为直径的1/8。

图 2.11　指北针

9. 标题栏

标题栏是指由名称与代号区、签字区和其他区组成的栏目。它反映一张图样的综合信息,是图样的重要组成部分。如北京市环境保护科学研究院和哈尔滨工业大学环境学院毕业设计的图签分别如图 2.12 和图 2.13 所示。

北京市环境保护科学研究院 北京市环科环境工程设计所	工　程 项　目			工　程 编　号	
				比　例	1:50
				专　业	工　艺
审　定		项目负责人		阶　段	施　工
审　核		专业负责人	沉砂池剖面图(二)	日　期	
校　核		设计制图		图　号	

图 2.12　北京市环境保护科学研究院毕业设计图签

图 2.13　哈尔滨工业大学环境学院毕业设计图签

2.3　本科毕业设计过程管理

2.3.1　毕业设计组成

通常情况下,毕业设计环节由以下几个部分组成。

(1)毕业设计图纸的发放和毕业设计任务书签订。

在毕业设计开始后,指导教师向学生统一发放毕业设计原始图纸(如设计地区地形图),并向学生签订任务书,指导教师须完成设计地区城市各区人口密度与居民区生活污水量标准,城市各区中各类地面与屋面的比例,工业企业与公共建筑的排水量和水质资料、气温等基础资料,常年主导风向、地质资料、受纳水体水质与水文资料等的设定等工作。

(2)开题。

由教研室组织开题报告会,检查每个学生的开题准备情况。开题检查的要点如下:

①检查学生的选题是否正确,文献综述是否充分和方案论证是否合理,判断是否已充分理解毕业设计的内容和要求。

②进度计划是否切实可行,工作量是否适宜。

③是否具备毕业设计所要求的基础条件。

开题检查不合格者必须在一周内重新开题。

(3)中期检查。

学校组织一次中期检查,中期检查时每个学生要汇报毕业设计进展情况,回答教师提出的问题。第七学期开始毕业设计工作的院(系)、教研室,应组织不少于两次的检查。根据学生对课题内容与要求的深入研究情况、有关资料的收集与分析情况及学生提交的已查阅到的参考文献、已获得的实验数据、应完成部分的论文初稿等情况,主要应检查以下内容:

①毕业设计的内容与题目是否一致,论文的基本观点是否正确。

②学生是否按计划完成规定工作,工作量是否饱满,所遇到的困难能否克服。

③学生在毕业设计期间的表现。

④教师的指导工作情况。

(4)结题验收及答辩。

结题验收在试验或设计工作完成后,答辩前一周完成,由教研室组织指导教师和有关教师实施检查,检查要点为:

①学生的设计图纸是否规范、完整。

②现场检查实验数据是否完备、可靠,演示实验结果。

③现场检查软件运行结果。

④检查学生是否按毕业设计任务书要求完成全部工作。

⑤检查毕业设计撰写情况。

⑥对②③项的检查结果要在结题验收中给出结论。

⑦结题验收不合格(即未获得答辩资格)的毕业设计要申请进行缓答辩,直到验收合格后方可参加由教研室(或系)组织的集中答辩。

2.3.2　毕业设计的进度安排

(1)任务布置:秋季学期第 2 周(一年制本科毕业设计)或第 16 周(半年制本科毕业设计)。

(2)开题检查:秋季学期第 2 周(一年制)或春季学期第 2 周(半年制)。

(3)中期检查:秋季学期第 14 周(一年制)或春季学期第 8 周(半年制)。

(4)结题验收:春季学期第 18 周。

2.3.3　本科毕业设计过程中院(系)、教研室、指导教师及学生的职责

本科毕业设计过程涉及院(系)的任务布置、指导及检查工作,教研室任务的分配、答辩委员会及检查小组的选择及安排、过程监督检查等任务,指导教师须完成任务书的布置、学生设计工作的日常检查、审图签图等任务,而学生的任务则主要为按期高质量完成设计任务。各部门及个人的职责具体如下。

1. 院(系)职责

(1)贯彻执行学校关于毕业设计的规定,结合本院(系)的专业特点,制定毕业设计管理的实施细则。

(2)成立毕业设计领导小组,定期检查、指导各教研室毕业设计工作的进度和质量,包括要做好开题、中期检查和答辩等环节的检查。

(3)为指导教师和学生提供适当的资料、实验条件、调研途径等。

(4)审批答辩委员会和答辩小组。

(5)做好毕业设计工作总结,及时将总结报告上报教务处。

2. 教研室职责

(1)确定指导教师。

(2)组织教师拟定毕业设计题目,并组织审查,通过审查后报院(系)毕业设计领导小组。

(3)检查、督促教师加强对学生的考勤与指导,把握毕业设计工作的进度和质量。

(4)组织安排开题报告、中期检查、结题验收和学生答辩资格审查工作。

(5)组织毕业设计的评阅、答辩和成绩评定。

(6)进行毕业设计的工作总结,及时将工作总结报送院(系)。

3. 指导教师职责

(1)指导教师负责制定毕业设计任务书(任务书填写要规范),指导学生调研、收集资料以及进行必要的实验准备工作。

（2）指导教师要根据学生的特点，指导学生制定毕业设计进度计划；保证定期（每周不少于2次）对每个学生进行具体指导，尤其要抓好关键环节的指导。要认真检查学生的工作日志，填写检查意见并签字。

（3）指导学生做好开题报告，认真做好中期检查和结题验收工作。

（4）指导学生撰写毕业设计，包括拟定提纲、撰写初稿和修改定稿等。

（5）督促和指导学生做好答辩前的各项准备工作，参加结题验收，并向答辩委员会写出有关学生的工作态度、能力水平、毕业设计质量及应用价值等方面的评语，对学生是否具备答辩资格提出建议和意见。

（6）指导教师在指导学生毕业设计期间出差一周以上要经院（系）主管领导批准，要委托其他教师代管，并通知学生。

（7）指导教师要教书育人，做学生的良师益友，注意培养学生的团结协作精神和求实创新的工作作风。

（8）严格要求学生，教育学生遵守各项规章制度，加强对学生的安全教育。

4. 学生的任务及职责

（1）学生应根据指导教师下达的任务书的要求，综合运用所学知识解决实际问题，并结合毕业设计，努力学习，不断获取新知识，提高独立工作能力。

（2）学生必须参加毕业设计的各个训练环节。学生应主动接受教师的检查和指导，定期向教师汇报工作进度，听取教师对工作的意见和指导。

（3）学生在毕业设计工作期间进入实验室等科研场所要严格遵守各项安全制度和操作规范，遵守学校考勤制度，无故离岗者按旷课处理。

（4）学生应遵守学术道德规范，严禁弄虚作假或抄袭他人成果。

（5）做开题报告。做开题报告时，学生应提出文献综述、方案论证和毕业设计进度计划。

（6）认真填写毕业设计工作日志。

（7）按计划完成课题任务。

（8）接受中期检查和结题验收，并提供所要检查的有关资料。

（9）按照规范撰写毕业论文。

（10）参加毕业设计答辩。

2.4　毕业设计过程管理及要求

2.4.1　毕业设计开题检查工作要求

学生在指导教师的指导下撰写《□□□□□□大学毕业设计开题报告》，开题报告字数应在3 000字以上，由系或教研室（研究所）组织对每个学生的课题前期准备情况进行开题检查，每组专家至少由三位讲师及讲师以上职称的教师组成。

1. 检查组主要工作内容

（1）检查学生的选题是否合适、方案论证是否可行、工作量是否适宜、文献是否充足；学生对课题内容和要求的理解是否深入、进度是否得当、基础条件是否具备等，判断学生是否已充分理解毕业设计的内容和要求。

(2)检查进度计划是否切实可行;工作量是否适宜。

(3)检查小组根据任务书、开题报告及学生开题情况给出评分。

(4)秘书记录每个学生答辩的情况和问题,开题检查后将任务书、开题报告、开题检查记录表收齐、存档。

2.学生参加开题检查基本要求

(1)检查前,学生必须提供开题报告。开题报告要经导师审阅并在《开题检查记录表》上签字。

(2)要求学生做 5~10 min PPT 汇报(重点阐述项目背景分析、排水系统划分、工艺路线分析),回答提问 5 min。

(3)完成 2 张图的设计工作。

(4)开题检查不合格者必须在一周内重新开题。第二次开题仍未通过者,毕业设计需重修。

2.4.2　毕业设计中期检查工作要求

1.检查组工作要点

由系或教研室(研究所)组织对每个学生的课题完成情况进行中期检查,每组专家至少由 3 位讲师及讲师以上职称的教师组成,其工作重点如下:

(1)检查学生在毕业设计期间的表现:学生是否按计划完成规定工作,如期完成整个论文工作的可能性,回答专家问题情况。

(2)检查教师的指导工作情况。

(3)检查小组根据中期报告及检查答辩情况给出评分,并对学生的工作进行认真评议。对完成工作量较少、阶段成果不明显的论文要督促其加快工作进度;对存在问题较严重或困难较大的,应要求其导师及早调整方案,做出适当处理。检查小组要认真填写《中期检查记录表》。

(4)秘书记录每个学生答辩情况和问题,中期检查后将中期报告和中期检查记录表收齐、存档。

(5)中期检查位于后 5%~10% 和未参加中期检查者,须在两周内进行二次中检。二次中检仍未通过者,毕业设计需重修。

(6)各院(系)、教研室(研究所)应加强本科毕业设计的后期管理工作,导师要加强对本科生后期毕业设计工作的指导,确保毕业设计质量。

2.学生参加中期检查基本要求

在中期检查之前,学生应完成下列一系列准备工作及部分设计计算,具体如下:

(1)撰写《×××大学毕业设计中期报告》。

(2)检查前,中期报告要经导师审阅并在《中期检查记录表》上签字。

(3)中期检查以答辩形式进行,学生做 10~15 min PPT 汇报(展示目前已完成的设计工作),回答提问 5~10 min。

(4)完成两套排水管网的设计,完成管段及检查井编号,并进行方案比较。

（5）完成主干管、区域干管、支干管、跌水井及倒虹管的详细设计计算，并进行详尽的水力计算与高程计算。

（6）按给出的原始资料合理地选定设计方案和暴雨强度公式进行水力计算。

（7）完成4张图的设计工作，包括管网布设图2张、污水处理厂平面布置图和管段纵剖面图各1张。

（8）完成1篇近期发表且与设计相关的英文文献翻译。

2.4.3 结题验收检查、论文评阅工作要求

1. 院（系）工作要求

（1）对需要结题验收检查的毕业设计，由系或教研室（研究所）组织指导教师和有关教师成立结题验收组实施检查，并在《结题检查（论文评阅）记录表》上填写验收意见。

（2）对结题检查（论文评阅）中毕业设计水平和论文质量排在专业后5%～10%的学生（不含验收不合格学生），院（系）要组织安排集中答辩。在集中答辩之前进行论文重复率的联网检测，检测不合格者不得参加答辩，视情况给予延期答辩、重修、不授予学位等处理。

2. 检查组工作要求

（1）现场验收毕业设计、图纸等成果，演示实验结果或运行软件，检查实验数据是否完备、可靠。

（2）检查学生是否按毕业设计任务书要求完成全部工作。

3. 指导教师工作要求

（1）评阅图纸和报告。

（2）指导教师应对学生整个毕业设计（论文）中的工作态度、工作能力、研究水平进行全面评价，填写《结题检查（论文评阅）记录表》。

4. 论文评阅人工作要求

每篇毕业设计要指定除指导教师以外的至少一位教师评阅。评阅人工作要点如下：

（1）对设计报告和图纸提出评阅意见，对相关设计问题提出修改建议。

（2）评阅教师根据论文撰写情况填写《结题检查（论文评阅）记录表》。

如果毕业设计检查和评阅意见不一致，院（系）应给出是否允许参加答辩的最终意见。

5. 学生在结题验收检查、论文评阅中的工作要求

（1）按时完成毕业设计所有图纸、完成设计报告、翻译的相关文本准备。

（2）及时将毕业设计成果送指导老师批阅。

（3）及时将毕业设计相关资料送论文评阅人批阅。

（4）结题检查（论文评阅）不合格（即未获得答辩资格）的毕业设计要申请进行延期答辩，直到合格后方可参加由系或教研室（研究所）组织的答辩。

2.4.4 毕业设计答辩工作要求

1. 院（系）、答辩组工作要求

（1）答辩委员会由系或教研室（研究所）负责组织，每个答辩小组至少由5名具有讲师及

讲师以上职称的教师组成(其中至少有 2 人具有高级职称,学生和导师尽量不要安排在同一个答辩小组),设答辩小组长 1 人,主持答辩工作。

(2)需聘请校外人员担任答辩委员会成员时,由主管院长(系主任)批准。

(3)答辩组根据答辩情况、论文、图纸等成果填写《毕业答辩记录表》,给出答辩评语和成绩。

(4)答辩小组采用协商或投票方式给学生评定答辩成绩,向院(系)学位委员会提出是否准予学生毕业的建议。

(5)答辩秘书维持答辩现场环境整洁,应保持严肃气氛,并做好答辩记录。

(6)教学秘书统一收齐院(系)推荐的校级优秀论文和学校随机抽查论文的电子版,报送教务处实践教学科,进行论文重复率检测。

2. 参加答辩学生工作要求

(1)学生必须在答辩前 3 d,将毕业设计成果材料(毕业论文、翻译、图纸等)和《结题检查(论文评阅)记录表》提交答辩委员会,《结题检查(论文评阅)记录表》无评语、缺少签字不允许参加答辩。

(2)每个学生的答辩时间在 25 min 左右,其中学生做 15~20 min PPT 汇报,回答问题 5~10 min。答辩过程中,指导教师不得给予学生引导、提示,或替学生回答问题。

(3)答辩后,同学根据提出的问题修改论文等,答辩秘书负责材料归档。

3. 参加答辩学生需完成任务清单

(1)结合城市具体情况确定排水体制后,完成整个城市的管网定线,对两套定线方案进行技术经济性比较,从中选优。

管网设计过程中,应对以下问题能够作出回答:

①排水体制如何选择(合流制、分流制、混合排水制)?

②排水系统及管网定线原则及说明是否准确(设计原则、定线原则、定线说明、污水处理厂、管线走向)?

③排水管网水力计算细节是否齐全(计算软件、冰冻线、最小坡度、控制点、整体埋深)?

④排水管网计算结果是否准确,是否校核?

⑤排水管网方案的技术经济性比较是否完备?

(2)完成主干管、区域干管、支干管、跌水井及倒虹管的详细设计计算,并进行详尽的水力计算与高程计算,对最不利点应校核。

(3)按给出的原始资料合理的选定设计方案和暴雨强度公式进行水力计算,从街道明渠开始,计算其中一条雨水管线。

(4)完成污水泵站工艺设计,含部分施工图设计。

(5)污水处理工艺设计,含部分单体,重点包括:

①格栅的设计计算。

②沉沙池的设计计算——平流式沉砂池、竖流式沉砂池、曝气沉砂池、钟式沉砂池(一般吸砂机)、旋流沉砂池(真空吸砂机)等的选择及合理计算。

③初次沉淀池的设计及计算。

④污水的二级生化处理工艺(CASS、SBR、氧化沟、AAO 等)的合理选择、运行参数优

选、反应池尺寸计算及运行参数计算(泥龄计算、污泥产率系数、反应污泥量、总污泥量、主反应池容积、污泥浓度、污泥负荷)、进出水系统、曝气系统计算等。

⑤二次沉淀池的设计及计算。

⑥集配水井的设计计算。

⑦消毒接触池的设计及计算。

(6)污泥处理处置构筑物及工艺设计,含部分单位构筑物的工艺施工图设计,重点包括:

①污泥脱水机房设计计算。

②污泥浓缩池设计计算。

③污泥贮泥池设计计算。

④污泥消化池(污泥有机质、反应温度、有机物降解率、产气量、沼气收集及循环利用系统)等的设计计算。

(7)污水处理厂平面图及高程图设计计算,重点包括:

①污水处理厂的地址选取应根据原始资料与城市规划情况,并考虑环境效益与社会效益。有条件时可以通过简单的技术经济分析,优化选择的工艺流程。平面的布置应注意紧凑,保证运行与便于管理。

②对污水处理系统做出准确的水力计算与高程计算。

(8)按照学院相关要求,完成规定数量的图纸设计工作。

第3章 城市排水管网工程设计及规范制图

城市排水管网能够排除雨水,并收集和输送人类生产、生活过程中产生的污水和废水,它是人类文明进步和城市化聚集居住的产物,是现代城市最重要的基础设施之一,是城市社会文明、经济发展和现代化水平的重要标志。《室外排水设计规范》(GB 50014—2006)(2016年版)及《给水排水工程构筑物结构设计规范》(GB 50069—2002)中均对城市排水管网的设计给出明确规定,本章内容将结合相关规范进行论述。

3.1 排水管网(管渠系统)概念及规划原则

3.1.1 排水管网(管渠系统)概念

排水管网是收集、输送、处理处置与利用污水和雨水的一整套工程设施,管道系统一般由排水设备、检查井、管渠、泵站等组成(图3.1)。相对于管道而言,排水管网是一种合理安排的管道系统。

图3.1 排水管网(管道系统)中的管道、检查井、管渠和泵站

1. 污水管网系统

城市污水排水系统通常由室外污水管渠系统、污水提升泵站和配套管道、污水处理构筑物、污水排入水体出水口四部分组成,各部分的组成如下:

(1)室外污水管渠系统由居住小区污水管道、街道污水管道和污水管道上的附属构筑物及检查井、跌水井、溢流井、倒虹吸管等组成。

(2)污水提升泵站一般包括局部提升泵站、中途提升泵站和总泵站。

(3)污水处理构筑物一般包括污水处理单元构筑物、污泥处理处置单元构筑物等。

(4)污水排入水体出水口包括污水排入水体的渠道和出口,事故管道和污水在水体中排放时的稀释扩散管等。

2. 雨水管网系统

城市雨水排水系统通常由居住小区雨水管渠系统、街道雨水管渠系统、雨水终点泵站、雨水处理单元、雨水综合利用及出水口等基本成分构成。

其中雨水综合利用主要包括雨水控制和雨水回用;初期雨水收集和雨水处理属于径流污染的控制范畴。

3.1.2　建设的必要性

随着我国城市化进程的不断发展,城市人口集聚,城市建成区面积不断扩大,水污染治理与城市内涝防治已成为大部分城市面临的主要问题。城市排水管网系统是收集与排除城市污水和雨水的工程设施系统,是城市公用设施的组成部分。在实行污水、雨水分流制的情况下,污水由管道收集,送至污水处理后,排入水体或回收利用;雨水径流由排水管道收集后回收利用或者就近排入水体。

城市排水管网的建设具有以下意义:

(1)从环境保护方面讲,排水管网系统的建设能够有效地控制生活污水对城市水环境的影响,也能大幅降低初期雨水径流所带来的面源污染,其能够有效地保护和改善环境,消除污水危害。消除污染、保护环境是进行经济建设必不可少的条件,是保障人民健康和造福子孙后代的大事。

(2)从卫生上讲,排水管网工程的兴建能够对群众所产生的生活污水、工业废水进行收集,其对控制病原微生物的传播具有重要的意义,对保障人民的健康具有深远的意义。

(3)从经济上讲,首先,水是非常宝贵的自然资源,它在国民经济的各部门中都是不可或缺的;其次,污水的妥善处理及雨雪水的及时排除,是保证城市正常运转、工农业正常生产的必要条件之一;最后废水能否妥善处理,对工业生产新工艺的发展也有重要影响。

(4)污水本身也有很大的经济价值,如工业废水中有价值原料的回收,不仅消除了污染,而且为国家创造了财富,降低了产品成本。

3.1.3　排水系统规划原则

(1)应符合国家环境保护的基本法规、方针、政策、指南等,满足城市水环境改善的水体污染控制的基本需求,能有效地提高居民的健康水平。

(2)应以批准的城市总体规划和排水工程专业规划为主要依据,根据规划年限、工业规模、经济效益、社会效益和环境效益,处理好城镇工业与农业、城镇化地区与非城镇化地区、近期与远期、集中与分散、排放与利用的关系。通过全面论证,做到确实能保护环境、节约土地,且技术先进、经济合理、安全可靠等。

(3)应符合区域规划以及城镇和工业企业的总体规划,并应与城市和工业企业中其他单项工程建设密切配合,互相协调,如总体规划中的设计规模、设计期限、建筑界限、功能分区布局等是给排水工程规划设计的依据,又如城镇和工业企业的道路规划、地下设施规划、人防工程规划等单项工程规划对给排水工程的规划设计都有影响。另外,排水系统建设时应考虑接纳达标工业废水并进行集中处理和处置的可能性。

(4)应与邻近区域内的污水和污泥的处理及处置协调。一个区域的污水系统,可能影响邻近区域,特别是影响下游区域的环境质量,故在确定规划区处理水平的处置方案时,必须在较大区域范围内综合考虑。根据排水规划,有几个区域同时或几乎同时修建时,应考虑合并处理和处置的可能性,即实现区域排水系统。雨水管渠系统设计可结合城镇总体规划,考虑利用水体调蓄雨水,必要时可建人工调蓄和初期雨水处理设施。

(5)应处理好污染源治理与集中处理的关系。城镇污水应以点源治理与集中处理相结合,以城镇集中处理为主的原则加以实施。城镇污水是宝贵的淡水资源,在规划中要考虑污水经再生后回用的方案。

(6)应全面规划,按近期设计,考虑远期发展有扩建的可能;应根据使用要求和技术经济的合理性等因素,对近期工程做出分期建设的安排。分期建设时首先建设最急需的工程设施,使它能尽早地服务于最迫切需要的地区和建筑物。

(7)对于城镇和工业企业原有的给排水工程,在进行改建和扩建时,应从实际出发,充分利用和发挥其效能,有计划、有步骤地加以改造,使其逐步达到完善和合理化。

(8)排水制度的选择,应根据城镇的总体规划,结合工程建设地地形特征、水文特点、水体状况、气候体检等综合决定。对水环境质量要求高的地区,应对初期雨水进行截流、调蓄和处理。在缺水地区,建议对雨水进行收集、处理和综合利用。

(9)应正确处理好城市排水工程与工业废水排放之间的关系。工业企业应配合工艺改造、清洁生产,尽可能降低废水的排放量并提高出水排放标准,按不同水质分类进行不同的处理处置。工业废水进入城市管网时应严格执行《城镇排水与污水处理条例》,达到标准后方可进入排水管网,同时要兼顾不影响城市污水处理厂的正常运行,不应对污水处理厂工作人员造成危害,不影响处理后出水的再生利用,亦不应对最终的污泥泥质产生不良影响。

(10)城市排水工程建议采用高质量的机械化和自动化设备设施。

3.1.4　排水体制及选择原则

排水体制是指污水和雨水的收集、输送和处置的系统方式。排水体制一般分为合流制和分流制两种。

(1)合流制为污(废)水和雨水合一的系统,其又分为直排式和截留式,直排式直接收集污水排放水体,截留式即临河建造截流干管,同时在合流干管与截流干管相交前或相交处设置溢流井,并在截流干管下游设置污水处理厂。当混合污水的流量超过截流干管的输水能力后,部分污水经溢流井溢出,直接排入水体。

(2)分流制为污(废)水和雨水在两个或两个以上管渠排放的系统,有完全分流制和不完全分流制,完全分流制具有污水排水系统和雨水排水系统。不同排水体制示意图如图 3.2 所示。

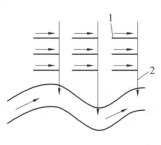

1—合流支管;2—合流干管

(a)直排式合流制

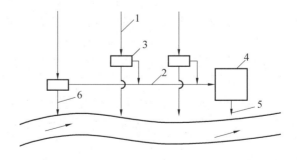

1—合流支管;2—截流主干管;3—溢流井;4—污水处理厂;5—出水口;6—溢流出水口

(b)截流式合流制

图 3.2　不同排水体制示意图

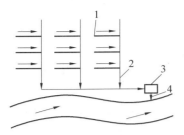

1—合流支管；2—合流干管；
3—污水处理厂；4—出水口

（c）全处理式合流

1—污水干管；2—污水主干管；
3—雨水干管；4—污水处理厂；
5—出水口

（d）完全分流制除水系统

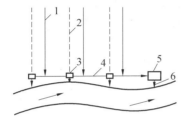

1—污水干管；2—雨水干管；
3—截流井；4—截流干管；5—
污水处理厂；6—出水口

（e）截流式分流制排水系统

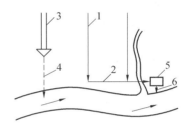

1—污水干管；2—污水主干管；
3—原有管渠；4—雨水干管；
5—污水处理厂；6—出水口

（f）不完全分流制排水系统

续图 3.2

在排水体制的选择上，相关原则如下：

（1）城市排水体制应根据城市总体规划、环境保护要求，当地自然条件（地理位置、地形及气候）和废水受纳体条件，结合城市污水的水质、水量及城市原有排水设施情况，经综合分析比较确定。同一城市的不同地区可采用不同的排水体制。

（2）新建城市、扩建新区、新开发区或旧城改造地区的排水系统应采用分流制。在有条件的地方可采用截流初期雨水的分流制排水系统。

（3）允许部分地区在相当长的时间内采用合流截流体系。

（4）在对老旧城区合流制排水体制改造的过程中要结合实际制定可行方案，在对各地新建开发区规划排水系统时也需要充分调研，结合当地条件、资金，不能盲目采用分流制，生搬硬套。

（5）对于已有二级污水处理厂的合流制排水管网，应在适当的地点建造新型的调节、处理设施（滞留地、沉淀渗滤池、塘和湿地等），这是进一步减轻城市水体污染的关键补充措施。

3.2　排水管网（管渠系统）及附属构筑物设计原则

3.2.1　排水管渠及常见管材

1.排水管渠概念

排水管渠是由收集/排放污废水及输送雨水的管渠和其附属设施组成的系统。排水管渠一般可分为雨水管渠、污水管渠和合流管渠。

雨水管渠收集和排泄以地表径流为主的地面雨水。

污水管渠收集和排泄一切使用过的生活用水和允许排入城市污水管道的工业废水，两者合称城市污水。污水管渠和雨水管渠常分别建设称分流制；反之，则为合流制。

合流制是将生活污水、工业废水和降雨阶段汇流进入的雨水混合在同一套渠道内排除的系统，一般具有截流管、溢流井、溢流口和其他污水截流措施。

2.排水管渠常见管材及特点

常见的排水管渠管材主要有：混凝土管和钢筋混凝土管、预应力钢筒混凝土管（PCCP）、钢带增强聚乙烯（PE）螺旋波纹管、污水用球墨铸铁管、聚乙烯（PE）塑钢缠绕管、球墨铸铁管、金属管、石棉水泥管、玻璃钢夹砂管、石或钢筋混凝土大型管渠、其他管材等（图 3.3）。

图 3.3　常见的混凝土管、铸铁管和夹砂管道玻璃钢污水管

（1）混凝土管和钢筋混凝土管。

混凝土管和钢筋混凝土管为最常见和常用的排水管道，大部分在相关工厂预制。管口通常分承插式、企口式和平口式。按混凝土管内径的不同，可分为小直径管（内径 400 mm 以下）、中直径管（内径 400～1 400 mm）和大直径管（内径 1 400 mm 以上）。混凝土的管径内径大于 400 mm 时通常加配钢筋，制成钢筋混凝土管。混凝土管的长度多为 1 m、2 m、2.5 m；钢筋混凝土管的管长多为 2 m、2.5 m、4.0 m。

（2）污水用球墨铸铁管。

此种管道属于新型排水管道，管道标准见《污水用球墨铸铁管、管件和附件》（GB/T 26081—2010）。其特点为：①良好的延展性，使用中出现裂缝可能性小；②径向刚度为普通柔性管道材料的 4 倍，降低了在地下发生椭圆形变形的可能性；③接口多采用承插式，保证了接口部位的密封性，管道的接口位置使用的胶圈有一定的变形性能，这样在地基出现一定变形沉降过程中保证了适应能力，避免了管道接口位置出现的渗漏；④抗腐蚀能力较强，使用寿命长。

（3）陶土管。

陶土管通常在工厂预制，可分为无釉、单面釉和双面釉的陶土管，管口有承插式和平口式两种，管径内径一般小于 600 mm。陶土管特别适合于排放酸碱性废水，或者外有侵蚀性地下水的排水管道。

（4）金属管。

金属管在排水系统中应用较少，只有在泵房进出水水管、倒虹吸管，或者地震烈度大于 8 度、流沙严重以及对渗滤要求特别高的地区才使用铸铁管和钢管。

（5）石棉水泥管。

石棉水泥管分高压管和低压管两种，高压管用于压力管道，低压管用于自流管道。管口为平口式，用套管连接，管径内径在 50～600 mm 之间，长度在 2.5～4.0 m 之间。

（6）塑料管。

由于塑料管具有表面光滑、水力性能好、水力损失小、耐磨蚀、不易结垢、质量轻、加工接口搬运方便、漏水率低及价格低等优点，因此，在排水管道工程中已得到应用和普及。其中聚乙烯（PE）管、高密度聚乙烯（HDPE）管和硬聚氯乙烯（UPVC）管的应用较广，但塑料管管材强度低、易老化。

（7）玻璃钢夹砂管。

玻璃钢夹砂管（图 3.4）是以树脂为基体材料，以玻璃纤维及其制品为增强材料，以石英砂为填充材料而制成的新型复合材料，具有优良的耐腐蚀性能和耐热耐寒性能，并且耐磨性能好、保温性能优，固化后具有防污抗性，安装效率高、比重小、质量轻、机械性能好、绝缘性好、水力学性能优异而节省能耗、使用寿命长而安全可靠、设计灵活，从而使产品适应性强、工程综合效益性好。

图 3.4　玻璃钢夹砂管

3.2.2　排水管渠设计一般规定

（1）排水管渠系统应根据城镇总体规划和建设情况统一布置，分期建设。排水管渠断面尺寸应按远期规划的最高日最高时设计流量设计，按现状水量复核，并考虑城市远景发展的需要。

（2）管渠平面位置和高程，应根据地形、土质、地下水位、道路情况、原有的和规划的地下设施、施工条件以及养护管理方便等因素综合考虑确定。排水干管应布置在排水区域内地势较低或便于雨污水汇集的地带。排水管宜沿城镇道路敷设，并与道路中心线平行，宜设在快车道以外。截流干管宜沿受纳水体岸边布置。管渠高程设计除考虑地形坡度外，还应考虑与其他地下设施的关系及接户管的连接方便。

（3）管渠材质、管渠构造、管渠基础、管道接口，应根据排水水质、水温、冰冻情况、断面尺寸、管内外所受压力、土质、地下水位、地下水侵蚀性、施工条件及对养护工具的适应性等因素进行选择与设计。

（4）输送腐蚀性污水的管渠必须采用耐腐蚀材料,其接口及附属构筑物必须采取相应的防腐蚀措施。

常见的排水管道接口有:水泥砂浆抹带接口、钢丝网水泥砂浆抹带接口、石棉沥青卷材接口、橡胶圈接口、预制套环石棉水泥接口等(图 3.5)。

图 3.5　常见的排水管道接口

（5）当输送易造成管渠内沉析的污水时,管渠形式和断面的确定,必须考虑维护检修的方便。

（6）工业区内经常受有害物质污染的雨水,应经预处理达到相应标准后才能排入排水管渠。

（7）排水管渠系统的设计,应以重力流为主,不设或少设提升泵站。当无法采用重力流或重力流不经济时,可采用压力流(图 3.6)。

图 3.6　排水管网系统中的泵站和倒虹吸系统

（8）雨水管渠系统设计可结合城镇总体规划,考虑利用水体调蓄雨水,必要时可建人工调蓄和初期雨水处理设施。

（9）污水管道和附属构筑物应保证其密实性,防止污水外渗和地下水入渗。

（10）当排水管渠出水口受水体水位顶托时,应根据地区重要性和积水所造成的后果,设置潮门、闸门或泵站等设施。

（11）雨水管道系统之间或合流管道系统之间可根据需要设置连通管,必要时可在连通管处设闸槽或闸门。连接管及附近闸门井应考虑维护管理的方便。

（12）排水管渠系统中,在排水泵站和倒虹管前,宜设置事故排出口。

3.2.3　排水管渠附属构筑物设计一般规定

1. 排水管渠附属构筑物概念

排水管渠的附属构筑物一般包括雨水口、溢流井、检查井、跌水井、水封井、倒虹管、连接暗井、出水口等。

（1）雨水口：在雨水管渠或合流制灌渠上收集雨水的构筑物，由进水箅、井筒和连接管 3 部分组成。

（2）溢流井：在截流式合流制管渠系统中，通常在合流管渠和截流干管的交汇处设置溢流井。

（3）检查井：为方便对管渠系统做定期检查和清通，必须设置检查井。检查井一般采用圆形，由井底、井身和井盖 3 部分组成，检查井应安装有防跌落装置。

（4）跌水井：设有消能设施的检查井，常用的有竖管式和遗留堰式。

（5）水封井：当生产污水能产生引起爆炸和火灾的气体时，其废水管道系统中必须设水封井。

（6）倒虹管：排水管遇到河流、山涧、洼地或地下构筑物等障碍物时，不能按原有的坡度埋设，而是按下凹的折线方式从障碍物下通过，这种管道称为倒虹管。倒虹管一般由进水井、下行管、平行管、上行管和出水井等组成。

2. 排水管渠和附属构筑物设计一般规定

（1）雨水口的设计规定。

①雨水口的形式、数量和布置，应按汇水面积所产生的流量、雨水口的泄水能力及道路形式确定。

②雨水口间距宜为 25～50 m。连接管串联雨水口个数不宜超过 3 个。雨水口连接管长度不宜超过 25 m。

③当道路纵坡大于 0.02 时，雨水口的间距可大于 50 m，其形式、数量和布置应根据具体情况和计算确定。坡段较短时可在最低点处集中收水，其雨水口的数量或面积应适当增加。

④雨水口深度不宜大于 1 m，并根据需要设置沉泥槽。遇特殊情况需要浅埋时，应采取加固措施。有冻胀影响地区的雨水口深度，可根据当地经验确定。

（2）截流井的设计规定。

①截流井的位置应根据污水截流干管位置、合流管渠位置、溢流管下游水位高程和周围环境等因素确定。

②截流井宜采用槽式，也可采用堰式或槽堰结合式。管渠高程允许时，应选用槽式，当选用堰式或槽堰结合式时，堰高和堰长应进行水力计算。

③截流井溢流水位应在设计洪水位或受纳管道设计水位以上，当不能满足要求时，应设置闸门等防倒灌设施。

④截流井内宜设流量控制设施。

（3）出水口的设计规定。

①排水管渠出水口位置、形式和出口流速，应根据受纳水体的水质要求、水体的流量、水

位变化幅度、水流方向、波浪状况、稀释自净能力、地形变迁和气候特征等因素确定。

②出水口应采取防冲刷、消能、加固等措施,并视需要设置标志。

③有冻胀影响地区的出水口,应考虑用耐冻胀材料砌筑,出水口的基础必须设在冰冻线以下。

(4)倒虹管的设计规定。

①通过河道的倒虹管,一般不宜少于 2 条;通过谷地、旱沟或小河的倒虹管可采用 1 条。通过障碍物的倒虹管,尚应符合与该障碍物相交的有关规定。

②倒虹管最小管径宜为 200 mm。

③管内设计流速应大于 0.9 m/s,并应大于进水管内的流速,当管内设计流速不能满足上述要求时,应增加定期冲洗措施,冲洗时流速不应小于 1.2 m/s。

④倒虹管的管顶距规划河底距离一般不宜小于 1.0 m,通过航运河道时,其位置和管顶距规划河底距离应与当地航运管理部门协商确定,并设置标志,遇冲刷河床应考虑防冲措施。

⑤倒虹管宜设置事故排出口。

⑥合流管道设倒虹管时,应按旱流污水量校核流速。

⑦倒虹管进出水井的检修室净高宜高于 2 m。进出水井较深时,井内应设检修台,其宽度应满足检修要求。当倒虹管为复线时,井盖的中心宜设在各条管道的中心线上。

⑧倒虹管进出水井内应设闸槽或闸门。

⑨倒虹管进水井的前一检查井,应设置沉泥槽。

(5)检查井的设计规定。

检查井是为城市地下基础设施的供电、给水、排水、排污、通信(如有线电视、煤气管、路灯线路)等设备维修、安装方便而设置的人工构筑物。

①检查井应布设在:

a.管道交汇处、转弯处,管径或坡度改变处,跌水处以及直线管段上每隔一定距离处。

b.在过长的直线管段上也需分段设置检查井(根据管道直径和雨、污水类型规定分段间距)。

②检查井在直线管段的最大间距应根据疏通方法等具体情况确定,一般宜按表 3.1 的规定取值。

表 3.1　检查井最大间距

管径或暗渠净高 /mm	最大间距/m	
	污水管道	雨水(合流)管道
200~400	40	50
500~700	60	70
800~1 000	80	90
1 100~1 500	100	120
1 600~2 000	120	120

③检查井各部尺寸应满足下列要求:

a.井口、井筒和井室的尺寸应便于养护和检修,爬梯和脚窝的尺寸、位置应便于检修和上下安全(图 3.7)。

图 3.7　检查井及检查井中爬梯

　　b. 检修室高度在管道埋深允许时一般为 1.8 m,污水检查井由流槽顶起算,雨水(合流)检查井由管底起算。

　　c. 检查井井底宜设流槽(图 3.8)。污水检查井流槽顶可与 0.85 倍大管管径处相平,雨水(合流)检查井流槽顶可与 0.5 倍大管管径处相平。流槽顶部宽度宜需满足检修要求。

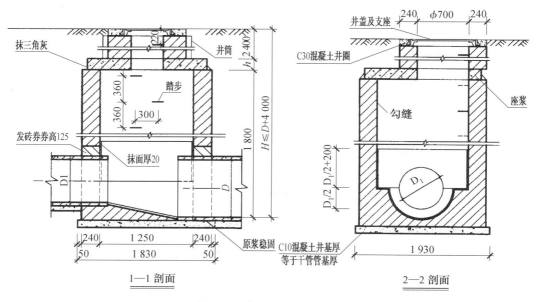

图 3.8　检查井流槽示意图

　　d. 在管道转弯处,检查井内流槽中心线的弯曲半径应按转角大小和管径大小确定,但不宜小于大管管径。

　　e. 位于车行道的检查井,应采用具有足够承载力和稳定性良好的井盖与井座。

　　f. 检查井宜采用具有防盗功能的井盖。位于路面上的井盖,宜与路面持平;位于绿化带内的井盖,不应低于地面。

　　g. 在污水干管每隔适当距离的检查井内,需要时可设置闸槽。

　　h. 接入检查井的支管(接户管或连接管)管径大于 300 mm 时,支管数不宜超过 3 条。

　　i. 检查井与管渠接口处,应采取防止不均匀沉降的措施,排水系统检查井应安装防坠落装置。

　　j. 在排水管道每隔适当距离的检查井内和泵站前一检查井内,宜设置沉泥槽,深度宜为 0.3~0.5 m(图 3.9)。

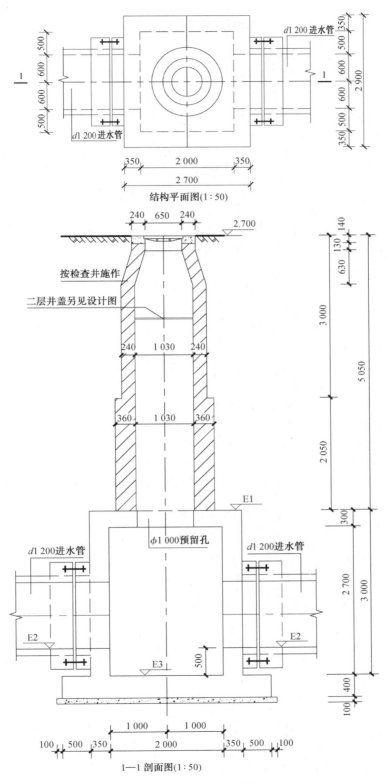

图 3.9　检查井沉泥槽

3.2.4　管网管道布设原则及参数规定

城市排水管网布设时主要原则及参数规定如下：

（1）不同直径的管道在检查井内的连接，宜采用管顶平接或水面平接。

（2）管道转弯和交接处，其水流转角不应小于90°。

注：当管径小于等于300 mm、跌水水头大于0.3 m时，可不受此限制。

（3）管道基础应根据管道材质、接口形式和地质条件确定，可采用混凝土基础、砂石垫层基础或土弧基础，对地基松软或不均匀沉降地段，管道基础应采取加固措施。

（4）管道接口应根据管道材质和地质条件确定，可采用刚性接口或柔性接口，污水及合流管道宜选用柔性接口。当管道穿过粉砂、细砂层并在最高地下水位以下，或在地震设防烈度为7度及以上设防区时，必须采用柔性接口。

（5）设计排水管道时，应防止在压力流情况下使接户管发生倒灌。

（6）污水管道和合流管道应根据需要设通风设施。

（7）管顶最小覆土深度，应根据管材强度、外部荷载、土壤冰冻深度和土壤性质等条件，结合当地埋管经验确定。管顶最小覆土深度宜为：人行道下0.6 m，车行道下0.7 m。

（8）一般情况下，排水管道宜埋设在冰冻线以下。当该地区或条件相似地区有浅埋经验或采取相应措施时，也可埋设在冰冻线以上，其浅埋数值应根据该地区经验确定。

（9）道路红线宽度超过40 m的城市干道，宜在道路两侧布置排水管道。

（10）设计压力管道时，应考虑水锤的影响。在管道的高点以及每隔一定距离处，应设排气装置；在管道的低点以及每隔一定距离处，应设排空装置。

（11）承插式压力管道应根据管径、流速、转弯角度、试压标准和接口的摩擦力等因素，通过计算确定是否在垂直或水平方向转弯处设施支墩。

（12）压力管接入自流管渠时，应有消能设施。

（13）管道的施工方法，应根据管道所处土层性质、管径、地下水位、附近地下和地上建筑物等因素，经技术经济性比较，确定采用开槽、顶管或盾构施工等。

3.2.5　排水管渠和附属构筑物设计相关参数规定

（1）排水管渠的最大设计充满度和超高，应符合下列规定。

①重力流污水管道应按非满流计算，其最大设计充满度应按表3.2的规定取值。

表3.2　重力流管道最大设计充满度

管径或渠高/mm	最大设计充满度
200～300	0.55
350～450	0.65
500～900	0.70
≥1 000	0.75

②在计算污水管道充满度时，不包括短时突然增加的污水量，但当管径小于或等于300 mm时，应按满流复核。

③雨水管道和合流管道应按满流计算。

④明渠超高不得小于0.2 m。

（2）排水管道的最大设计流速，宜符合下列规定。

金属管道为 10.0 m/s；非金属管道为 5.0 m/s。

（3）排水明渠的最大设计流速，应符合下列规定。

①当水流深度为 0.4~1.0 m 时，宜按表 3.3 的规定取值。

表 3.3　排水明渠最大设计流速

明　渠　类　别	最大设计流速/(m · s⁻¹)
粗砂或低塑性粉质黏土	0.8
粉质黏土	1.0
黏土	1.2
草皮护面	1.6
干砌块石	2.0
浆砌块石或浆砌砖	3.0
石灰岩和中砂岩	4.0
混凝土	4.0

②当水流深度在 0.4~1.0 m 范围以外时，排水明渠最大设计流速根据表 3.3 所列最大设计流速宜乘以下列系数：

$h<0.4$ m　　　　　　　0.85

$1.0<h<2.0$ m　　　　　1.25

$h\geqslant2.0$ m　　　　　　1.40

注：h 为水深。

（4）排水管渠的最小设计流速，应符合下列规定。

①污水管道在设计充满度下为 0.6 m/s。

②雨水管道和合流管道在满流时为 0.75 m/s。

③明渠为 0.4 m/s。

④排水管道采用压力流时，压力管道的设计流速宜采用 0.7~2.0 m/s。

（5）排水管道的最小管径与相应最小设计坡度，宜按表 3.4 的规定取值。

表 3.4　最小管径与相应最小设计坡度

管道类别	最小管径/mm	相应最小设计坡度
污水管	300	塑料管 0.002,其他管 0.003
雨水管和合流管	300	塑料管 0.002,其他管 0.003
雨水口连接管	200	0.01
压力输泥管	150	—
重力输泥管	200	0.01

管道在坡度变陡处，其管径可根据水力计算确定由大改小，但不得超过 2 级，并不得小于相应条件下的最小管径。

3.3　排水管网(管渠系统)设计计算

3.3.1　排水管网(管渠系统)设计计算

排水管渠的设计计算包括污水管网和雨水管网的设计计算,而污水管网的设计计算则包括管道设计流量计算和管道的水力计算。干管、主干管、区域干管及倒虹吸管等应进行详细的水力计算。街道支管应合理地确定管径及埋深,以便于概算,不计算管段不必编号,最不利点应校核,对中途泵站或总泵站要进行技术工艺设计。

根据管道平面布置,划分设计管段(定出检查井位置并编号),确定干管设计管段长度;根据污水管道布置,划分各设计管段服务街坊排水面积,编上号码并按其形状计算面积(以公顷计),用箭头表示污水流向。各设计管段计算流量列表计算。

污水干管水力计算目的在于合理、经济地确定管径、充满度及坡度,进一步求定管道的埋深,水力计算应列表进行,管底标高及管道坡度以三位小数计,而地面标高与管底埋深以两位小数计。水力计算中的数值 V、H/D、I、D 应符合规范关于设计流速、最大设计充满度、最小管径、最小设计坡度的规定。

为了简化计算,公共建筑生活污水量和小型工业企业的集中排水量,一般按计算街坊生活污水流量的方法近似计算,包括在居住区内按面积计算。

城市污水总设计流量,是各种污水同时出现最大流量时的情况,可用作污水管道系统的设计,但不适用于污水泵站和污水处理厂的设计。

3.3.2　排水管网水量计算

(1)总变化系数 K_z。

$$K_z = \begin{cases} 2.3 & Q_d \leqslant 5 \\ Q_d^{\frac{2.7}{0.11}} & 5 < Q_d < 1\,000 \\ 1.3 & Q_d \geqslant 1\,000 \end{cases} \tag{3.1}$$

式中　Q_d——平均日污水流量,L/s。

(2)居民污水设计流量 Q_d。

$$Q_d = K_z \sum \frac{q_i N_i}{86\,400} \tag{3.2}$$

式中　q_i——各排水区域平均日居民生活污水量标准,L/(cap·d);

　　　N_i——各排水区域在设计使用年限终期所服务的人口数,cap。

(3)工业废水设计流量 Q_m。

$$Q_m = \sum \frac{K_i q_i N_i (1 - f_i)}{3.6 T_i} \tag{3.3}$$

式中　q_i——各工矿企业废水量定额,m³/单位产值;

　　　N_i——各工矿企业最高日生产产值;

　　　T_i——各工矿企业最高日生产小时数,h;

　　　f_i——各工矿企业生产用水重复利用率;

　　　K_i——各工矿企业废水量的时变化系数。

因此,排水系统旱季设计流量的计算公式如下:

$$Q_{dr} = Q_d + Q_m$$

在地下水位较高的地区,应考虑入渗地下水量,该部分水量应根据测定资料确定。

(4)雨水设计流量 Q_s。

雨水设计流量按下式计算:

$$Q_s = \psi q F \qquad (3.4)$$

式中　Q_s——雨水设计流量,L/s;

　　　ψ——径流系数,其数值小于 1;

　　　F——汇水面积,ha;

　　　q——设计暴雨强度,L/(s·ha)。

降落在地面上的雨水,一部分被植物和地面湿地截流,一部分渗入土壤,余下的部分沿地面流入雨水管渠。这部分进入雨水管渠的雨水量称作径流量,径流量与降雨量的比值称径流系数 ψ,其值常小于 1。径流系数 ψ 的值可参考表 1.11 确定。

通常汇水面积是由各种性质的地面覆盖所组成,随着它们占有的面积比例变化,ψ 值也各异,所以整个汇水面积上的平均径流系数是由各类地面面积加权平均计算而得到,即

$$\Psi = \frac{\sum F_i \psi_i}{F} \qquad (3.5)$$

式中　F_i——汇水面积上各类地面的面积,ha;

　　　ψ_i——相应于各类地面的径流系数;

　　　F——全部汇水面积,ha。

暴雨强度是指某一连续降雨时段内的平均降雨量,即单位时间内平均降雨深度,工程上常用单位时间内单位面积上的降雨体积 $q(L/(s·ha))$ 表示。

暴雨强度是描述暴雨特征的重要指标,也是决定雨水设计流量的主要因素,因此我们有必要对其进行研究并推求出其计算公式。暴雨强度公式是在各地自记雨量记录分析整理的基础上按一定方法推求出来的,不同地区暴雨强度可由下公式计算而得:

$$q = \frac{167A_1(1 + C\lg P)}{(t + b)^n} \qquad (3.6)$$

式中　q——设计暴雨强度,L/(s·ha);

　　　P——设计重现期,a;

　　　t——降雨历时,min;

　　　A_1、c、b、n——地方参数,根据统计方法进行计算确定。

雨水管渠的降雨历时,应按下式计算:

$$t = t_1 + t_2 \qquad (3.7)$$

式中　t_1——地面集水时间,min,应根据汇水距离、地形坡度和地面种类计算确定,一般采用 5~15 min;

　　　t_2——管道内雨水流行时间,min。

(5)合流水量。

合流管渠的设计流量,应按下列公式计算:

$$Q = Q_d + Q_m + Q_s = Q_{dr} + Q_s \qquad (3.8)$$

式中　Q——合流管渠设计流量,L/s;

Q_d——设计综合生活污水设计流量，L/s；

Q_m——设计工业废水量，L/s；

Q_s——雨水设计流量，L/s；

Q_{dr}——截流井以前的旱流污水量，L/s。

截流井以后管渠的设计流量，应按下列公式计算：

$$Q' = (n_o + 1)Q_{dr} + Q'_s + Q'_{dr} \tag{3.9}$$

式中　Q'——截流井以后管渠的设计流量，L/s；

n_o——截流倍数；

Q'_s——截流井以后汇水面积的雨水设计流量，L/s；

Q'_{dr}——截流井以后的旱流污水量，L/s。

截流倍数 n_o 应根据旱流污水的水质、水量、排放水体的卫生要求、水文、气候、经济和排水区域大小等因素经计算确定，一般采用 2～5。在同一排水系统中可采用同一截流倍数或不同截流倍数。

3.3.3　排水管网的水力计算

1. 污水管网水力计算步骤

(1)从管道平面布置图上测量出每一设计管段长度。

(2)核算每段长度服务的面积，根据污水比流量计算污水量。

(3)计算各设计管段的管道坡度。

(4)根据设计流量和一般规定，查水力计算图表，求得各管段的管径、坡度、流速和充满度。

(5)根据确定的管渠起点埋深，计算第一条管渠上下游管内底标高和埋深。

(6)根据管渠在检查井内的连接方式，计算各下游管段的管内底标高和埋深。

2. 雨水管网水力计算步骤

(1)从管道平面布置图上量出每一设计管段的长度。

(2)计算各设计管段汇水面积，将计算所得的汇水面积列入水力计算表。

(3)核算雨水径流系数。

(4)计算各设计管段的管道坡度。

(5)计算第一条设计管段时，假设地面集水时间 t_1 为 5～15 min，管内流动时间 t_2 值设置为 0，计算出第一条管段的单位面积径流量 q_0 和设计流量 Q。根据设计流量和一般规定，查水力计算图表，求得各管段的管径、坡度、流速和充满度。

(6)根据各段管道的设计流量和一般规定，查水力计算图表，求得各管段的管径、坡度、流速和管道的输水能力。

(7)根据确定的管渠起点埋深，计算第一条管渠上下游管内底标高及埋深。

(8)计算各管段的高程降落量。

(9)根据管长和流速，计算管内雨水流行时间 t_2，由此再开始进行下游管段的流量及水力计算。

3. 合流制管网水力计算步骤

合流制管网的水力计算基本上与雨水管网的水力计算类似，只是在计算设计流量时应将旱流量计算在内,一般认为,旱流量可以取平均日生活污水量和最大生产班内的平均日工业废水量之和,当旱流量不足雨水量的 5% 时可忽略不计;在要求较高的地区,旱流量也可以取最大时生活污水量和最大生产班内的最大时工业废水量之和。

合流制管网按满流设计,最小管径、最小坡度、最小流速、最大流速、覆土、连接等规定与雨水管渠一致。

合流制管网的水力计算步骤如下:

(1)从管道平面布置图上量出每一设计管段的长度。

(2)计算各设计管段汇水面积,将计算所得结果列入水力计算表中。

(3)计算上游雨水设计流量、旱流污水量,计算截流井上游管渠设计流量。

(4)确定截流倍数,计算下游纳入的旱流污水量、雨水设计流量,计算截流井下游管渠设计流量。

(5)根据确定的管渠起点埋深,计算第一个溢流井以前各管渠的上下游管内底标高及埋深。确定系统的截流倍数为 1~5,计算第一个溢流井后各管渠的设计流量,由此再开始下游管段的水力计算。

(6)计算各设计管段的地面坡度,将管段上下游地面标高列入水力计算表。

(7)根据设计流量和一般规定,查水力计算图表,求得各管段的管径、坡度、流速和管道的输水能力。

(8)计算各管段的高程降落量。

(9)旱流量校核。应使旱流时的流速满足管渠最小流速的要求,当不能满足这一要求时,可考虑修改管径和坡度,或改变管渠截面形式或增设冲洗设施。

4. 污水管网水力计算步骤

污水管网水力计算的目的在于合理、经济地选择管道断面尺寸、坡度和埋深,由于这种计算根据水力学规律,所以称为管道的水力计算。

为简化计算工作,污水管网水力计算采用均匀流公式。

(1)流量公式为

$$Q = Av \qquad (3.10)$$

(2)阻力公式为

$$C = \frac{1}{n} R^{\frac{1}{6}} \qquad (3.11)$$

式中　n——管壁粗糙系数(表 3.5),混凝土管为 0.014。

表 3.5　排水管渠粗糙系数

管渠类别	粗糙系数 n	管渠类别	粗糙系数 n
UPVC 管、PE 管、玻璃钢管	0.009~0.011	浆砌砖渠道	0.015
石棉水泥管、钢管	0.012	浆砌块石渠道	0.017
陶土管、铸铁管	0.013	平砌块石渠道	0.020~0.025
混凝土管、钢筋混凝土管、水泥砂浆抹面渠道	0.013~0.014	土明渠(包括带草皮)	0.025~0.030

(3)流速公式。

$$v = C(RI)^{0.5} \qquad (3.12)$$

式中　Q——流量,m³/s;

　　　A——过水断面面积,m²;

　　　υ——流速,m/s;

　　　R——水力半径(过水断面面积与湿周的比值),m;

　　　I——水力坡度(等于水面坡度,也等于管底坡度);

　　　C——流速系数或称谢才系数,C值一般按曼宁公式计算,即式(3.11)。

将式(3.11)带入(3.12),可得流速方程

$$v=\frac{1}{n}R^{2/3}I^{1/2} \tag{3.13}$$

(4)管道埋深计算。

减少管道覆土有利于降低造价、缩短施工工期,但覆土厚度应有一个最小的极限值,否则就会对管道的安全运行造成影响。覆土厚度的选择一般应满足下述三因素:一为必须防止污水冰冻和因土壤冻胀而损坏管道,由于污水有温度且保持一定的流量不断流动,因此没有必要把整个污水管线埋在冰冻线之下。故《室外排水设计规范》(GB 50014—2016)规定:①一般情况下,排水管道宜埋设在冰冻线以下。当该地区或条件相似地区有浅埋经验或采取相应措施时,也可埋设在冰冻线以上,其浅埋数值应根据该地区经验确定,但应保证排水管道安全运行。②必须防止管壁因地面荷载而受到破坏。综合考虑多方面因素并结合各地埋管经验,车行道下污水管最小覆土厚度不宜小于0.7 m。③必须满足街坊连接管衔接要求。污水出户管的最小埋深一般采用0.5~0.6 m,所以,街坊污水管道起点最小埋深也应有0.6 m。

街道污水管网起端的最小埋深H按下式计算:

$$H=h+IL+Z_1-Z_2+\Delta h \tag{3.14}$$

式中　h——街坊起点最小埋深,m;

　　　Z₁——街道污水管起点检查井地面标高,m;

　　　Z₂——街坊起点检查井处地面标高,m;

　　　I——街坊污水管和连接支管坡度;

　　　L——街坊污水管和连接支管总长度,m;

　　　Δh——连接支管和街道污水管的管底标高差,m。

在施工过程中,若埋深过大,不仅会增加工程投资,而且还增大了施工难度。因此,在设计中需拟定最大埋深,一般在干燥土壤中≤8 m,在多水、流沙、石灰岩中≤5 m。

5. 雨水管网水力计算

(1)雨水设计流量按式(3.4)计算得到。

雨水管渠设计重现期,应根据汇水地区性质、城镇类型、地形特点和气候特征等因素,经技术经济性比较后按表3.6取值,并应符合下列规定:

①人口密集、内涝易发且经济条件较好的城镇,宜采用表3.6的上限。

②新建地区应按表3.6执行,既有地区应结合地区改建、道路建设等更新排水系统,并按表3.6执行。

③同一排水系统可采用不同的设计重现期。

(2)雨水管渠的降雨历时,按式(3.7)计算。

(3)应采取雨水渗流、调蓄等措施,从源头降低雨水径流量,延缓出流时间。

（4）当雨水径流量增大、排水管渠的输送能力不足时，可设雨水调蓄池。

表 3.6　雨水管渠设计重现期

城镇类型 \ 城区	中心城区	非中心城区	中心城区的重要地区	中心城区地下通道和下沉式广场等
超大城市和特大城市	3～5	2～3	5～10	30～50
大城市	2～5	2～3	5～10	20～30
中等城市和小城市	2～3	2～3	3～5	10～20

注：①按表中所列重现期设计暴雨强度公式时，均采用年最大值法；

　　②雨水管渠应按重力流、满管流计算；

　　③超大城市指城区常住人口在 1 000 万以上的城市；特大城市指城区常住人口在 500 万以上 1 000 万以下的城市；大城市指城区常住人口在 100 万以上 500 万以下的城市；中等城市指城区常住人口在 50 万以上 100 万以下的城市；小城市指城区常住人口在 50 万以下的城市（以上包括本数，以下不包括本数）。

3.4　排水管网平面布设图设计中常见问题

3.4.1　排水管网平面布设注意事项

排水管网平面布设应注意下列事项：

管道布设应满足顺坡排水，管道应不穿越广场，尽量避免穿越铁路系统和河道，穿越河流和铁道时需要设检查井。管道转弯和交接处，其水流转角不应小于 90°，锐角弯水力条件差，容易淤积堵塞，当管径小于或等于 300 mm、跌水水头大于 0.3 m 时，可不受此限制。管道布设时坡度的选取要合适，坡度太大会造成跌水水头过大；管网布设要细致、全面和均匀，收水区域应包含所有小区。总结起来如下：

　　　　干管不呈锐角设，坡度适中少猛跌；

　　　　不穿广场不逆坡，少穿铁路少穿河；

　　　　各个角落要顾及，雨污分合有依据；

　　　　均匀布置全收集，汇流污水全处理。

3.4.2　排水管网平面布设图常见问题

（1）未考虑实际情况：管道穿越广场，管道随意穿越河流，铁道未设检查井，管道画在了检查井内部，干管连接成锐角，大范围逆等高线布设管网；平原地区坡度设置不合理——管道埋深过大，山区坡度设置不合理——管道流速设置过大，洼地管道覆土深度不足，北方地区管道敷设未考虑冻土深度等。

（2）设计经验欠缺：两管网布设相似、未标出雨水管道和汇水面积、布局不合理等。

（3）其他设计细节问题：风向玫瑰图缺失或未填充、等高线数字未标出、管道未加粗、管道未指向检查井圆心、节点编号和标注离标注线过远、字体大小不统一、管道标注和线条相交、管道标注方向不统一向右、图名字体太大或过小、河流方向标记大、等高线进入河流、河流流向箭头太大、没有标题栏、标尺不合理、部分地方缺少检查井、没有标题栏等。

3.4.3　排水管网平面布设图问题正误对比

1. 未考虑实际情况（图 3.10 和图 3.11）

(1)管道大量穿越广场。

(2)管道随意穿越河流、铁道(在穿越铁路时两侧均未设置检查井)。

(3)管道画在了检查井内部。

(4)管道未指向检查井圆心。

(5)逆等高线布设管网等。

(6)干管连接成锐角。

(7)等高线进入河流。

2. 经验不足问题

(1)两管网布设图相似——毕业设计过程中,很多同学的两套排水管网布设图基本类似,属于细节上的修改,不能体现出对比,图 3.12 和图 3.13 为差异较大的排水管网布设图。

(2)分流制排水体系中未标出雨水管道和汇水面积,具体如图 3.14 所示。

3. 细节问题

(1)缺少标题栏——CAD 设计图中标题栏用来填写设计图纸名称、图形比例、图号、图名、设计单位名称、设计人员、审核人员、批准人员等信息,每张图纸的右下角都应有标题栏,哈尔滨工业大学环境学院本科生毕业设计图标题栏如图 3.15 所示。

(2)图中字体大小不统一、不规范——CAD 设计图一号图字高 5 mm、数字高 3.5 mm,二号图字高 5 mm、数字高度 3.5 mm,字体建议用仿宋(图 3.16)。

(3)设计图中比例尺最好以说明形式显示,具体如图 3.17 所示。

(4)风玫瑰图缺失或未填充,并应指示出北方。

(5)等高线数字应该标出来。

(6)管道未加粗。

(7)节点编号和标注离标注线过远。

(8)缺少检查井。

(9)管道标注不规范——标注和管道相交、标注方向不统一。

(10)河流方向标记过大。

注:(4)～(10)中细节问题及正确图示如图 3.18、3.19 所示。

3.4.4　常见的排水管网布设图

不同地形的排水管网图布设差异明显,在排水管网布设过程中,应根据地形图合理布设管网,不同地形图下管网布设图差异明显。小河绕城、东高西低、铁路穿城的地形管网可按图 3.20 布设;小河东去、西高东低、铁路穿城的地形管网布设可按图 3.21 布设。

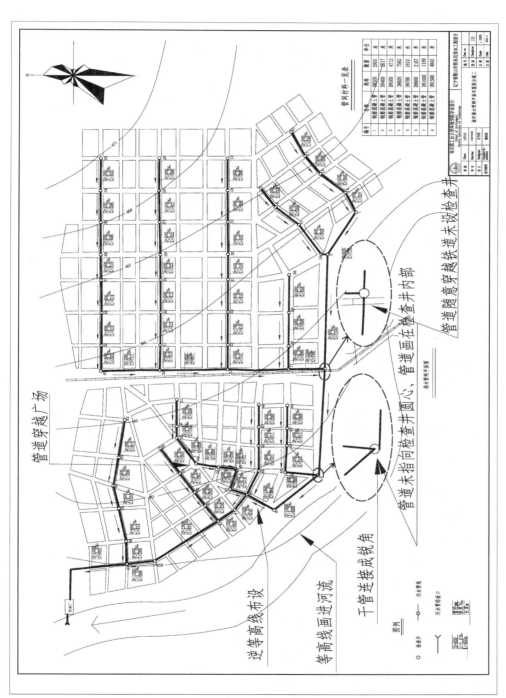

图 3.10　排水管网平面布置未考虑实际情况

图3.11 排水管网平面布设正确图示

图 3.12　排水管网布设差异比较 1

图 3.13　排水管网布设差异比较 2

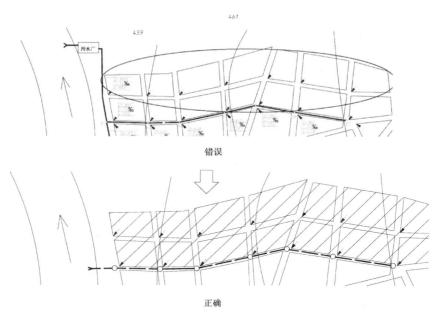

图 3.14 分流制排水系统未标出雨水管道和汇水面积

哈尔滨工业大学环境学院毕业设计					
School of Environment Harbin Institute of Technology					
班 级	Class		编 号	Des no.	
学 号	Number		图 别	Discipline	
设 计	Designed		比 例	Scale	
指导教师	Academic advisor		日 期	Date	

图 3.15 标题栏

管顶设标高(m)	96.7	96.229	94.84	94.747 94.31	94.306 93.96	93.902 93.8	93.751
管道长度(m)	340	300	340		340	260	

管道埋深(m)	3.675	3.700 3.700	3.725 3.725	3.750 3.750
管线长度(m)		50	50	50	50

图 3.16 字体统一

说明

1.本图为辽宁省鞍山市铁东区A区排水工程管网剖面图，取管网布置方案一的一段干管；

2.高程标注及埋深采用米，管长以米计，管径以毫米计；

3.剖面图纵向比例为1∶100，剖面图横向比例及平面图比例为1∶1000；

4.检查井的横向比例为示意图。

图 3.17 说明图示

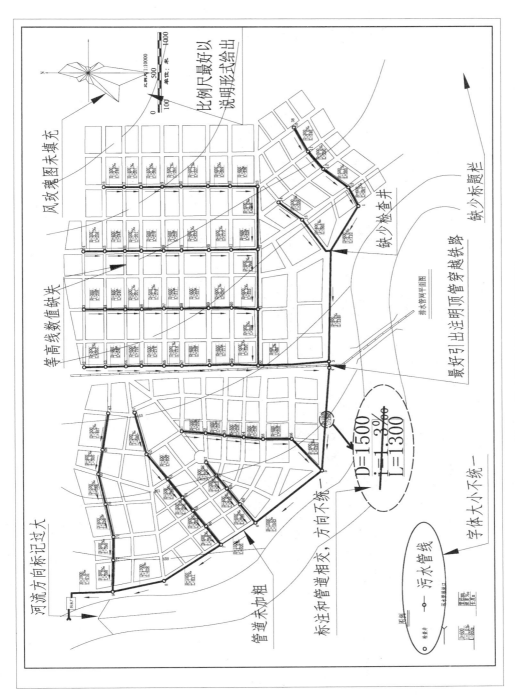

图3.18　排水管网平面布设错误图示

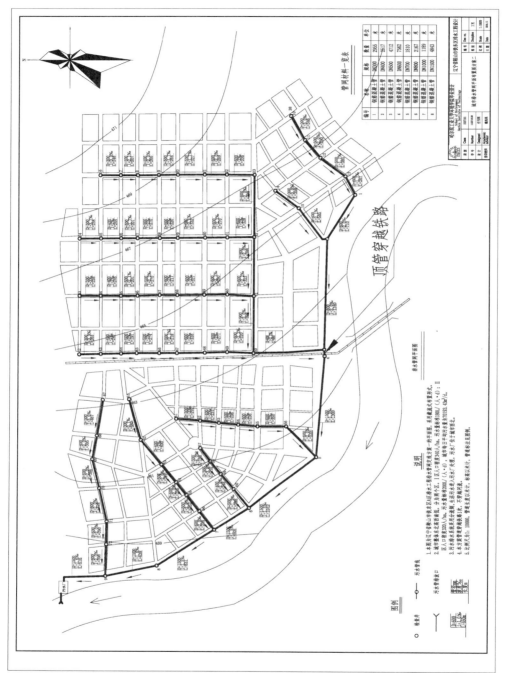

图3.19　排水管网平面布设正确图示

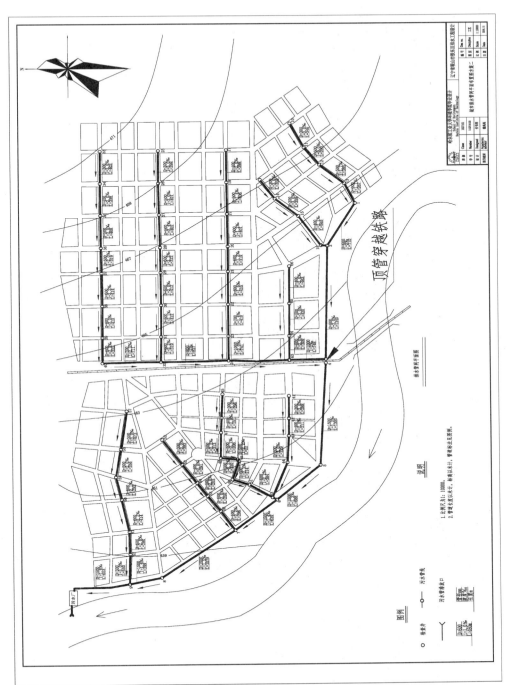

图 3.20　小河绕城、东高西底、铁路穿城地形

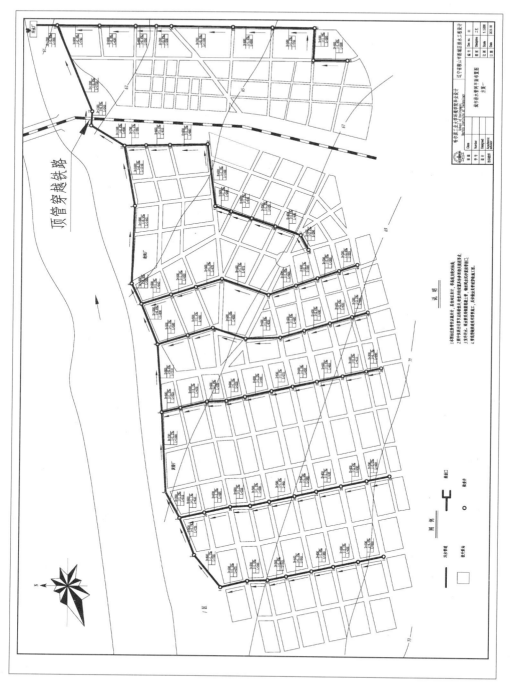

图3.21　小河东去、西高东低、铁路穿城地形

3.5　排水管网主干管纵断面图布设常见问题

排水管网主干管纵断面图是指导管网施工的重要依据,在主干管纵断面上应该说明交叉管道的相对位置、管径、标高、坡度、管材、底座等信息。常见的排水管网主干管纵断面图如图 3.22 所示。

3.5.1　排水管网主干管纵断面图布设注意事项

排水管网主干管纵断面图布设应注意下列事项:

管段的选取要合理,比例尺的选择要恰当,使管网能够在图纸上清晰明了地呈现出来。管道的坡度和埋深要合理,上游汇入管网要做好标记。管道管径变化需要留意,管材信息、检查井信息、底座接口不能遗漏,检查井的中心线应画出来。检查井间距应根据规范或者要求来设置,根据系统要求,当管道跌水水头为 1.0～2.0 m 时,宜设跌水井;跌水水头大于 2.0 m 时,应设跌水井;当管道埋深过大时,应设置提升泵。汇水街区要在图中画出来,汇入的关断要做好标记。总结起来如下:

管段选取不随意,纵横比例要适宜;

坡度埋深要合理,汇入管网要标记;

管径变化长留意,底座接口不忘记;

管材钢筋混凝土,中心线条标到底。

高程图、看细节,设计规范要牢记;

检查井、间隔设,五十八十有依据;

提升泵、跌水井,该设之处不吝惜;

汇水街区要给出,汇入管段要标记。

3.5.2　排水管网主干管纵断面图组成要素

排水管网主干管纵断面图应包含以下信息(图 3.23):

(1)管段编号——与排水管网平面图上的信息相对应。

(2)检查井——应画出相应汇水街区所有的检查井。

(3)检查井间距——检查井最大间距应符合《室外排水设计规范》(GB 50014—2006)(2016 年版)相关要求。

(4)管道坡度——应符合《室外排水设计规范》(GB 50014—2006)(2016 年版)相关要求。

(5)管道埋深——应符合《室外排水设计规范》(GB 50014—2006)(2016 年版)相关要求。各种管道应该在当地的冷冻层以下,如果冷冻层较浅,排水管道埋深应在人行道下 0.6 m、车行道下 0.7 m。

(6)地面高程。

(7)管径及变化——根据实际情况计算获得。

(8)汇入管道。

(9)管内底标高,管材、基础、底座等基础信息。

(10)比例尺。

(11)提升泵站——排水提升泵站,又称中途提升泵站。当重力流排水管道埋深过大、施工运行困难时,需要提升污水,使下流的管道埋深减小,此时需要设立中途泵站。

(12)汇水街区示意图。

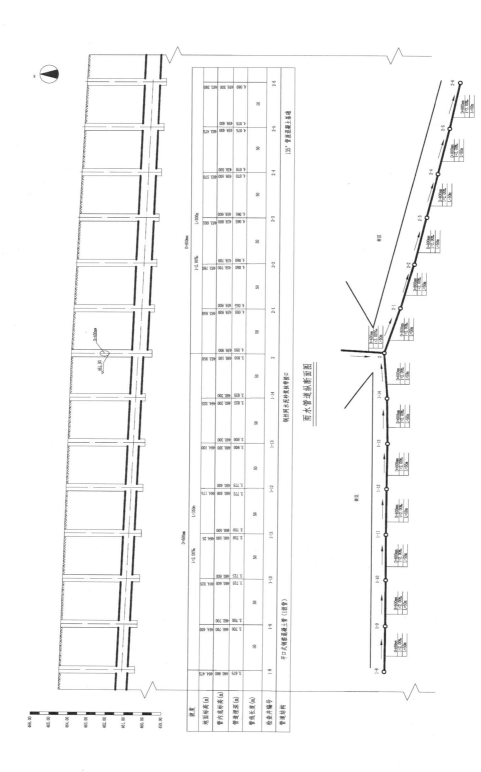

图3.22　排水管网主干管纵断面图

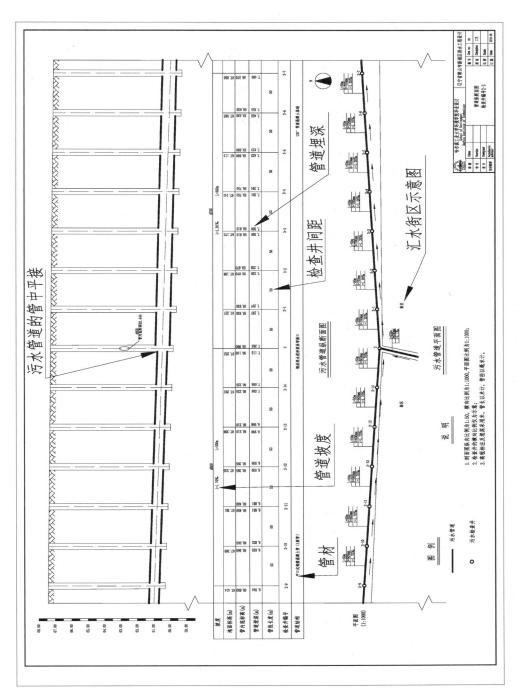

图3.23　污水管、雨水管主干管纵断面图包含的信息

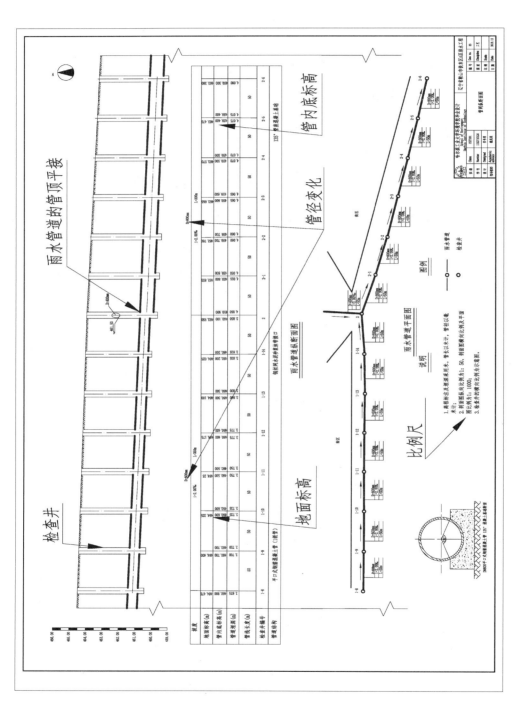

续图3.23

3.5.3　排水管网主干管纵断面图设计常见问题

排水管网主干管纵断面图常见问题主要包括:地面未填充或填充方式不对、管道剖面图断开标记过大、检查井间距设置不合理、每个检查井下均出现管径变化、管道剖面图管道接口不正确、检查井未画中心线、管网剖面图表格最右侧未闭合、地面发生沉降、管道坡度存在问题等。

3.5.4　排水管网主干管纵断面图问题正误对比

(1)图 3.24 存在的错误有:

①土壤未进行填充。

②只有管道需要加粗,其他不要加粗。

③未写出管材、接口等信息。

④检查井未画出中心线。

⑤缺少部分管段和检查井信息。

⑥管道剖面图断开标记过大或者断开标记线条过粗。

⑦未画出街区。

⑧缺少图名和说明。

(2)图 3.25 存在的错误有:

①高度标尺格式不合理。

②剖面图纵向比例不合适。

③检查井间距设置不合理——间距过大。

④地面不应发生骤降,检查井应和地面相交。

⑤缺少管材等信息。

(3)正确图如图 3.26 所示。

为了阅读方便,其他问题单独列出如下:

①管道坡度标注存在问题(图 3.27)。

②管道埋深过深;管道埋深较大时,应设置提升泵站(图 3.28)。

③管道接口不正确(污水为水面平接或者管中平接;雨水为管顶平接)(图 3.29)。

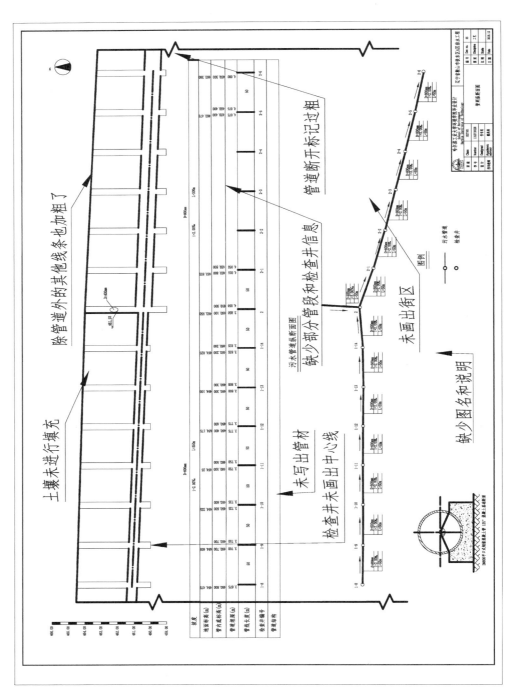

图3.24 排水管网主干管纵断面图错误图1

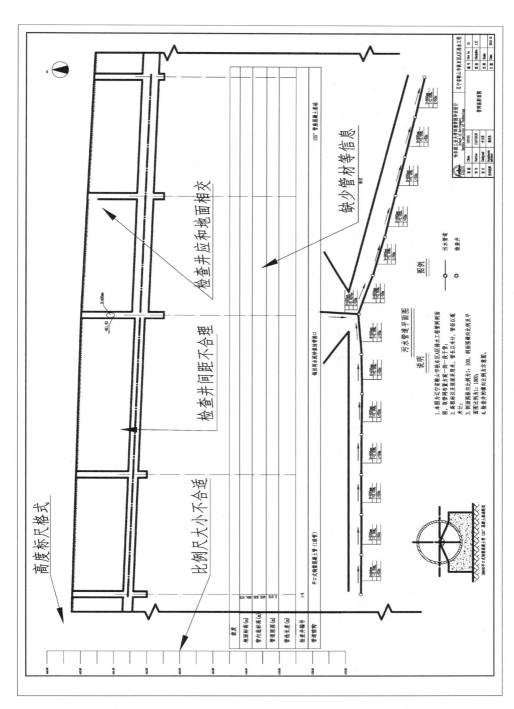

图 3.25　排水管网主干管纵断面图错误图 2

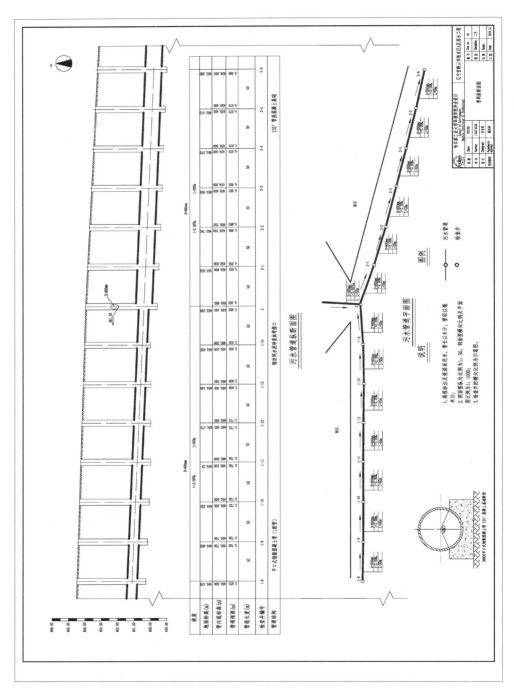

图3.26　排水管网主干管纵断面图正确图

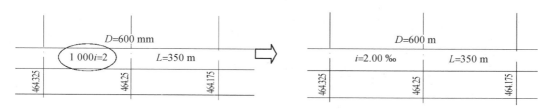

图 3.27　管道坡度标注的错误与正确图示

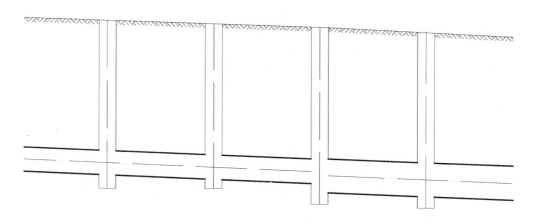

(a) 无提升泵站

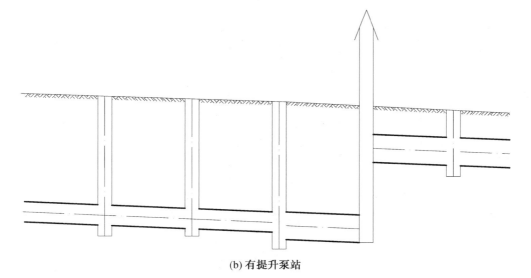

(b) 有提升泵站

图 3.28　提升泵站

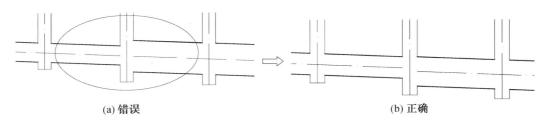

(a) 错误   (b) 正确

图 3.29 雨水管道管顶平接

第4章 城镇污水处理厂常见工艺及工艺选择

4.1 我国污水处理厂建设现状及工艺特征

4.1.1 污水处理厂概念

污水处理厂是城镇生活及工业污(废)水人工强化处理的场所。通常情况下,从污染源排出的污(废)水,因污染物总量或浓度较高、达不到排放标准要求,或排放后对纳入水环境质量产生不利影响,故需经过人工强化处理,污水处理厂便应运而生。

按处理的集约形式,一般可将城镇污水处理厂划分为集中式污水处理厂和分散式污水处理厂;按分布地域不同,可将污水处理厂分为城市污水处理厂和小城镇污水处理厂;按照处理工艺不同,可分为活性污泥处理工艺和生物膜处理工艺为主体的污水处理厂,其中活性污泥法应用最为广泛。

活性污泥处理工艺主要包括传统的活性污泥处理工艺、序批式活性污泥工艺(SBR)、氧化沟活性污泥工艺(OD)、缺氧—好氧活性污泥工艺(AO)、厌氧—缺氧—好氧活性污泥工艺(AAO)、循环活性污泥工艺(CASS)、膜生物反应器(MBR)等;而属于生物膜处理工艺的设施主要有生物滤池(BAF)、生物转盘(RBC)、生物接触氧化设备(BCOP)、生物流化床(BFB)、曝气生物滤池(BAF)、移动床生物膜反应器(MBBR)等。

4.1.2 污水处理厂组成

为了实现对待处理污(废)水的有效处理,实现污染物的高效削减,需要对污水处理厂进行合理设计。通常情况下,污水处理厂工艺分三级,其中一级处理主要通过机械处理,如格栅、沉淀或气浮,去除污水中所含的石块、砂石和脂肪、油脂及密度较大的悬浮颗粒物等;二级处理则通过生物处理下微生物作用实现对污水中有机物及部分难降解有机物的生物降解,并将其转化为二氧化碳、甲烷和污泥等,并实现有效的脱氮除磷;而污水三级处理(深度处理)则通过过滤、吸附或高级氧化等技术对污水进行深度处理,实现对污水中 COD、TN、TP、SS、病原微生物和细菌的进一步去除。

由于待处理的污(废)水水质不同和排放标准差异明显,并不是所有的污水处理厂均包含上述三级处理过程。

1. 一级处理

污水一级处理又称污水物理处理。其主要目的是通过物理法实现对粗大颗粒和悬浮物的去除。一级处理工段主要包括格栅、沉砂池、初沉池等构筑物,通过简单的沉淀、过滤或适当的曝气,以去除污水中的悬浮物,从而将污染物从污水中分离,调整 pH 及减轻污水的腐化程度。一级处理工艺是所有污水处理工艺流程必备工程,在一级处理过程中,城市污水中 BOD_5 和 SS 的平均去除率分别为 25% 和 50%。废水经过一级处理后一般仍达不到排放标准。

现在部分生物除磷脱氮型污水处理厂一般不设置初沉池,以避免碳源物质在初沉池中的快速降解,造成后续脱氮除磷过程中碳源的不足。所以,在原污水水质特性不利于除磷脱氮的情况下,初沉池的设置与否以及设置方式需要根据水质特性及后续工艺特征加以仔细分析和考虑。

2. 二级处理

污水处理厂二级处理一般是指污水生化处理过程,该运行过程以去除尚未完全去除的悬浮物和溶解性的可生物降解有机物为目标,其工艺构成多种多样,可分成传统的活性污泥法、AB 法、AO 法、AAO 法、SBR 法、氧化沟法等多种处理方法。生物处理的原理是通过生物作用,尤其是活性污泥的吸附及生物降解作用,在微生物的新陈代谢过程中实现有机污染物的转化。污水处理厂对污染物的去除效率见表 4.1。

表 4.1　污水处理厂对污染物的去除效率

名　称	处理方法	主　要　工　艺	去除效率/%	
			SS	BOD_5
一级处理	沉淀法	沉淀(自然沉淀)	40~55	20~30
二级处理	生物膜法	初次沉淀、生物膜反应、二次沉淀	70~90	65~90
	活性污泥法	初次沉淀、活性污泥反应、二次沉淀	75~95	65~95

3. 三级处理

污水处理厂三级处理是对城镇生活污水的深度处理,是继二级处理之后的污水深度处理过程,是污水处理的高级阶段。常见的污水三级处理过程主要有:污水的深度脱氮除磷、活性炭吸附法、高效沉淀工艺、反渗透法、臭氧氧化法、氯消毒法等,处理良好的污水处理厂三级出水可作为中水回用于厕所冲洗、街道喷洒、绿化带浇灌、工业用水、防火等水源。

4.1.3　我国污水处理事业发展与建设现状

随着我国经济的快速发展和城市化加快,城市污水量急剧增加,与之相对应的污水处理事业快速发展。20 世纪 90 年代以来,由于大量处理后的工业废水进入排水管网,污水组成成分变得更为复杂,未经处理的污水对城市水环境产生了严重的破坏,并造成了严重的水污染。

日益严重的环境污染直接危及城市供水安全,从而引起了对水污染控制的迫切需求,为了应对这一挑战,我国自 21 世纪初开始投入了大量的人力物力进行污水处理的建设。多年以来,污水处理厂的建设速度和规模一直在不断增加(表 4.2)。

表 4.2　我国城镇污水处理厂建设情况

项目	1978	1987	1997	2004	2008	2010	2012	2015	2017	2019
污水处理厂数目(座)	42	87	230	637	1 459	2 832	3 340	4 129	4 980	5 360
污水处理量(亿吨/年)	—	10	20	85.7	190	340	423	508	553	608

虽然与发达国家相比起步较晚,但我国在城镇污水基础设施的建设和运营管理方面已取得了飞跃式的进步。截至 2019 年底,我国已建成 5 360 多座污水处理厂,日处理能力近

2 亿 m³/d,污水处理率已达到 90% 以上,相比于 2008 年增加约 119%。在此期间,污水管道的总长度也增加了约 122%。对我国城镇污水处理厂的运行对我国城市水环境的改善、污染物的治理、水资源的再开发利用等做出了重要的贡献,我国水环境安全、水生态文明起到重要的保障作用,为环境的可持续发展和水生态环境的良性循环发挥了重要作用。

尽管我国污水处理行业取得了这些显著的进展,但也留下了许多问题,特别是污水处理设施的设计原则和运行性能与发达国家相比仍有相当大的差距。

首先,污水处理厂的设计和运营不符合可持续发展的要求。目前,提高污染物去除率仍然是污水处理厂运行的核心目标。一级 A 的出水标准在全国污水处理厂中得到了越来越多的应用。大多数污水处理厂进行了升级改造,通过增加能源消耗以满足更严格的排放标准,一方面增加了政府的经济负担,另一方面污水处理厂成为间接的温室气体排放来源。再者,由于污水收集系统建设滞后,导致部分污水中有机物浓度普遍较低,影响了后续反硝化效能。

其次,污水处理厂排放标准与当地条件和环境保护要求之间的关联性不佳。我国的污水特性、环境条件和经济发展水平在地理上呈现多样性,不同的污水处理系统有必要采用定制的、灵活的技术和污水排放标准,而不是目前通行的统一标准。这对于环境敏感和缺水的区域尤为重要,在这些区域,不当的污水管理可能造成严重的生态、环境和社会问题。

最后,我国的污水管理实践缺乏人与自然和谐发展的整体思维。一方面,适当处置污泥的重要性一直被忽视。来自污水处理厂的大量污染物富集于污泥中,最终随之返回环境而没有得到适当的处置,成为另一个污染源。另一方面,污水处理厂的运作产生的气味和噪音通常会干扰附近居民的生活。随着城市化的发展,许多现有的污水处理厂逐渐被城市社区所包围,这一问题日益突出。因此,在污水处理系统、环境和人类社会之间建立和谐的关系,是我国污水管理面临的又一挑战。

4.1.4　我国污水处理厂主要工艺及区域分布

在我国,应用最广泛的污水处理工艺是 AAO 和氧化沟工艺,目前,我国大部分城镇污水处理厂执行 GB 18918—2002 标准中的一级 A 排放标准。2018 年住房和城乡建设部"全国城镇污水处理信息管理系统"中统计的 4 300 多座污水处理厂基础数据显示,执行一级 A 及以上排放标准的污水处理厂占全国总污水处理厂数量的 62.2%,占处理总规模的 68.7%。

在我国当前的几个区域中,华东地区污水处理厂数量最多(约占全国总数量的 28.7%),其处理的污水量占到了全国的 34.6%;西南地区污水处理厂数量排名第二,但由于该地区工厂规模较小,因此处理后的废水总量较低。另外,我国北部地区(包括北部,东北部和西北部)的污水处理厂的运行率相对较低,这主要与这些地区的排水管网系统建设相对滞后有关。

4.2　污水处理厂常用工艺及工艺选择原则

4.2.1　污水处理厂常用工艺

1.传统活性污泥法

传统活性污泥法是活性污泥法的基本模式,以去除污水中有机物和悬浮物为主要目的,适用于无须考虑除磷脱氮的情况,其核心处理单元由曝气池和沉淀池组成。该工艺的运行原理为:初次沉淀后的废水与二沉池回流的活性污泥混合后进入曝气池,进水与回流污泥通过扩散曝气或机械曝气作用进行混合。在曝气过程中,有机物经过吸附、絮凝和氧化作用等被去除。一般地,从曝气池流出的混合液在二沉池沉淀后,沉淀池内的活性污泥以进水量的 25%～50% 返回曝气池(即污泥回流比为 25%～50%)。传统活性污泥法运行过程中污水中生化需氧量(BOD_5)的去除率达 85%～95%。

因运行方式和参数不同,传统活性污泥法演变出传统曝气、完全混合、阶段曝气、吸附再生、延时曝气、高负荷曝气、深井曝气、纯氧曝气等工艺。其工艺流程图如图 4.1 所示。

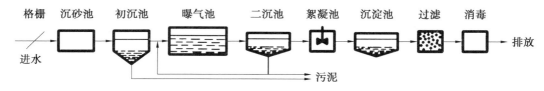

图 4.1　传统活性污泥工艺流程图

2. AO 工艺

AO 工艺也称厌氧好氧工艺,A(Anacrobic)是厌氧段,是脱氮阶段;O(Oxic)是好氧段,是去除水中的有机物和除磷的阶段。

AO 工艺将前段厌氧段和后段好氧段串联在一起,A 段 DO(溶解氧)不大于 0.2 mg/L,O 段 DO=2～4 mg/L。在厌氧段异养菌将污水中的淀粉、纤维、碳水化合物等悬浮污染物和可溶性有机物水解为有机酸,使大分子有机物分解为小分子有机物,不溶性的有机物转化成可溶性有机物,当这些经缺氧水解的产物进入好氧池进行好氧处理时,可提高污水的可生化性及氧的效率;在厌氧段,异养菌将蛋白质、脂肪等污染物进行氨化(有机链上的 N 或氨基酸中的氨基)游离出氨(NH_3、NH_4^+),在充足供氧条件下,自养菌的硝化作用将 NH_3-N(NH_4^+)氧化为 NO_3^-,通过回流控制返回至 A 池,在缺氧条件下,异氧菌的反硝化作用将 NO_3^- 还原为分子态氮(N_2),完成 C、N、O 在生态中的循环,实现污水无害化处理。

A/O 脱氮工艺的特点:

(1)流程简单,不需外加碳源和曝气池,以原污水作为碳源,建设和运行费用较低。

(2)反硝化阶段在前,硝化阶段在后,设内循环,以原污水中的有机底物作为碳源,效果好,反硝化反应充分。

(3)为使硝化残留物得以进一步去除,在后面设置曝气池,提高处理水水质。

(4)A 阶段搅拌,使污泥悬浮,避免 DO 增加。O 阶段的前段采用强曝气,后阶段减少氧气量,使内循环液的 DO 降低,以保证 A 阶段的缺氧状态。

AO 工艺存在的问题:

(1)AO 工艺由于没有独立的污泥回流系统,故不能培育出具有独特功能的污泥,所以降解难降解有机物的效率低。

(2)提高脱氮效率,必须加大内循环比,因而运行费用加大。因为内循环液来自曝气池,含有一定的 DO,使 A 阶段难以保持理想的缺氧状态,从而影响反硝化效果,使脱氮率很难达到 90%。

(3)水力停留时间的确定受多因素影响:硝化>6 h、反硝化<2 h;MLSS> 3000 mg/L;为保证硝化反应器内足够浓度的硝化菌,采取较长的污泥龄,一般取值>30 d。

3. 氧化沟工艺

氧化沟又名氧化渠,其构筑物呈封闭的环形沟渠。氧化沟是活性污泥法的一种改型,它把连续式反应池用作生物反应池。污水和活性污泥混合液在该反应池中以一条闭合式曝气渠道进行连续循环,通常在延时曝气条件下使用。它使用一种带方向控制的曝气和搅拌装置,向反应池中的物质传递水平速度,从而使被搅动的液体在闭合曝气渠道中循环。氧化沟由于水力停留时间长、有机负荷低,所以其本质上属于延时曝气系统。

氧化沟技术发展较快,类型多样,根据其构造和特征,主要分为帕斯维尔(Pasveer)氧化沟、卡鲁塞尔(Carrousel)氧化沟、交替工作式氧化沟、奥贝尔(Orbal)氧化沟、一体化氧化沟(合建式氧化沟)等。图 4.2 所示为典型的氧化沟工艺流程图。

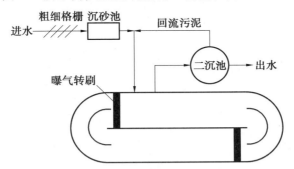

图 4.2　典型的氧化沟工艺流程图

氧化沟技术具有下列特点:

(1)氧化沟结合推流和完全混合的特点,有利于克服短流和提高缓冲能力,通常在氧化沟曝气区上游安排入流,在入流点的再上游点安排出流。

(2)氧化沟内部溶解氧梯度分布,特别适用于硝化一反硝化生物处理工艺。

(3)氧化沟沟内功率密度的不均匀配备,有利于氧的传质、液体混合和污泥絮凝,处理效果稳定,出水水质好。

(4)氧化沟的整体功率密度较低,处理厂只需要最低限度的机械设备,可节约能源。

(5)工程费用相当于或低于其他污水生物处理技术。

(6)管理简化,运行简单。

(7)剩余污泥较少,污泥容易脱水,污泥处理费用较低。

(8)处理厂与其他工艺相比,臭味较小。

(9)构造形式和曝气设备多样化,曝气强度可以调节。

氧化沟在运行过程中同样存在下列缺点:

在实际运行过程中,仍存在污泥膨胀的问题、泡沫问题、污泥上浮问题、流速不均及污泥沉积问题等一系列问题。

4. SBR 工艺

SBR 工艺是序批式活性污泥法的简称,是在一个反应器中按照进水、曝气、沉淀、排水、闲置 5 个阶段顺序完成生物降解和泥水分离过程的污水处理工艺。在 SBR 运行过程中,各阶段的运行时间、反应器内混合液体积变化以及运行状态都可以根据污水的性质、出水水质、出水水量与运行功能要求等灵活变化。对于 SBR 反应器来说,只需要时序控制,没有空间控制障碍。因此,SBR 工艺发展迅速,并衍生出许多新型 SBR 处理工艺。

在污水处理过程中,SBR 具有如下优点:

(1)工艺流程简单,运转灵活,基建费用低,不需要设二沉池和污泥回流设备,一般情况下也不用设调节池和初沉池。

(2)处理效果良好,出水可靠。

(3)较好的除磷脱氮效果。

(4)SBR 法可以有效控制丝状菌的过度繁殖,污泥容积指数(SVI)较低,污泥沉降性能良好。

(5)对水质水量变化的适应性强。

与此同时,SBR 工艺在应用过程中存在如下局限性:

(1)由于 SBR 反应器水位不恒定,反应器有效容积需要按照最高水位来设计,大多数时间,反应器内水位均达不到此值,反应器容积利用率低。

(2)水头损失大。

(3)对于不连续出水的污水处理厂,就要求后续构筑物容积较大,并使得 SBR 工艺与其他连续处理工艺串联时较为困难。

(4)系统氧的利用率低。

(5)设备利用率低。

(6)不适用于大型污水处理厂(采用 SBR 工艺的污水处理厂规模一般在 20 000 m³/d以下,规模大于 100 000 m³/d 的污水处理厂几乎不采用 SBR 工艺)。

5. CASS 工艺

CASS (Cyclic Activated Sludge System)工艺是周期循环活性污泥法的简称,又称为循环活性污泥工艺。该工艺是将 SBR 反应池沿长度方向分为两部分,前部为生物选择区也称预反应区,后部为主反应区,同时,通过在主反应区后安装了可升降滗水装置,实现了连续进水、间歇排水的周期循环运行,集曝气沉淀、排水于一体。CASS 工艺是一个厌氧/缺氧/好氧交替运行的过程,具有一定脱氮除磷效果,废水以推流方式运行,而各反应区则以完全混合的形式运行以实现同步硝化——反硝化和生物除磷。CASS 工艺的进水、曝气、沉淀、滗水各阶段运行特征如图 4.3 所示。

CASS 工艺具有以下优点:

(1)工艺流程简单,占地面积小,投资较低。

CASS 的核心构筑物为反应池,无二沉池及污泥回流设备,一般情况下不设调节池及初沉池。污水处理设施布置紧凑、占地省、投资低。

(2)生化反应推动力大。

CASS 工艺从污染物的降解过程来看,当污水以相对较低的水量连续进入 CASS 池时即被混合液稀释,从空间上看 CASS 工艺属变体积的完全混合式活性污泥法范畴;而从CASS 工艺开始曝气到排水结束整个周期来看,基质浓度由高到低,浓度梯度从高到低,基质利用速率由大到小,因此,CASS 工艺属理想的时间顺序上的推流式反应器,生化反应推动力较大。

(3)沉淀效果好。

CASS 工艺在沉淀阶段几乎整个反应池均起沉淀作用,虽有进水干扰,但沉淀阶段的表面负荷比普通二次沉淀池小,沉淀效果较好。冬季低温等不利条件均不会影响 CASS 工艺的正常运行。

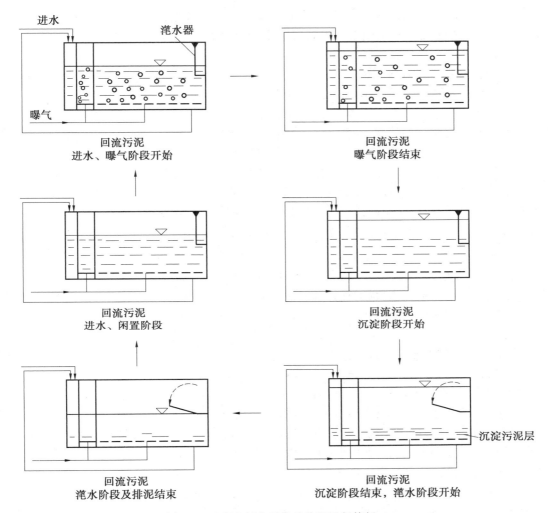

图 4.3 CASS 工艺系统的阶段运行特征

（4）运行灵活，抗冲击能力强。

CASS 工艺在设计时已考虑流量变化的因素，能确保污水在系统内停留预定的处理时间后经沉淀排放，特别是 CASS 工艺可以通过调节运行周期来适应进水量和水质的变比。当进水浓度较高时，也可通过延长曝气时间实现达标排放，达到抗冲击负荷的目的。在暴雨时，可经受平常平均流量 6 倍的高峰流量冲击，而不需要独立的调节地。

（5）不易发生污泥膨胀。

污泥膨胀是活性污泥法运行过程中常遇到的问题，由于污泥沉降性能差，污泥与水无法在二沉池进行有效分离，造成污泥流失，使出水水质变差，严重时使污水处理厂无法运行，而控制并消除污泥膨胀需要一定时间，具有滞后性。因此，选择不易发生污泥膨胀的污水处理工艺是污水处理厂设计中必须考虑的问题。

（6）适用范围广，适合分期建设。

CASS 工艺可应用于大型、中型及小型污水处理工程，比 SBR 工艺适用范围更广泛；连续进水的设计和运行方式，一方面便于与前处理构筑物相匹配，另一方面控制系统比 SBR

工艺更简单。对大型污水处理厂而言,CASS 反应池设计成多池模块组合式,单池可独立运行。CASS 法污水处理厂的建设可随企业的发展而发展,它的阶段建造和扩建较传统活性污泥法简单得多。

(7)剩余污泥量小,性质稳定。

CASS 法泥龄为 25~30 d,所以污泥稳定性好,脱水性能佳,产生的剩余污泥少。去除 1.0 kg BOD 产生 0.2~0.3 kg 剩余污泥,仅为传统法的 60% 左右。由于污泥在 CASS 反应池中已得到一定程度的消化,一般不需要再经稳定化处理,可直接脱水。而传统法剩余污泥不稳定,沉降性差,耗氧速率大于 20 mgO_2/g MLSS·h,必须经稳定化后才能处置。

与此同时,CASS 工艺在实际运行过程中亦存在下列实际问题,尚待进一步优化:①排水比的确定较难;②雨季运行时会对池内水位产生影响,影响后续工艺运行;③排泥时机及泥龄控制需科学计算;④间断排水与后续处理构筑物的高程及水量匹配问题需重视;⑤生物脱氮能力难以进一步提高,除磷效率偏低;⑥控制方式相对单一。

6. AAO 工艺

AAO 是英文 Anaerobic—Anoxic—Oxic 第一个字母的简称(厌氧—缺氧—好氧法),是一种常用的污水处理工艺,具有良好的脱氮除磷效果。该工艺处理效率一般能达到:BOD_5 和 SS 为 90%~95%,总氮为 70% 以上,磷为 90% 左右,一般适用于要求脱氮除磷的大中型城市污水厂。但该工艺的基建费用和运行费用均高于普通活性污泥法,运行管理要求高。AAO 工艺各反应单元中运行机制如下。

(1)厌氧反应单元:原污水与从沉淀池排出的含磷回流污泥同步进入,本反应器主要功能是释放磷;该单元溶解氧浓度应控制在 0.2 mg/L 以下以保证厌氧运行,并通过搅拌器的运行,保证污泥在池内处于悬浮状态,并确保磷的充分释放。

(2)缺氧反应器:首要功能是脱氮,硝态氮是通过内循环由好氧反应器送来的,循环的混合液量较大,一般为 200%;该单元溶解氧浓度应控制在 0.2~0.5 mg/L 之间以保证缺氧运行,并通过搅拌器的运行,保证污泥在池内处于悬浮状态。

(3)曝气池:单元功能多样,去除 BOD、硝化和吸收磷等均在此处进行。流量为 2Q 的混合液从这里回流到缺氧反应器。该单元溶解氧浓度应控制在 2~3 mg/L 以下以保证好氧运行,同时,应通过调节空气阀门,保证池内各组曝气系统曝气量充足使污泥处于悬浮状态,并调节曝气量沿水流方向逐渐递减。应控制内回流泵处溶解氧浓度,防止内回流溶解氧浓度太高,影响缺氧池正常运行。

AAO 工艺在运行过程具有如下优点:

(1)总水力停留时间少于其他同类工艺,污染物去除效率高,运行稳定,有较好的耐冲击负荷。

(2)工艺厌氧—缺氧—好氧交替运行,丝状菌繁殖不易生长,污泥容积指数一般小于100,污泥膨胀不易发生,污泥沉降性能好。

(3)厌氧、缺氧、好氧三种不同的环境条件和不同种类微生物菌群的有机配合,使得该工艺能同时具有去除有机物和脱氮除磷的能力。

(4)通常情况下不需投药,缺氧、厌氧段只需进行缓速搅拌。

该工艺运行过程中的主要缺点为:

(1)反应池容积比 A/O 脱氮工艺还大。

(2)污泥内回流量大,能耗较大。

(3)用于中小型污水厂费用较高。

(4)混合液回流比大小对脱氮除磷效果影响很大,除磷效果则受回流污泥中夹带的 DO 和硝态氮的影响,因而脱氮除磷效果不可能提高。

4.2.2　常用工艺优运行效能比较

通过对已建成污水处理厂运行状况及处理效能的研究,不同污水处理工艺的污水处理厂的在脱氮除磷效能、占地面积、适合不同规模的污水处理方面的优缺点具体分布见表 4.3。

表 4.3　不同规模污水处理厂污水处理工艺技术方案比较

工艺类型	≥20 万 m³/d				10 万~20 万 m³/d				5 万~10 万 m³/d			
	脱氮除磷要求严格		脱氮除磷要求一般		脱氮除磷要求严格		脱氮除磷要求一般		脱氮除磷要求严格		脱氮除磷要求一般	
	占地面积一般	占地面积狭小	占地面积一般	占地面积狭小	占地面积一般	占地面积狭小	占地面积一般	占地面积狭小	占地面积一般	占地面积狭小	占地面积一般	占地面积狭小
传统活性污泥法	—	—	优	优			优	优			良	良
AO 法	良	优	良	良	良	优	中	良	良	优	良	中
AAO 法(包括改进型)	优	良	中	—	优	良	中	—	优	良	中	—
传统氧化沟法							优				优	
厌氧池+氧化沟法	中		中		优		良		优		中	
奥贝尔氧化沟							良	优			良	优
传统 SBR 法											良	优
CASS 法											良	优
DATIAX 法								优			良	优
UNITANK 法							中			中		优
AB 法						良		良		良		良

不同工艺在 BOD 去除率、TN 去除率、TP 去除率、SS 去除率、污泥量、耐冲击力、稳定性、是否满足回用要求、工艺流程复杂性、成熟度、占地面积、一次性投资、运行维护费用、技术要求等方面的特征见表 4.4。

表 4.4　不同处理工艺各项指标比较

项目	A/O	AAO	氧化沟	AB	CASS	BIOLAK
BOD 去除率/%	90~95	90~95	93~98	90~95	90~95	85~90
TN 去除率	较好	好	较好	一般	较好	一般
TP 去除率	一般	好	一般	一般	较好	较好
SS 去除率	一般	一般	较好	较差	较好	好
污泥量	低	低	低	高	低	少
耐冲击力	好	好	好	一般	极好	强
稳定性	一般	高	高	较高	高	较高

续表 4.4

项目	A/O	AAO	氧化沟	AB	CASS	BIOLAK
是否满足回用要求	不满足	满足	部分满足	不满足	满足	不满足
工艺流程复杂性	简单	简单	一般	简单	复杂	简单
成熟度	高	高	较高	较高	较高	较高
占地面积	一般	一般	较大	较小	较小	大
一次性投资	较高	较高	一般	较低	较低	大
运行维护费用	较低	较低	低	较低	一般	低
技术要求	低	低	较低	高	高	一般

4.2.3　污水处理厂设计总体原则

1. 总体原则

城镇污水处理厂设计及运行过程中一般应遵循"技术合理""经济节能""易于管理"三条主要原则。

（1）技术合理——应正确处理技术的先进性和成熟性的辩证关系。一方面,应当重视工艺所具备的技术指标的先进性,同时必须充分考虑中国的国情和工程的性质。城市污水处理工程不同于一般点源治理项目,它作为城市基础设施工程,具有规模大、投资高的特点,且是百年大计,必须确保百分之百的成功。工艺的选择更注重成熟性和可靠性,必须把技术的风险降到最低程度。

（2）经济节能——节省工程投资是城市污水处理厂建设的重要前提。应合理确定处理标准,选择简洁紧凑的处理工艺,尽可能地减少占地,力求降低地基处理和土建造价。同时,必须充分考虑节省电耗和药耗,把运行费用减至最低。对于我国现有的经济承受能力来说,这一点尤为重要。

（3）易于管理——城市污水处理是我国的新兴行业,专业人才相对缺乏,在工艺选择过程中,必须充分考虑到我国现有的运行管理水平,尽可能做到设备简单、维护方便,适当采用可靠实用的自动化技术。应特别注重工艺本身对水质变化的适应性及处理出水的稳定性。

2. 政策、技术、工艺要求

事实上,任何一种工艺总有是有利有弊,关键在于适用性如何。在工程实践中,城市污水处理工艺选择时,综合考虑技术的先进性、安全性、系统性等基础信息,尽量少占地、不产生二次污染,能够低成本运行等因素。污水处理工艺的选择应遵循下列原则:

（1）执行国家关于环境保护的政策,符合国家的有关法规、规范及标准。

（2）采用高效节能、先进稳妥的污水处理工艺,提高处理效果,减少基建投资和日常运行费用,降低对周围环境的污染。

（3）选择国内外先进、可靠、高效、运行管理方便、维修简便的排水专用设备。

（4）采用先进的自动控制技术,做到技术可靠、经济合理。

（5）妥善处理、处置污水处理过程中产生的栅渣、污泥,避免二次污染。

（6）在方案制定时,做到技术可行,经济合理,切合实际,降低费用。

4.2.4　污水处理厂设计工艺选择原则

工艺选择的主要技术经济指标包括：处理单位水量投资、削减单位污染物投资、处理单位水量电耗和成本、削减单位污染物电耗和成本、占地面积、运行性能可靠性、管理维护难易程度、总体环境效益等。对于工艺选择，在技术上应体现以下要求：

（1）依据待处理污水水质、水量，结合排水标准选择工艺。污水的水质、水量是污水处理工艺选择的原始数据，对于水质、水量变化大的污水，应选择耐冲击负荷能力强的工艺。城市污水水质、水量一般比较固定，因此对于城市污水处理厂工艺选择，工艺须服务于污染物治理要求；此外，污水处理厂设计应根据水质及排水标准规定，选择对污染物去除能力强、有针对性的污水处理工艺。表 4.5 列出不同污水处理方法对不同特征污染物的去除效率。

表 4.5　不同污水处理方法对不同特征污染物的去除效率

处理单元选择	处理对象	去除效率
格栅、沉砂池、初沉池、接触池、污泥浓缩池、消化池、污泥脱水设备	（1）漂浮物，颗粒较大的固体或纤维状污染物。 （2）颗粒较大的悬浮固体，如渣、砂粒等	SS 去除率 40%～70% BOD 去除率 25%～40%
格栅、沉砂池、初沉池、生物处理、二沉池、消毒、接触池、污泥浓缩池、消化池、污泥脱水设备	（1）漂浮物，颗粒较大的固体或纤维状污染物。 （2）颗粒较大的悬浮固体，如渣、砂粒等。 （3）胶体性和溶解性有机物	SS 去除率 70%～95% BOD 去除率 80%～90%
格栅、沉砂池、初沉池、厌氧－缺氧－好氧生物处理、二沉池、消毒、接触池、污泥浓缩池、消化池、污泥脱水设备	（1）漂浮物，颗粒较大的固体或纤维状污染物。 （2）颗粒较大的悬浮固体，如渣、砂粒等。 （3）胶体性和溶解性有机物。 （4）N、P 等污染物	SS 去除率 70%～95% BOD 去除率 80%～90% N 去除率 70%～90% P 去除率 80%～90%

（2）依据处理水量及污水处理厂规模选择工艺。污水处理工艺中，有些工艺如 SBR 工艺等，适合于小规模污水处理厂，有些工艺如 AAO 工艺则适合于大型污水厂。因此在工艺选择时，不但要注重水量的波动情况，也要注重污水处理厂的规模。

（3）根据污水处理需求、污水处理程度选择工艺。污水处理程度除了取决于污水自身状况、处理要求之外，处理后的出水受纳水体的功能、水体自净能力等亦会影响污水处理工艺的选择。污水的水质特性，直接影响到污水的处理程度及工艺流程选择。比如，仅进行 SS、有机物的去除，主体为好氧工艺的污水处理技术基本满足处理要求，如需要进行脱氮处理，则需要进行硝化和反硝化工艺。

污水处理要求往往决定了污水治理工程的处理深度，随着我国水体环境压力加大及国家对污水处理提标改造的不断加强，污水处理要求也越来越高，排水要求越来越严。因此，具体的出水要求是工艺选择的关键因素，对于《城镇污水处理厂污染物排放标准》（GB 18918—2002），从一级 B 排放标准调高到一级 A 排放标准，相应的处理工艺选择会有很大变化。

（4）依据工程造价、运行费用及当地经济情况合理选择工艺。在满足污水达到排放标准的前提下,必须考虑工程建设造价和日常运行费用等问题,对多套技术过关的污水处理工艺再做经济对比分析,选择整体造价少、占地省、日常管理简单、运行费用低的工艺。

（5）依据污水治理设施所在区域的自然和社会条件等,适当选择工艺。当地地形、气候、水文等自然条件对于工艺选择也有影响,比如天气寒冷、温暖的两种情况下,工艺选择时将会有所不同,寒冷地区应采用低温条件仍能正常运行的工艺;此外,当地的原材料、水资源、电力供应也要作为工艺选择的因素。

（6）判别运行管理难度与施工水平,进而合理选择工艺。运行管理所需的技术条件与施工的难易程度也是流程选择时应充分考虑的。如地下水位高与地质条件较差的地区不宜选择施工难度较大的污水处理工艺。

（7）特殊水质应实地调研后,对症下药选择工艺。在水质构成复杂或特殊时,必须对污水的现状水质特性、污染物构成进行详细调查或测定,做出合理的分析预测,应进行污水处理工艺的动态试验,必要时应开展中试研究。该过程中,要积极审慎地采用高效经济的新工艺。对在国内首次应用的新工艺,必须经过中试和生产性试验,提供可靠设计参数后再进行应用。

4.2.5　污水处理厂构筑物流量设计原则

设计流量分为旱流高峰流量和雨天截流量,对于分流制的污水处理厂,除生物构筑物特别规定外,其余构筑物均以旱流高峰流量作为设计流量;对于合流制的污水处理厂,沉砂池和之前的进水泵房的设计流量为雨天截流量,经预处理后,超过旱流高峰流量部分溢流排放,后续处理构筑物除生物处理构筑物特别规定外,其余构筑物均以旱流高峰流量作为设计流量。

污水处理构筑物的设计流量,应按分期建设的情况分别计算。当污水为自流进入时,应按每期的最高日最高时设计流量计算;当污水为提升进入时,应按每期工作水泵的最大组合流量校核管渠配水能力。生物反应池的设计流量,应根据生物反应池类型和曝气时间确定。曝气时间较长时,设计流量可酌情减少。

合流制处理构筑物,除应按有关规定设计外,尚应考虑截留雨水进入后的影响,并应符合下列要求:

（1）提升泵站、格栅、沉砂池,按合流设计流量计算。

（2）初次沉淀池,一般按旱流污水量设计,用合流设计流量校核,校核的沉淀时间不宜小于 30 min。

（3）二级处理系统,按旱流污水量设计,必要时考虑一定的合流水量。

（4）污泥浓缩池、湿污泥池和消化池的容积,以及污泥脱水规模,应根据合流水量水质计算确定。一般可按旱流情况加大 10%～20%计算。

（5）管渠应按合流设计流量计算。

4.3　污水处理厂厂址选择原则

污水处理厂厂址的选择是工程前期的重点之一,其选址时应遵循:①符合城市总体规划和排水专业规划。②与污水收集处理系统的走向一致,使大部分污水可以无须提升自流到厂,处理后污水可借重力排入受纳水体。③靠近受纳水体,宜设置在城镇水体的下游,排放口的设置应考虑尾水排放对上下游取水口的影响为最小,同时,受纳水体要有足够的环境容量,尾水排放不至于明显影响该水域的水质状况。④拟建厂址四周应有充足的防护距离,尽可能将污水处理厂建在城镇夏季主导风向的下风侧,以减少污水处理厂噪声和臭气对周围环境的影响,一般情况下,有 $200\sim300$ m 绿化隔离带是比较理想的。⑤便于处理后出水回用和安全排放,便于污泥的集中处理处置。⑥有良好的地质条件。⑦污水处理厂应预留未来规划建设用地,并保证尽可能少占地、少拆迁。⑧污水处理厂选址过程中应对出水纳入水体水位综合考虑,保证污水处理厂有良好的排水条件,应不受洪涝灾害影响,防洪标准不应低于城镇防洪标准。一般情况下,污水处理厂出水高程按排水水体 20 年一遇的洪水标准设计,一旦排水不畅,应采用自排和抽排的方式保证出水畅通。⑨有方便的交通、运输和水电条件。

4.4　城镇污水处理厂设计及运行中常见问题

在我国,很多地方在城市污水处理方面的运行经验相对较少,再加上我国城市污水处理工艺类型较多、工艺特征差异明显,使得其在技术的操作上各有特点,对操作技术也要求偏高。同时,城市污水收集管网往往又很难与污水处理厂同步建成,使得设计的城市污水处理工艺很难适应进水水质变化。这些方面都成为制约城市污水处理节约、高效、稳定达标运行的瓶颈,在技术和管理上给污水处理厂运营单位带来了很大挑战。当前,我国污水处理厂在达标排放和节能运行方面存在的主要现实问题如下所述。

4.4.1　进水水量/水质与工程设计不相符合

1. 进水水量与设计水量偏差较大

我国近年来污水处理事业蓬勃发展,污水处理厂大量兴建,但相应的污水收集管网建设普遍滞后,再加上部分污水处理厂设计能力按未来规划人口计算,使得城市污水处理厂进水水量不足的现象普遍存在,导致了许多污水处理厂在建成后有若干年内不能满负荷运行,增加了污水处理工艺的优化控制和高效运行的难度,增加了曝气成本,在一定程度上造成资产的闲置与浪费。相反,由于部分城区人口增长迅速、工业企业发展较快,使得一些污水处理厂存在长期超负荷运行状态,处理出水水质有所下降。

2. 进水水质与设计水质差异明显

当前,部分地区城市污水收集管网不配套,污水源头排放控制不严,致使部分工业废水等进入了污水处理系统,使得污水处理厂进水水质发生了明显的变化。以下进水水质情况均不利于污水处理厂的正常运行:

(1)进水中 BOD、COD 浓度低于设计值,而 N、P 等指标高于设计值,使得污水脱氮除磷难度加大。

(2)工业废水中的重金属、有毒有害物质、油污对城市污水处理厂的微生物活性造成一定的影响,甚至在极端情况使是污水处理厂系统瘫痪。

(3)进水水质偏高,使得已建成的污水处理系统在供氧与污泥脱水设备规格不能满足污水与污泥处理要求,如部分污水处理厂将处理后的消化上清液或者渗滤液引入污水处理厂处理。

4.4.2 出水水质达标排放难

我国已建成的污水处理厂均要求出水达到《国家城镇污水处理厂污染物排放标准》(GB18918—2002)中的一级 A 标准或一级 B 标准,在此标准规范下,大部分城市污水处理厂采用适合于本地进水水质等客观条件的污水处理工艺技术,并加强运营管理。然而,在污水处理厂的实际运行管理过程中,仍有一部分污水处理厂出水难以达到排放标准,主要的问题如下所述。

1. 出水 COD、BOD 等有机物不达标

影响有 COD、BOD 处理效果的因素主要有以下几点。

(1)污水处理过程碳源不足。

在处理某些工业废水所占比例较大的生活污水时,可能会出现碳源不足的现象,此时应注意污水中碳、氮、磷的比例是否满足 100∶5∶1。

(2)待处理生活污水 pH 偏低。

通常情况下城市污水 pH 呈中性,常介于 6.5～7.5 之间。当工业废水大量进入污水收集管网系统或者雨季时酸雨大量进入管网后,均会使城市污水的 pH 发生变化,影响到污水处理效率。

当城市污水 pH 发生较大变化时通常会投加氢氧化钠或硫酸,但这将大大增加污水处理成本。

(3)污水中油脂含量较高。

污水中油脂类物质含量较高时,会在一定程度上降低曝气设备的曝气效率,影响除污效率。另外,较高的油脂含量还会降低活性污泥活性,影响其沉降性能,严重时还会成为污泥膨胀的诱因。对油类物质含量较高的进水,需要在预处理段增加除油装置或增加气浮处理等工艺。

(4)运行温度过高或过低。

温度对活性污泥工艺的影响是广泛的。①运行温度会严重影响活性污泥的活性,特别对于东北地区冬季低温条件下运行时,污水处理厂脱氮效率将大幅下降;②温度变化会使沉淀池产生异重流,影响二次沉淀池的泥水分离性能;③温度降低会使活性污泥由于黏度增大,从而降低污泥的沉降性能;④温度变化会影响曝气系统的效率,夏季温度升高时水中溶解氧饱和浓度将降低,从而导致曝气效率的下降,若要保证供气量不变,则必须增大供气量。

2. 出水 TP 不达标

城市污水处理厂主要依靠生物除磷,即在好氧段前增加厌氧段,使聚磷菌交替处于厌氧和好氧状态,实现磷酸盐的释放与吸收,并通过排放剩余污泥来达到除磷目的。在生物除磷难以达标的条件下,还可以考虑投加化学药剂来辅助除磷。导致生物除磷出水总磷超标的原因涉及许多方面,主要有:

(1)污泥负荷与污泥龄。

厌氧—好氧生物除磷工艺是一种高污泥负荷(F/M)低污泥停留时间(SRT)系统。当

F/M 较高,SRT 较低时,剩余污泥排放量也就较多,相对应的除磷效果也就越好。对以除磷为主要目的的生物系统,F/M 值通常设定在 0.4～0.7 kg BOD$_5$/kg MLSS · d,SRT 为 3.5～7 d。需要注意的是,污水处理厂 SRT 不能太低,须保证系统对 BOD$_5$ 的高效去除。相对应的,对以脱氮为主要目的生物系统,通常 SRT 可取 11～23 d。

(2)BOD$_5$/TP 比值。

若需要保证系统的除磷效果,应控制进入厌氧区污水中 BOD$_5$/TP 的比值大于 20,以确保聚磷酸菌正常的生理代谢。但许多城市污水处理厂实际进水中碳源偏低,导致 BOD$_5$/TP 值无法满足生物除磷的需要,影响了生物除磷的效果。

(3)溶解氧。

在脱氮除磷污水处理系统中,厌氧区应保持严格的厌氧状态(DO<0.2 mg/L),此时聚磷菌才能进行有效释磷,以保证后续处理效果;而在好氧区,溶解氧需保持在 2.0 mg/L 以上,以保证聚磷菌的有效吸磷。因此,厌氧区和好氧区溶解氧的控制不当,将会极大影响生物除磷的效果。

(4)回流比。

厌氧—好氧除磷系统的的回流比不宜太低,以尽快将二沉池内污泥排出,防止聚磷菌在二沉池内遇厌氧环境发生释磷。在厌氧—好氧除磷系统中,若污泥沉降性能良好,则回流比在 50%～70%范围内,即可保证快速排泥。

(5)水力停留时间。

脱氮除磷污水处理系统中污水在厌氧区的水力停留时间一般在 1.5～2.0 h 之间。停留时间太短将首先影响到磷的有效释放,其次将影响到兼性酸化菌对污水中的大分子有机物的分解,由于该过程产生的低级脂肪酸可供聚磷菌摄取,在一定程度上影响了磷的释放。污水在好氧区的停留时间一般在 4～6 h,这样即可保证磷的充分吸收。

3. 出水氨氮不达标

生活污水中氨氮的去除主要是在传统活性污泥法工艺基础上采用硝化强化氨氮转化的工艺。导致污水处理系统出水氨氮超标的原因涉及许多方面,主要有:

(1)污泥负荷与污泥龄。

硝化属低负荷工艺,F/M 一般控制在 0.05～0.15 kg BOD/kg MLVSS · d。负荷越低,硝化越充分,NH$_3$—N 向 NO$_3$$^-$—N 转化的效率就越高。与低负荷相对应,生物硝化系统的 SRT 一般较长,归因于硝化细菌世代周期较长。

(2)回流比。

生物硝化系统的回流比一般较传统活性污泥工艺大,主要是因为生物硝化系统的活性污泥混合液中已含有大量的硝酸盐,若回流比太小,活性污泥在二沉池的停留时间就较长,容易产生反硝化,导致污泥上浮。通常回流比控制在 50%～100%。

(3)水力停留时间。

生物硝化曝气池的水力停留时间也较活性污泥工艺长,至少应在 8 h 以上。这主要是因为硝化速率较有机污染物的去除率低得多,因而需要更长的反应时间。

(4)BOD$_5$/TKN。

待处理污水中 BOD$_5$/TKN(TKN 为总凯氏氮)是影响硝化效果的一个重要因素。

BOD_5/TKN 越大,活性污泥中硝化细菌所占的比例越小,硝化速率就低;反之,BOD_5/TKN 越小,硝化效率越高。BOD_5/TKN 值最佳范围为 2～3 左右。

(5)硝化速率。

硝化速率是指单位质量的活性污泥每天转化的 NH_4^+-N 量,硝化速率的大小取决于硝化细菌在活性污泥中所占的比例、温度等诸多因素,典型值为消耗每克活性污泥(MLVSS)转化 NH_4^+-N 的速率为 0.02 g/d。

(6)溶解氧。

硝化细菌为专性好氧菌,且硝化细菌的摄氧速率较分解有机物的细菌明显较低,因此,需保持生物池好氧区的溶解氧在 2 mg/L 以上。

(7)温度。

硝化细菌对温度的变化也很敏感,当处理系统中污水温度低于 15 ℃时硝化速率明显下降,当污水温度低于 5 ℃时其生理活动基本完全停止。这也是冬季低温条件下北方地区污水处理厂出水氨氮普遍超标的主要原因。

4. 出水总氮不达标

污水脱氮是在生物硝化工艺基础上,增加生物反硝化工艺,在反硝化过程中,污水中的硝酸盐和亚硝酸盐将被微生物还原为氮气。导致污水处理系统出水总氮超标的原因主要有:

(1)污泥负荷与污泥龄。

由于生物硝化是生物反硝化的前提,只有良好的硝化,才能获得高效而稳定的的反硝化。因而,脱氮系统也必须采用低负荷或超低负荷,并采用高污泥龄。

(2)内、外回流比。

生物反硝化系统外回流比较单纯生物硝化系统要小。运行良好的生物脱氮除磷污水处理厂,外回流比可控制在 50% 以下,而内回流比一般控制在 200%～300% 之间。

(3)反硝化速率。

反硝化速率系指单位活性污泥每天反硝化的硝酸盐量,消耗每克活性污泥(MLVSS)典型的 NO_3^--N 反硝化速率为 0.06～0.07 g/d。

(4)缺氧区溶解氧。

对反硝化来说,DO 越低,脱氮效能越好,但实际污水处理厂运行过程中缺氧区的 DO 很难控制在 0.2 mg/L 以下。

(5)BOD_5/TKN。

因为反硝化细菌是在分解有机物的过程中进行反硝化脱氮的,所以进入缺氧区的污水中必须有充足的有机物,才能保证反硝化的顺利进行。污水处理厂进水中 BOD_5 低于设计值将使得进水碳源无法满足反硝化对碳源的需求,在一定程度上将导致出水总氮超标。

(6)温度。

污水处理系统中反硝化速率随着温度越高而逐渐升高,在 30～35 ℃时,反硝化速率增至最大。当低于 15 ℃时,反硝化速率将明显降低,降至 5 ℃时,反硝化将趋于停止。

5. 出水悬浮物(SS)超标

污水处理厂出水中的 SS 是否达标,主要取决于生物处理段活性污泥的性能、二沉池的沉淀效果以及污水处理厂的工艺的控制。造成二沉池出水 SS 超标的原因有以下几个方面：

（1）二沉池工艺参数选择不当。

部分城市污水处理厂在设计之初，为节约建设成本，将二次沉淀池水力停留时间大大缩短，并尽可能地提高了其水力表面负荷，造成二沉池在运行过程中经常出现翻泥现象，致使出水悬浮固体超标。此外，污水处理厂在工艺调整过程中，当将生物段中污泥浓度控制在高浓度时，也会造成二沉池表面负荷过大，影响出水水质。因此，在二沉池参数设置过程中对水力停留时间、水力表面负荷和污泥通量应保留一定的余地，以利于污水处理厂工艺的控制与调整。

水力停留时间——建议将二沉池的水力停留时间设置在 1.5～4 h 左右。

水力表面负荷—— 在二次沉淀池运行过程中，水力表面负荷越小，二沉池沉淀效率越高，出水悬浮物的浓度越低。因此，一般建议将二沉池的水力表面负荷控制在 $0.6～1.5$ $m^3/(m^2 \cdot h)$。

二沉池固体表面负荷——二沉池的固体表面负荷越小，污泥在二沉池的浓缩效果越好。相对应的，过大的固体表面负荷会造成二沉池泥面过高，许多污泥絮体来不及沉淀就随污水流出，影响出水悬浮物指标。一般二沉池固体表面负荷（MLSS）最大不宜超过 150 $kg/m^2 \cdot d$。

堰口负荷——初次沉淀池的出水堰最大负荷不宜大于 2.9 $L/(s \cdot m)$；二次沉淀池的出水堰最大负荷不宜大于 1.7 $L/(s \cdot m)$。

（2）活性污泥活性较低。

高质量、高活性的活性污泥主要体现在四个方面：良好的吸附性能、较高的生物活性、良好的沉降性能以及良好的浓缩性能。

其中良好的吸附性能是指活性污泥能够高效吸附胶体状的污染物，并进一步将其吸附到细菌表面；较高的生物活性是指活性污泥能够将吸附在其上的污染物通过微生物分解代谢转化为简单的有机物和二氧化碳；良好的沉降性是指活性污泥在二沉池中的泥水分离性能；良好的浓缩性能是指污泥的脱水性能。

（3）进水 SS/BOD_5 较高。

当进水 SS/BOD_5 高时，生物系统活性污泥中 MLVSS 比例则低，反之则高。根据运行经验来看，当 SS/BOD_5 在 1 以下时，MLVSS 比例可以维持在 50% 以上；当 SS/BOD_5 在 5 以上时，VSS 比例将会下降到 20%～30%。当活性污泥中 MLVSS 比例较低时，为了保证硝化效果系统就必须维持较高的泥龄，将导致污泥老化情况发生，导致出水 SS 超标。

（4）有毒物质进入管网。

若待处理污水中含有强酸、强碱或重金属等有毒物质，将会使活性污泥中毒，活性降低，严重时甚至发生污泥解体，造成出水悬浮物超标。解决活性污泥中毒问题的根本办法就是加强污水源头的检测，杜绝一切有毒物质进入排水管网的可能。

（5）温度影响。

温度对活性污泥工艺的影响是很广泛的。首先，温度会影响活性污泥中微生物的活性；其次，温度会影响二沉池的分离功能，如温度的变化会使二沉池产生异重流现象；最后，温度降低时活性污泥由于黏度增大其沉降性能会降低。

4.4.3　污泥泥饼含水率较高

我国当前建成的大部分污水处理厂采用活性污泥法进行污水处理,设计中基本未设置污泥浓缩和污泥消化设施,使得剩余污泥不易于脱水。因此,在对污泥进行处理处置之前,多向市政污泥中大量投加聚丙烯酰胺(PAM),以将污泥脱水成含水率在80%以下的泥饼,该过程会大幅提高污水处理成本。

为保证污泥浓缩与脱水效果,絮凝药剂的配制质量浓度应控制在0.1%～0.5%范围内。质量浓度太低则投加溶液量大,配药频率增多;质量浓度过高容易造成药剂黏度过高,导致螺杆泵输送药液时阻力增大,易发生搅拌不够均匀的现象,并可能加快设备损耗和管路堵塞。另外,不同批次和不同型号的絮凝剂比重差别较大,需根据实际情况定期或不定期地标定药剂的配制浓度,适时调整药剂的用量,保证污泥脱水效果和减少药剂浪费。

4.4.4　机电设备不正常运行

污水处理机电设备及配套设备的正常运行对保障污水处理系统的高效、稳定运行至关重要。同时,机电设备的稳定高效运行,对污水处理厂节能降耗影响很大。当前,常见的污水处理系统机械故障主要包括以下问题。

1. 格栅机故障

格栅机是污水处理工艺的第一道工序,也是污水处理厂最容易出现故障的设备之一。其常见的问题主要如下:

(1)格栅机卡阻——格栅机长时间与污水接触,容易造成轴承磨损,运行出现卡阻现象,造成链条或耙齿拉偏或其他机械故障。为此,需要加强格栅机相关机械部件的润滑保养,以及日常巡检要及时到位。

(2)格栅机堵塞——通常情况下,生活污水中常夹带一些长条状的纤维、塑料袋等易缠绕的杂物,容易造成栅条和耙齿等堵塞。一方面会使过栅断面减少,造成过栅流速过大,拦污效率下降;另一方面也会造成栅渠过水速率缓慢、沙砾沉积、栅渠溢流等问题。该状况可通过人工清理、技术改造完善或勤维护来加以避免。

2. 提升泵站故障

国内城市污水处理厂采用潜水泵提升污水较多,但潜水泵在使用过程中,污水中各种杂质与浮渣容易缠绕在水泵的叶轮和密封环的间隙里,进而破坏水泵机械密封效果,从而使潜水泵泵送效率降低,严重时将导致水泵电机过流损坏。该问题可通过强化格栅机运行效果而解决,另外,定期检查潜水泵的绝缘和密封性、核算提升泵效率对潜水泵功能的正常发挥也至关重要。

在污水处理过程中,污水处理厂进水量一天24 h均有变化,再加上部分污水管网采用合流制建设,使得不同时期污水处理厂进水量可能有较大变化。因此,在潜水泵的选用和配置上,应留有较大的调节空间。通常可采样多台水泵抽排水量呈梯度配置,结合潜水泵的变频控制,可满足基本流量控制要求。

3. 鼓风机故障

鼓风机是城市污水处理工艺的关键设备,耗能最大,风量、风压、电耗、噪音等是选用鼓风机的基本技术参数。城市污水处理厂的生物反应池微孔曝气系统一般采用离心式鼓风机,其中的罗茨风机应用广泛,通常用于池深较浅,需要的风量和风压较小的情况。

为了降低鼓风机运行能耗,避免鼓风机长时间运行下的损耗,应针对不同的工况,对鼓风机的运行进行动态控制。如在鼓风机的运行控制上可采用变频调节控制,在设备配置方面,可多台鼓风机风量呈梯度配置,以增强工艺运行调节的灵活性。

在鼓风机故障的控制方面,油冷却器、油过滤器要定期清理、定期更换和送检,防止出现乳化现象。油冷却器有风冷和水冷两种方式:采用风冷注意定期清洁风冷却器的散热片,防止堵塞和积集尘垢;采用水冷需定期清理和维护冷却塔以及相应管路,注意保证循环冷却水的水质,防止冷却设备中细菌滋生,尽量控制冷却器中管路和铜构件的结垢和腐蚀。

4. 曝气头故障

目前污水处理厂生化段多采用微孔膜曝气器进行曝气,微孔膜曝气器主要有盘式、球冠式、板式、管式等类型。当曝气器使用一段时间后,极可能出现微孔堵塞、阻力增大、橡胶老化、弹性变差等现象,进而导致充氧效率下降等现象出现。为避免曝气器的堵塞或阻力增加过大,应定期进行曝气器的清洗。

在曝气器的清洗上,可采用甲酸清洗或大气量高压空气清洗。采用甲酸清洗要小心控制甲酸的浓度、清洗的频次、注意操作安全;采用大气量空气清洗要小心控制气量大小、强度和清洗的频次。另外,注意要定期打开曝气系统的排水阀门,排出冷凝水。对严重堵塞或破损的曝气头要及时更换,保证生物池曝气的均匀性,防止出现死角,堆积污泥。

5. 排泥设备故障

常用的污水处理工艺中 SBR、UNITANK 等污水处理工艺不设二沉池,容易在排泥时形成泥层漏斗,使得后期排出的混合液浓度降低,导致排泥量不足、剩余污泥浓度出现下降,在一定程度上使得污泥处理能耗、药耗上升。对于 SBR 和 UNITANK,可采用间歇排泥方式或改造成多点排泥的系统。

此外,在设置二沉池的污水处理系统中,需要对二沉池刮吸泥机进行定期维护,以保证排泥顺畅,防止积泥而影响出水 SS 等指标。

6. 脱水机故障

该节中仅对目前国内普遍采用的离心脱水机和带式压滤脱水机相关的避免运行故障的知识进行讲解。

(1)离心脱水机。

影响离心脱水机污泥脱水性能的主要参数包括污泥含固率、进料量(装机容量)、最大产量、离心机差速、转速、聚丙烯酰胺(PAM)加注率、投加浓度等。在污泥脱水过程中,离心脱水机常见问题主要如下:

①开机报警或振动报警——离心脱水机在上次停机前若清洗不彻底,若离心机出泥端积泥多,将导致再次开启时转鼓和螺旋输送器之间的速差过低而报警;另外,当转鼓的内壁上存在大量不规则的残留固体时,将导致转鼓转动不平衡而产生振动报警。

②轴温过高报警——离心脱水机轴温过高主要由润滑脂油管堵塞引起。一旦发生,需要人工及时清理。另外,润滑脂亦不能加注过多,否则亦会引起轴承温度升高。

③主机报警而停机——开启离心脱水机或运行过程中调节脱水机转速,主电机变频器

调节过大或过快,容易导致主电机报警。运行中发现,一般变频调节在 2 Hz 左右比较安全。

④离心脱水机不出泥——在离心脱水机正常运转的情况下,相关设备正常运转,但出现不出泥现象。此时滤液较混浊,差速和扭矩也较高,无异响、无振动,高速和低速冲洗时扭矩左右变化不大,再启动时困难,无差速。该情况多发生在雨季,主要归因于雨季进水量的变化对活性污泥系统负荷冲击大,导致剩余污泥松散、污泥颗粒变小,絮凝性能下降。此时,如不及时进行工艺调整,则离心脱水机可能会出现扭矩力不从心的现象(过高),恒扭矩控制模式下差速会进行跟踪。这种情况下会产生脱水机不出泥的现象。

一旦该情况出现,可通过采用高转速、低差速和低进泥量的运行模式来解决不出泥的问题。该过程中高转速是为了增加分离因数,低差速可以延长污泥在脱水机内的停留时间,而低进泥量亦增加了固体回收率和泥饼含固率。

(2)带式压滤脱水机。

带式压滤脱水机由上下两条紧张的滤带夹带着污泥泥饼层,从一连串规律排列的辊压筒中呈 S 形弯曲经过,靠滤带本身的张力形成对污泥层的压榨力和剪切力,把污泥中的毛细水挤压出来,获得含固率较大的泥饼。

带式压滤脱水机在运行过程中常见的问题主要有:

①滤带打滑——主要由进泥超负荷、滤带张力太大、辊压筒损坏等引起,当进泥超负荷时应降低进泥量,辊压筒损坏时应及时对辊压筒进行修复或更换。

②滤带跑偏——主要由进泥不均匀、滤带上污泥分布不均匀等引起,此时应调整进泥口或更换平泥装置;此外,辊压筒局部损坏或过度磨损、辊压筒之间相对位置不平衡、纠偏装置不灵敏等也会引起滤带跑偏,此时应对相关设备和装置进行检修或更换。

③滤带堵塞严重——可能引起的原因如下:a.冲洗不彻底,应增加冲洗时间或冲洗水压力;b.滤带张力太大,应适当减小张力;c.加药过量,即 PAM 加药过量,另外未充分溶解的 PAM 也易堵塞滤带;d.进泥中含砂量太大,应加强污水预处理系统的运行控制。

④泥饼含固量下降——主要原因为:a.加药量不足、配药浓度不合适或加药点位置不合理,达不到最好的絮凝效果;b.带速太大,泥饼变薄,导致含固量下降,应及时地降低带速,一般应保证泥饼厚度为 5～10 mm;c.滤带张力太小,不能保证足够的压榨力和剪切力,使含固量降低。

7. 紫外消毒系统故障

目前国内城市污水处理厂普遍采用紫外线消毒方式对污水处理厂的出水进行消毒。但从实际运营上发现紫外线消毒存在以下问题:①紫外线消毒系统无后续杀毒能力。②紫外灯石英套管易污染。当污水流经 UV 消毒器时,其中有许多无机杂质会沉淀、黏附在套管外壁上,影响消毒效果。

为此,选择污水处理紫外消毒设备时应注意的问题主要有:

①灯管的选择。一般说来,高强度汞灯的输出强度高,优于低强度汞灯。

②传感器及实时调节系统的选择。污水处理厂的水量、水质波动较大,因此进行 UVC 输出强度的实时调节对节约电耗和延长灯管寿命意义重大。

③清洗系统的选择。污水处理厂紫外消毒系统的清洗常用自动机械清洗和自动化学清洗。自动清洗系统的选择与所使用的灯管有关,中压高强度灯管的温度在 600～900 ℃,结垢严重,必须采用化学清洗;低压高强度灯管的温度低于 110 ℃,结垢量和速度都远远低于

中压高强度灯管,因而可采用机械清洗,且在 1～2 次/h 的清洗频率内不会结垢。

4.4.5　构筑物运行过程常见问题

本章中 4.4.1～4.4.4 节主要讨论了进水水量/水质与工程设计不相符合、出水水质达标排放难、污泥泥饼含水率较高、机电设备不正常运行等问题。本节中将对部分常见构筑物和工艺的运行常见问题进行归纳总结。

1. 沉砂池运行故障及对策

常见的沉砂池有平流式沉砂池、曝气式沉砂池和涡流式沉砂池,排砂方式有重力排砂、气提式排砂和泵吸式排砂。在沉砂池运行过程中,普遍存在在沉砂效果差、淤积、堵塞等现象。不同类型的沉砂池,其应对上述问题的方法也不一致。

对于平流式沉砂池,其运行过程中刮砂机需及时开启,并按时排砂;设置移动桥的平流沉砂池需保证限位装置灵敏有效,应加强巡检,避免发生"走过"现象而损坏设备。

对于曝气式沉砂池,则需要定期调整曝气量冲刷,以避免堵塞穿孔管或曝气头,微孔膜曝气头可采用甲酸清洗的方式维护。

对于旋流式沉砂池 ,运行过程中需保证切线方向进水、切线方向出水,水流要在池内旋转两圈。另外,可根据实际运行工况制定排砂泵运行周期,及时排出沉砂,避免淤积和管路堵塞。

此外,应定期清理维护砂水分离器、吸砂泵、空压机等,避免管路堵塞,降低分离效果。

2. 氧化沟运行故障及对策

氧化沟既有推流式反应器的特征,又有完全混合反应器的特征,其流态上特征要求与之配套的曝气设备除具有良好充氧、混合功能外,还要推动沟中混合液循环流动。所以,在氧化沟运行过程中其底部容易出现污泥淤积问题,在一定程度上缩小了氧化沟的有效容积,一定程度上缩短了实际停留时间。

为了控制氧化沟中污泥的淤积,一般需要将氧化沟中的水流速度控制在 0.3 m/s 左右。氧化沟运行过程中工艺控制主要根据溶解氧的高低,不断调整转刷的运转台数和时间来控制适量的溶解氧,一旦转刷停运,相对应断面水流速度将降低,导致氧化沟池底水流流速出现小于 0.3 m/s 的现象,出现积泥现象。另外,当氧化沟进水 SS 高于设计值时,会增加系统产泥量,导致氧化沟内出现积泥。

为了应对上述情况,常在氧化沟近底部增加潜水推流器,保证氧化沟池底水流流速大于 0.3 m/s。该措施在解决氧化沟积泥问题的同时,能够保证氧化沟内部活性污泥的均匀混合,对氧化沟的运行十分有益。

3. UNITANK 池运行故障及对策

UNITANK 工艺运行灵活,处理效果稳定,工程投资和运行费用低于 AAO 工艺,其具有占地面积小,运行效率高等有点。但 UNITANK 池在运行中也存在一些问题:

(1)边池作为沉淀池,增加了斜板设计细节要求。

UNITANK 工艺运行过程中,池内污泥将沉积在斜板上,容易形成堵塞,在一定程度上会影响污泥沉淀效果和氧的传质效率;同时,斜板的设置也会影响到池内气、水、活性污泥的混合;第三,污泥沉积在斜板上后会增加支架的承重要求。为了解决上述问题,需要选用轻巧、表面粗糙度适当的斜板产品,并适当调整斜板的安装角度、间距等参数,以减少堵塞、减轻池体的承载力,并提高沉淀效率。

（2）曝气头堵塞问题。

在边池交替作为沉淀池使用的过程中,污泥沉降于池底,容易造成曝气头堵塞。为此,在 UNITANK 工艺中应选用可自动闭合的曝气头,在不曝气的情况下闭合曝气头气孔,减少堵塞概率。

（3）搅拌器受到曝气头的不利影响。

由于整个池布满曝气头,曝气时会降低搅拌器的混合效果并对搅拌器产生不利影响。因此,可在搅拌器附近不安装曝气头,以减少其对搅拌器的不利影响。

4. 二沉池运行故障及对策

城市污水处理厂二沉池是保障出水水质的重要构筑物,在二沉池运行过程中一般要注意防止二沉池配水不均匀、污泥上浮、短流等问题。

（1）配水不均匀。

二沉池的入口配水一定要尽量均匀,否则会产生湍流、紊流等现象,进而造成已经沉降的污泥又被扰动升起使出水水质变差。因此,要经常检查并调整二沉池的配水设备,确保进入二沉池的混合液流量均匀;要经常检查并调整出水堰板的平整度,防止出水不均和短流现象的发生;要及时清除挂在堰板上的浮渣和挂在出水槽的生物膜。

（2）污泥上浮。

二沉池污泥上浮的原因主要有:

①污泥膨胀——污泥膨胀主要是由于大量丝状细菌在污泥内繁殖,使泥块松散,密度降低所致。

②污泥脱氮上浮——当生物反应区内曝气时间较长或曝气量较大时,将发生硝化作用而使混合液中含有较多的硝酸盐,此时,进入二沉池进行泥水分离的污泥可能发生反硝化而使污泥上浮。

③污泥腐化——在曝气量过小的条件下,污水在二沉池的停留时间较长或二沉池排泥不畅,污泥可能因缺氧而腐化,即污泥发生厌氧分解,最终使污泥上升。此外,构筑物的不合理设计也会引起污泥上浮,如对曝气和沉淀合建的构筑物,往往会因污泥回流缝太大、导流室断面太小等原因导致污泥上浮。

为防止污泥上浮这一异常现象发生,应加强污泥回流或及时排出剩余污泥,不使污泥在二沉池内停留时间太长;加强曝气池末端的充氧量,提高进入二沉池的混合液中的溶解氧含量,保证二沉池中污泥不处于厌氧或缺氧状态。对于反硝化造成的污泥上浮,还可以增大剩余污泥的排放量,降低污泥停留时间（SRT）,通过控制硝化程度,达到控制反硝化的目的。

5. 污泥消化运行故障及对策

污泥厌氧消化是利用兼性菌和厌氧菌进行厌氧生物反应,分解污泥中有机物质的一种污泥处理工艺。污泥在厌氧消化过程中 $40\% \sim 60\%$ 的有机物被稳定分解,产生大量的甲烷气体,可作为能源利用。对于污泥厌氧消化系统,除了消化池、沼气贮柜、沼气利用等设施需注意防爆外,还需注意污泥输送管道堵塞等问题。

4.4.6　其他故障

污水处理厂参数设置不当或者运行过程中突发事件将会使得污水处理厂的运行出现问题，通常情况下，对于不同问题需及时分析及诊断，并提出解决对策。目前常见的问题及解决对策见表 4.6。

表 4.6　污水处理厂常见的问题及解决对策

序号	常见症状	分析及诊断	解决对策
1	曝气池有臭味	曝气池供氧不足，DO 值低，出水氨氮有时偏高	增加供氧，使曝气池出水 DO 高于 2 mg/L
2	污泥发黑	曝气池 DO 过低，有机物厌氧分解析出 H_2S，将与 Fe 反应生成 FeS	增加供氧或加大污泥回流
3	污泥中泡沫过多，色白	进水洗涤剂过量	增加喷淋水或消泡剂
4	污泥变白	丝状菌或固着型纤毛虫大量繁殖	如有污泥膨胀投加液氯，提高 pH，用化学法杀灭丝状菌；投加颗粒碳黏土消化污泥等活性污泥"重量剂"；提高 DO；间歇进水
		进水 pH 过低（曝气池 pH<6，丝状菌大量生成）	提高进水 pH
5	曝气池泡沫不易破碎，发黏	进水负荷过高，有机物分解不全	降低负荷
6	曝气池泡沫茶色或灰白	污泥老化、污泥龄过长，解絮污泥附着在泡沫上	增加排泥
7	进水 pH 下降	厌氧处理负荷过高，有机酸累积	降低负荷
		好氧处理中负荷过低	增加负荷
8	出水色度上升	污泥解絮，进水色度高	改善污泥性状
9	出水 BOD、COD 升高	污泥中毒	污泥复状
		进水过浓	提高 MLSS
		进水中无机还原物（S_2O_3、H_2S）浓度过高	增加曝气强度
		COD 测定受 Cl^- 影响	排除干扰
10	污泥未成熟，絮体瘦小；出水浑浊，水质差；游动性小型鞭毛虫多	水质成分浓度变化过大；废水中营养物质不平衡或不足；废水中含毒物或 pH 不足	使废水成分、浓度和营养物均衡化，并适当补充所需营养
11	曝气池表面出现浮渣似厚粥，覆盖在表面	浮渣中见诺卡氏菌或纤发菌过量生长，或进水中洗涤剂过量	清除浮渣，避免浮渣继续留在系统内循环，增加排泥

第 5 章 城镇污水处理厂泵站及 一级处理工艺设计及规范制图

城镇污水处理厂一级处理主要通过物理机械处理,如格栅、沉淀或气浮,去除污水中所含的石块、砂石、脂肪/油脂及密度较大的悬浮颗粒物等,一般情况下主要包括初沉池、沉砂池、气浮池等处理单元。城镇污水经管网收集后汇入泵站,经提升后进入一级处理单元进行处理。

5.1 污水处理厂格栅设计原则及规范设计

5.1.1 格栅的概念及分类

格栅是污水处理中的重要处理单元,用以去除废水中较大的悬浮物、漂浮物、纤维物质和固体颗粒物质,以保证后续处理单元和水泵的正常运行,减轻后续处理单元的处理负荷,防止堵塞排泥管道。

格栅选择过程中考察的内容主要有栅条断面、栅条间隙、栅渣清除方式等。格栅设计流量应根据污水管网系统的排水体制决定,当采用合流制排水系统时,格栅流量按合流设计流量计算,而分流制排水系统其流量按实际设计污水流量计算。

格栅可按形状分为平面格栅与曲面格栅两种(图 5.1)。平面格栅由栅条与框架组成。曲面格栅又可分为固定曲面格栅与转筒式格栅两种。

(a) 平面格栅   (b) 转鼓格栅

图 5.1 格栅的分类(按形状)

转筒式格栅(转鼓格栅),又名微滤机,是采用 $80\sim200$ 目/in²(1 in²≈6.45 cm²)的微孔筛网固定在转鼓型过滤设备上,通过截留污水体中固体颗粒,实现固液分离的净化装置。在过滤的同时,可以通过转筒的转动和反冲水的作用力,使微孔筛网得到及时的清洁。使设备始终保持良好的工作状态。转筒式格栅通过对污水中固体废弃物的分离,使水体净化,达到循环利用的目的。

按格栅栅条的净间距,可分为粗格栅(50~100 mm)、中格栅(10~40 mm)、细格栅(1.5~10 mm)。按清渣方式,格栅可分为人工清渣和机械清渣檀香山格栅两种(图 5.2)。

(a) 机械清渣格栅　　　　　　　　　　　　(b) 人工清渣格栅

图 5.2　格栅的分类(按清渣方式)

人工清渣格栅适用于小型污水处理厂。栅渣清除方式主要由格栅栅渣量决定,当每日栅渣量大于 0.2 m³ 时,为改善工人劳动与卫生条件应采用机械清渣格栅。

5.1.2　格栅的设计原则

污水处理厂格栅的设计原则如下:

(1)污水处理系统前格概栅条间距:①人工清除时为 25~40 mm;②机械清除时为 16~25 mm;③特殊情况下,最大间隙可为 100 mm;④细格栅宜为 1.5~10 mm。

(2)如水泵前格栅间隙不大于 25 mm,污水处理系统前可不再设细格栅。

(3)在大型污水处理厂或泵站前的大型格栅,一般应采用机械清渣。

(4)机械格栅不宜少于 2 台,如为 1 台时应设人工清除格栅备用。

(5)格栅流速一般采用 0.6~1.0 m/s。除转鼓式格栅除污机外,机械清渣格栅的安装角度宜为 60°~90°,人工清渣格栅的安装角度宜为 30°~60°。

(6)格栅间必须设置工作台,台面应高出栅前最高设计水位 0.5 m,工作台上应有安全设施和冲洗设施,工作平台上应有安全设施和冲洗设施。

(7)格栅间必须考虑设有良好的通风设施。

(8)格栅间内应安设吊运设备,以进行格栅及其他设备的检修等。

(9)格栅除污机底部前端距井壁尺寸,钢丝绳牵引除污机或移动悬吊葫芦抓斗式除污机距离应大于 1.5m;链动刮板除污机或回转式固液分离机应大于 1.0 m。

(10)格栅工作平台两侧边道宽度宜采用 0.7~1.0 m。工作平台正面过道宽度,采用机械清除时不应小于 1.5 m,采用人工清除时不应小于 1.2 m。

转鼓格栅设计原则:

(1)细格栅:格栅栅条间距宜为 1.6~10 mm。

(2)离心水泵前,应依据离心水泵相关参数设置转鼓格栅型号。

(3)废水过栅水流量宜选用 0.6~1.0 m/s。格栅的安装角度宜为 30°~35°。

5.2　污水处理厂泵站设计原则及规范设计

5.2.1　泵站的概念

污水泵站分为提升泵站和终点泵站,其中总泵站的任务是接纳来自整个收集管网的所有污水,并将这些污水抽送至污水处理厂。排水系统整个管网埋深满足最大埋深要求时,可不设加压泵站。排水泵站的基本组成包括进水渠道、机器间、格栅、集水池和辅助间。

5.2.2　泵站的设计原则

1. 污水泵站设计的一般规定

《室外排水设计规范》(GB 50014—2006)对污水泵站的设计作出如下规定:

(1)污水泵站宜设计为单独的建筑物,按远期规模设计;水泵机组可按近期规模配置。泵房宜有两个出入口,其中一个应能满足最大设备或部件的进出。

(2)污水泵站的设计流量应按泵站进水总管的最高日最高时流量计算确定。

(3)污水泵站的建筑物和附属设施宜采取防腐蚀措施。

(4)在分流制排水系统中,雨水泵房与污水泵房可分建在不同地区,也可合建,但应自成系统。其中雨水泵站应采用自灌式泵站,污水泵站和合流污水泵站宜采用自灌式泵站。

(5)污水泵站的集水池与机器间合建在同一构筑物内,集水池和机器间需用防水隔墙分开,不允许渗漏。

(6)泵站构筑物不允许地下水渗入,应设有高出地下水位 0.5 m 的防水措施,具体设计可参见《地下工程防水技术规范》(GB 50108—2008)。

(7)泵站位置应结合规划要求,建于收纳水体需要提升的管段,或距排放水体较近的地方。泵站建设时应尽量避免拆迁、少占耕地;设在污水处理厂内的泵房可与其他构筑物统一布置。

(8)单独设置的泵站与居民区和公共建筑物的距离,应满足规划、消防和环保部门的要求。泵站的地面建筑物造型应与周围环境协调,做到适用、经济、美观,泵站内应绿化。位于居民区和重要地段的污水、合流污水泵站,应设置除臭装置。自然通风条件差的地下式水泵间应设机械送排风综合系统。

(9)泵站室外地坪标高应按城镇防洪标准确定,并符合规划部门要求;泵房室内地坪应比室外地坪高 0.2~0.3 m;易受洪水淹没地区的泵站,其入口处设计地面标高应比设计洪水位高 0.5 m 以上;当不能满足上述要求时,可在入口处设置闸槽等临时防洪措施。

(10)排水泵站供电应按二级负荷设计,特别重要地区的泵站供电应按一级负荷设计。当不能满足上述要求时,应设置备用动力设施。

2. 泵站水泵机组的布置原则及相关要求

水泵布置宜采用单行排列,主要机组的布置和通道宽度,应满足机电设备安装、运行和操作的要求,并应符合下列要求:

(1)水泵机组基础间的净距不宜小于 1.0 m。

(2)机组突出部分与墙壁的净距不宜小于 1.2 m。

（3）主要通道宽度不宜小于 1.5 m。

（4）配电箱前面通道宽度，低压配电时不宜小于 1.5 m，高压配电时不宜小于 2.0 m。当采用在配电箱后面检修时，后面距墙的净距不宜小于 1.0 m。

（5）有电动起重机的泵房内，应有吊运设备的通道。

5.2.3　泵站的设计计算

（1）泵站流量设计。

污水泵站的设计流量，应按泵站进水总管的最高日最高时流量计算确定。雨水泵站的设计流量，应按泵站进水总管的设计流量计算确定。当立交道路设有盲沟时，其渗流水量应单独计算。

合流制泵站的设计流量应根据本站前是否设置污水截流装置确定，分别按下列公式计算得出。

当泵站后设污水截流装置时，按本书式（3.8）计算，即

$$Q = Q_d + Q_m + Q_s = Q_{dr} + Q_s$$

式中　Q——合流管渠设计流量，L/s；

　　　Q_d——设计综合生活污水设计流量，L/s；

　　　Q_m——设计工业废水量，L/s；

　　　Q_s——雨水设计流量，L/s；

　　　Q_{dr}——截流井以前的旱流污水量，L/s。

此时，截流井以后管渠的设计流量，应按式（3.9）计算，即

$$Q' = (n_o + 1)Q_{dr} + Q'_s + Q'_{dr}$$

当泵站前设污水截流装置时，雨水部分和污水部分分别按公式（5.1）和（5.2）计算。其中：

①雨水部分。

$$Q_p = Q_s - n_o Q_{dr} \tag{5.1}$$

②污水部分。

$$Q_p = (n_o + 1)Q_{dr} \tag{5.2}$$

式中　Q_p——泵站设计流量，m^3/s；

　　　Q_s——雨水设计流量，m^3/s；

　　　Q_{dr}——旱流污水设计流量，m^3/s；

　　　n_o——截流倍数。

（2）污水泵站扬程设计。

污水泵站的扬程包括水泵静扬程、水泵吸水管水头损失、水泵压水管水头损失和自由水头损失，其中水泵静扬程是指水泵的吸入点和高位控制点之间的高差，其计算公式为：

$$H_1 = h_1 - (h_2 - h_3) \tag{5.3}$$

式中　H_1——水泵静扬程，m；

　　　h_1——出水井水面标高，m；

　　　h_2——集水井水面标高，m；

　　　h_3——集水井有效水深，m，一般采用 2～3 m。

水泵的扬程可定义为静扬程和水头损失之和，其计算公式可定义为

$$H = H_1 + H_2 + H_3 + H_4 \tag{5.4}$$

式中　　H——水泵扬程,m;

　　　　H_2——水泵吸水管水头损失,m,一般取$=0.2$ m;

　　　　H_3——水泵压水管水头损失,m;

　　　　H_4——安全水头损失,m,一般取$0.3\sim0.5$ m。

（3）每台泵流量计算。

每台泵的流量可通过式（5.5）计算获得：

$$Q_0=\frac{Q}{n} \tag{5.5}$$

式中　　Q——设计流量,m^3/s;

　　　　n——运行水泵数量,污水泵站应设备用机组,当工作泵不超过4台时,备用机组宜为1台;工作泵不少于5台时,备用机组宜为2台;潜水泵泵站备用机组为2台时,可现场备用1台,库存备用1台。

5.2.4　泵站的规范化设计及常见问题

（1）图5.3中泵站的进水液位需要给出。

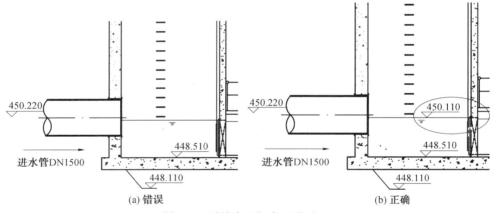

图5.3　泵站水面标高正误对比

（2）若设计在我国北方寒冷地区,泵站出水管在地面以上未考虑冰冻线,会出现运行问题,出水管应该埋在地下以防止管道冻裂（图5.4）。

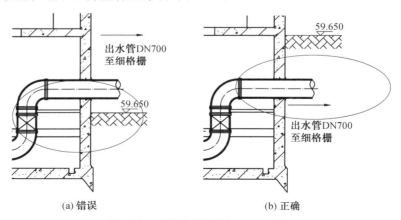

图5.4　泵房出水管位置正误对比

（3）高程有效数字位数应统一。图 5.5 中标高与单体构筑物标高不一致，高程有效数字位数不统一。

如高程图中的地面标高是 108.759，而泵站的最高点为 111.17，有效数字位数不统一。这样的图纸是不正确的。

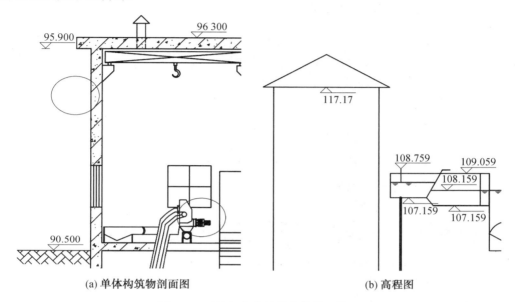

(a) 单体构筑物剖面图　　　　　　　　(b) 高程图

图 5.5　泵站标高有效数字位数不统一

（4）图 5.6 中剖面图墙体未进行混凝土填充。

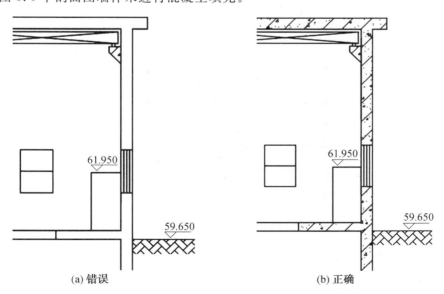

(a) 错误　　　　　　　　　　　　(b) 正确

图 5.6　剖面图墙体正误对比（水泥墙体要填充）

（5）勿遗忘集水池底部坡度（底部坡度不小于 10%）（图 5.7）。

（6）水泵吸水管选用偏心渐缩管，上部为水平，出水管为同心渐扩管（图 5.8）。

（7）图 5.9 中水泵布置间距设计错误，水泵机组间的净距不宜小于 1.0 m；机组突出部

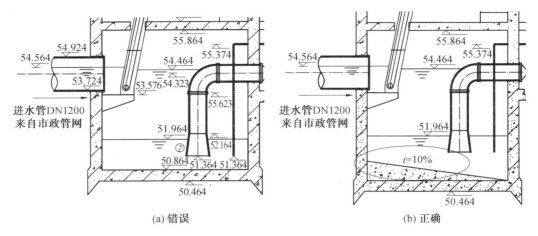

图 5.7　池底坡度正误对比

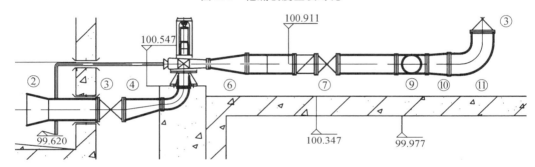

图 5.8　水泵进出水管示意图①

分与墙壁的净距不宜小于 1.2 m(图 5.9)。

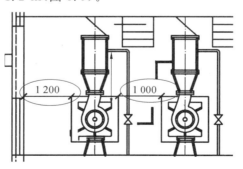

图 5.9　水泵布置间距示意图

（8）勿遗忘集水坑、集水槽。集水坑、集水槽示意图,如图 5.10 所示。

（9）切忌上下高度层次表达不清,上层房间、廊道和下层泵房应注意图纸细节,图 5.11
所示为较为合理的泵房内部示意图。

---

①　图 5.8 中②③等在大型图纸中对应所附详表中的单元、构筑物、设备、设施等,图 5.8 为大型图纸
部分截图,此类标记不影响内容,不予注明。全书中类似标记均不加注释。

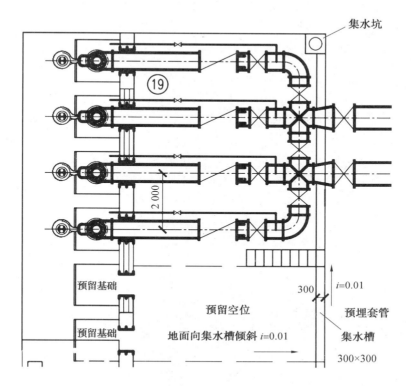

图 5.10　集水坑、集水槽示意图

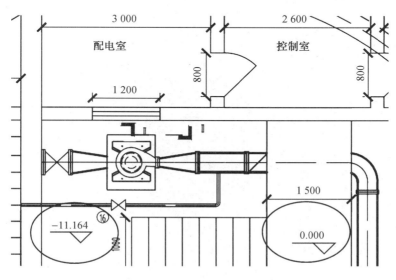

图 5.11　泵站内部示意图

5.3　污水处理厂沉砂池设计原则及规范设计

5.3.1　沉砂池概念及分类

沉砂池通常设置在泵站及格栅之后,用以去除比重较大的无机颗粒(如泥沙,煤渣等,它们的相对密度约 2.65,粒径约 0.2 mm),沉砂池一般设于初次沉淀池前,以减轻沉淀池负荷及改善污泥处理构筑物的处理条件。

常用的沉砂池有平流式沉砂池、竖流式沉砂池曝气沉砂池、钟式沉砂池和旋流式沉砂池等。平流式沉砂池具有截留无机颗粒效果好、工作稳定、构造简单、排砂方便等优点,但沉砂中夹杂着一些有机物,容易发生腐化变臭,并且其对有机物包裹的砂粒截流效果较差。目前,应用较为广泛的沉砂池为曝气式沉砂池,可在一定程度上克服上述平流式沉砂池的缺点。

各种形式的沉砂池工艺示意图如图 5.12 所示。

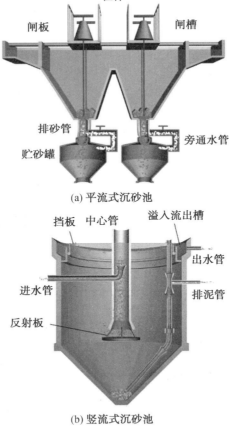

(a) 平流式沉砂池

(b) 竖流式沉砂池

图 5.12　各种形式的沉砂池

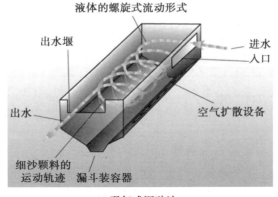

(c) 曝气式沉砂池

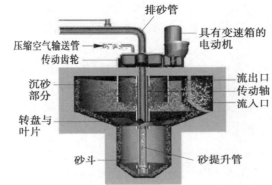

(d) 钟式沉砂池

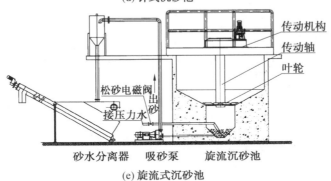

(e) 旋流式沉砂池

续图 5.12

5.3.2　沉砂池设计原则

1.平流式沉砂池设计要点

(1)最大流速应为 0.3 m/s,最小流速应为 0.15 m/s。

(2)最高时流量的停留时间不应小于 30 s。

(3)有效水深不应大于 1.2 m,每格宽度不宜小于 0.6 m。

(4)长宽比一般为(4～5)∶1,池底坡度一般为 0.01～0.06。

2. 曝气式沉砂池设计要点

(1)污水在曝气沉砂池过水断面周边最大旋流速度为 0.25～0.3 m/s,水平流速宜为 0.1 m/s,一般可取 0.06～0.12 m/s。

(2)按最大设计流量设计,池数和分格数不应小于 2;最高时流量的停留时间应大于 2 min。

(3)有效水深宜为 2.0～3.0 m,宽深比宜为 1～1.5;如果考虑预曝气的作用,可将过水断面增大为原来的 3～4 倍。

(4)处理每立方米污水的曝气量宜为 0.1～0.2 m³ 空气。

(5)为防止水流短路,进水方向应与池中旋流方向一致,出水口应设在旋流水流的中心部位,出水方向应与进水方向垂直,并宜设置挡板。

(6)曝气沉砂池进气管上要有调节阀门,使用的进口曝气管安装在池体的一侧,扩散管距池底 0.6～0.9 m,曝气量一般为每立方米污水 0.2 m³ 空气或曝气强度为 3～5 m³ 空气/(m²·h)。

(7)曝气沉砂池的形状以不产生偏流和死角为原则,因此,为改进除砂效果、降低曝气量,应在集砂槽附近安装纵向挡板,若池长较大,还应在沉砂池内设置横向挡板。

(8)在池底设置沉砂斗,沉砂斗池底坡度应为 0.1～0.5,以保证砂粒滑入砂槽。

3. 旋流式沉砂池设计要点

(1)最高时流量的停留时间不应小于 30 s。

(2)设计水力表面负荷宜为 150～200 m³/(m²·h)。

(3)有效水深宜为 1.0～2.0 m,池径与池深比宜为 2.0～2.5。

(4)池中应设立式桨叶分离机。

4. 其他设计要点

污水的沉砂量可按照每立方米处理污水产生 0.03 L 砂计算,合流制污水的沉砂量应根据实际情况确定,且砂斗容积不应大于 2 d 的沉砂量。当采用重力排砂时,砂斗都壁与水平面的倾角不应小于 55°。沉砂池除砂宜采用机械方法,并经砂水分离后贮存或外运。当采用人工排砂时,排砂管直径不应小于 200 mm。排砂管应考虑防堵措施。

5.3.3　沉砂池基本设计计算

1. 平流式沉砂池设计计算

(1)过水断面面积。

$$A = \frac{Q}{v} \tag{5.6}$$

式中　A——水流过水断面面积,m²;

　　　v——水平流速,m/s,一般取 0.15～0.3 m/s;

　　　Q——设计流量,m³。

(2)沉砂池长度。

$$L = vt \tag{5.7}$$

式中　L——沉砂池长度,m;

v——水平流速,m/s,一般取 $0.15\sim0.3$ m/s;

t——停留时间 $30\sim60$ s。

（3）沉砂池宽度。

$$B=\frac{A}{h_2}\qquad\qquad(5.8)$$

式中　B——沉砂池宽度,m;

　　　h_2——设计有效水深,m,一般采用 $0.25\sim1.00$ m。

（4）沉砂室所需容积。

$$V=\frac{\overline{Q}\times X\times T\times86\ 400}{10^6}\qquad\qquad(5.9)$$

式中　$\overline{Q}$——平均流量,m³/s;

　　　X——城市污水沉砂量（m³/10⁶ m³ 污水）,一般采用 30 m³/10⁶ m³ 污水;

　　　T——清除沉砂的间隔时间,d,一般采用 $1\sim2$ d。

（5）每个沉砂斗容积 V_0。

$$V_0=\frac{V}{n}\qquad\qquad(5.10)$$

式中　V_0——每个沉砂斗容积,m³;

　　　n——沉砂斗数量,个。

（6）沉砂斗高度。

沉砂斗高度应能满足沉砂斗储存沉砂的要求,沉砂斗的倾角 $\alpha>60°$

$$h'_3=\frac{3V_0}{f_1\times f_1+\sqrt{f_1^2\times f_2^2+f_2^2}}\qquad\qquad(5.11)$$

式中　h'_3——沉砂斗的高度,m;

　　　f_1——沉砂斗上口面积,m²;

　　　f_2——沉砂斗下口面积,m²,一般采用 0.4 m×0.4 m～0.6 m×0.6 m。

（7）沉砂室高度。

$$h_3=h'_3+il_2\qquad\qquad(5.12)$$

式中　h_3——沉砂室的高度,m;

　　　i——沉砂池池底坡度;

　　　l_2——沉砂池池底长度,m。

（8）沉砂池总高度。

$$H=h_1+h_2+h_3\qquad\qquad(5.13)$$

式中　h_1——沉砂池超高,m,一般采用 $0.3\sim0.5$ m;

　　　h_2——设计有效水深,m;

　　　h_3——沉砂室的高度,m。

（9）验算最小流速。

在最小流量工作时,验证其最小流速是否大于 0.15 m/s。其验证公式如下:

$$v_{\min}=\frac{Q_{\min}}{n_1A_{\min}}\qquad\qquad(5.14)$$

式中　$v_{\min}$—— 最小流速,m/s,一般不小于 0.15 m/s;

Q_{min}——最小流量（m^3/s），一般采用 $0.75Q$ m^3/s；

n_1——最小流量时工作的沉砂池数目，最小流量时取 1；

A_{min}——最小流量时沉砂池中的过水断面面积，m^2。

2. 旋流式沉砂池设计计算

（1）旋流式沉砂池表面积。

$$A = \frac{Q}{nq'} \tag{5.15}$$

式中　A——沉砂池表面积，m^2；

　　　Q——设计流量，m^3/s；

　　　n——沉砂池个数，个；

　　　q'——表面负荷（$m^3/m^2 \cdot h$），一般取 $150 \sim 200$ $m^3/(m^2 \cdot h)$ 之间数值。

（2）旋流式沉砂池直径。

$$D = \sqrt{\frac{4 \times A}{\pi}} \tag{5.16}$$

式中　D——沉砂池直径，m；

　　　A——沉砂池表面积，m^2。

（3）沉砂池有效水深。

$$h_2 = q' \cdot t \tag{5.17}$$

式中　h_2——沉砂池有效水深，m；

　　　t——停留时间，s，一般不小于 30 s。

（4）沉砂室所需容积。

$$V = \frac{\overline{Q} \times X \times T \times 86\ 400}{10^6} \tag{5.18}$$

式中　$\overline{Q}$——平均流量，m^3/s；

　　　X——城市污水沉砂量（$m^3/10^6$ m^3 污水），一般采用 30 $m^3/10^6$ m^3 污水；

　　　T——清除沉砂的间隔时间，d，一般取 $1 \sim 2$ d。

（5）每个沉砂斗容积 V。

$$V = \frac{1}{4}\pi d^2 h_4 + \frac{1}{12}\pi h_5 (d^2 + dr + r^2) \tag{5.19}$$

式中　V——沉砂斗容积，m^3；

　　　d——沉砂斗上口直径，m；

　　　h_4——沉砂斗圆柱体的高度，m；

　　　h_5——沉砂斗圆锥体的高度，m；

　　　r——沉砂斗下底直径，m。

（6）池总高度。

$$h = h_1 + h_2 + h_3 + h_4 + h_5 \tag{5.20}$$

式中　h_1——超高，m；

　　　h_2——沉砂池有效水深，m；

　　　h_3——缓冲层高度，m，$h_3 = 0.5(D-d)\tan 45°$；

　　h_4——沉砂斗圆柱体的高度,m;

　　h_5——沉砂斗圆锥体的高度,m。

　　(7)进水渠道宽度计算。

　　格栅的出水直接进入沉砂池,通过进水渠道分别进入沉砂池,进水渠道宽度可通过下式计算:

$$B_1 = \frac{Q}{nv_1 h_1} \tag{5.21}$$

式中　B_1——进水渠道宽,m;

　　　　v_1——进水流速,m/s,一般采用 0.6～1.2 m/s;

　　　　h_1——进水渠道水深,m;

　　　　n——旋流式沉砂池个数。

　　(8)出水渠道宽度计算。

　　出水渠道宽度和进水渠道宽度计算基本类似,其计算公式如下:

$$B_2 = \frac{Q}{nv_2 h_2} \tag{5.22}$$

式中　B_2——出水渠道宽,m;

　　　　v_2——出水流速,m/s,一般采用 0.4～0.6 m/s;

　　　　h_2——出水渠道水深,m;

　　　　n——旋流沉砂池个数。

3. 曝气式沉砂池设计计算

　　(1)曝气池体总有效容积。

$$V = Q_{max} \times t \times 60 \tag{5.23}$$

式中　V——曝气池总有效容积,m³;

　　　　Q_{max}——设计流速,m³/s;

　　　　t——水力停留时间,min。

　　(2)水流断面面积。

$$A = Q_{max}/v_1 \tag{5.24}$$

式中　A——水流断面面积,m²;

　　　　Q_{max}——设计流速,m³/s;

　　　　v_1——水平速度,m/s。

　　(3)池总宽度。

$$B = A/h_2 \tag{5.25}$$

式中　B——池总宽度,m;

　　　　A——水流断面面积,m²;

　　　　h_2——有效水深,m。

　　(4)池长。

$$L = V/A \tag{5.26}$$

式中　L——池总长度,m;

　　　　A——水流断面面积,m²;

V——曝气池总有效容积，m^3。

（5）每格池子宽度。

$$b = B/n \tag{5.27}$$

式中　B——池总宽度，m；

　　　b——单格尺子宽度，m；

　　　n——池子总数。

（6）曝气系统所需曝气量。

$$q = 3\,600Q_{max} \times D \tag{5.28}$$

式中　q——曝气系统所需曝气量，m^3/h；

　　　Q_{max}——设计流速，m^3/s；

　　　D——每 m^3 污水所需曝气量，通常取 $0.2\ m^3/m^3$。

（7）每日沉砂产量。

$$Q_s = X_1 \times Q_{max} \tag{5.29}$$

式中　Q_s——每日沉砂产量，m^3/d；

　　　Q_{max}——设计流速，m^3/s；

　　　X_1——城市污水含砂量，每立方米污水所需曝气量，通常取 $3\ m^3/10^5\ m^3$。

（8）沉砂斗所需容积。

$$V = t \times Q_s/(1-P) \tag{5.30}$$

式中　V——沉砂斗所需容积，m^3；

　　　t——贮砂时间，一般取 $2\sim3\ d$；

　　　P——实际沉砂含水率，%。

5.3.4　沉砂池设计中常见问题

（1）构筑物设计的普遍问题：平面图/剖面图和侧剖面图不对应，剖面标记未给出，剖面图和侧剖图无水泥填充，未设置检修井或设置不正确，未合理设置法兰，管道穿越构筑物墙体时未设置穿墙套管，增加了一些剖后看不见的构筑物，管道及孔道等，尺寸标注线进入了构筑物内部。

（2）管道布设过程中常见问题：缺少管道（放空管、排砂管、进水管、出水管、曝气管等）、管线未加粗、构筑物下管道未画成虚线。

（3）其他常见问题：图名未给出、比例尺不对、未标记尺寸或者标记太粗、未标记地面或者地面未填充、未标记地面标高。

5.3.5　沉砂池设计图问题正误对比

（1）剖面标记未给出，且尺寸标注线不应进入构筑物内部（图5.13）。

（2）由于图中的管道较多，进水管、出水管、放空管、回流管等都需要标清（图5.14）。

（3）剖面图和侧剖图应有水泥填充（图5.15）。

（4）下管道未设置检修井或设置不正确（图5.16）。

（5）管道穿越构筑物墙体时应设置穿墙套管（防水套管）（图5.17）。

（6）构筑物下管道未画成虚线（明确透视关系）（图5.18）。

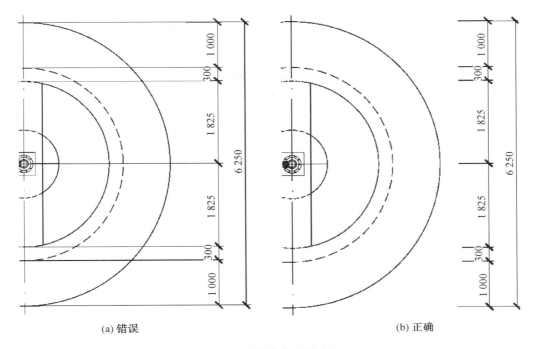

图 5.13　尺寸线正误对比

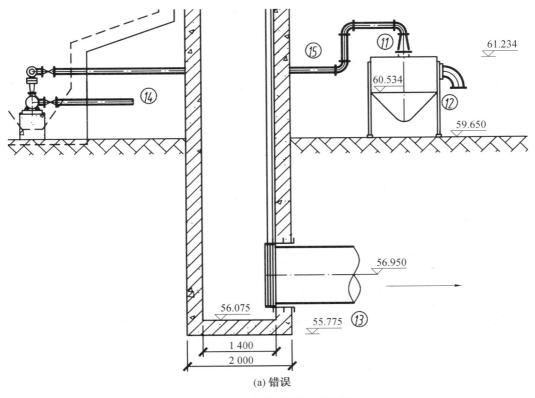

图 5.14　各类管道标注正误对比

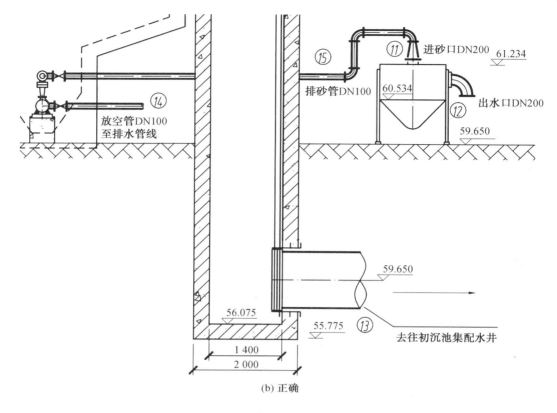

(b) 正确

续图 5.14

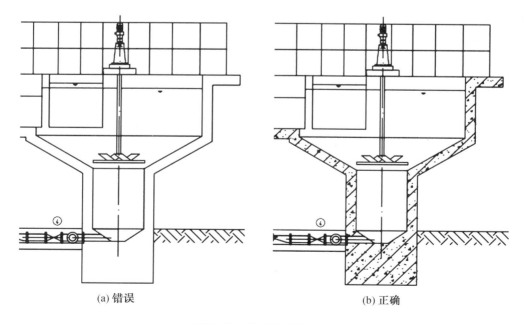

(a) 错误　　　　　　　　　　　　　　(b) 正确

图 5.15　剖面图正误对比

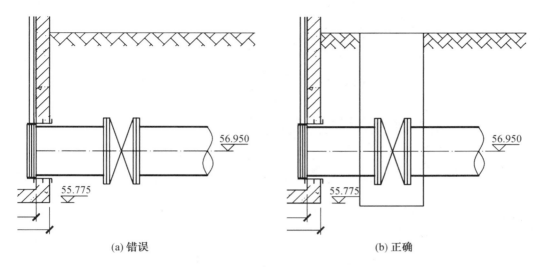

(a) 错误　　　　　　　(b) 正确

图 5.16　检查井正误对比

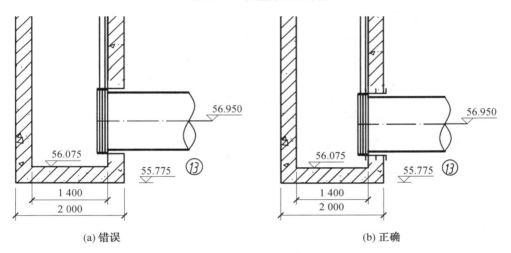

(a) 错误　　　　　　　(b) 正确

图 5.17　穿墙套管正误对比

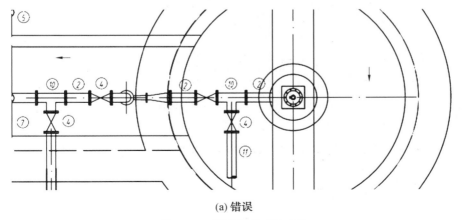

(a) 错误

图 5.18　透视关系正误对比

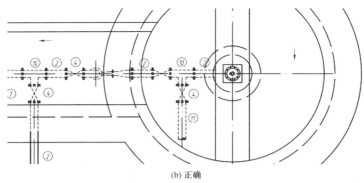

(b) 正确

续图 5.18

（7）管线未加粗（管道应该加粗到 $1b$ 或 $0.75b$，图 5.19）。

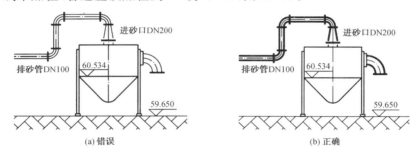

图 5.19　管线加粗正误对比

（8）进水管未进入池体（图 5.20）。

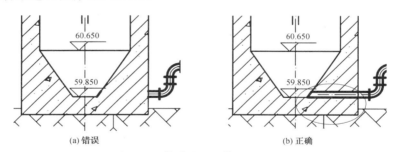

图 5.20　管道进入池体正误对比

（9）平流沉砂池底部缺少坡度标记（图 5.21）。

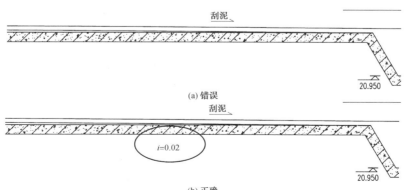

图 5.21　底部坡度正误对比

5.3.6　不同类型沉砂池设计完整图参考

1. 平流式沉砂池设计(图 5.22、5.23)

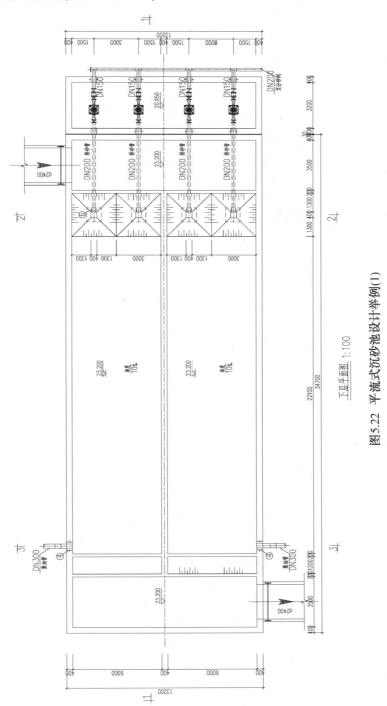

图5.22　平流式沉砂池设计举例(1)

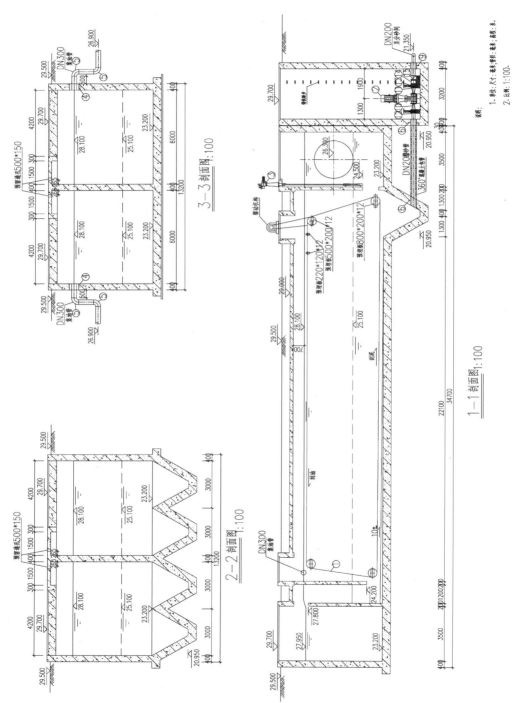

图5.23　平流式沉砂池设计举例(2)

2.曝气式沉砂池设计(图 5.24)

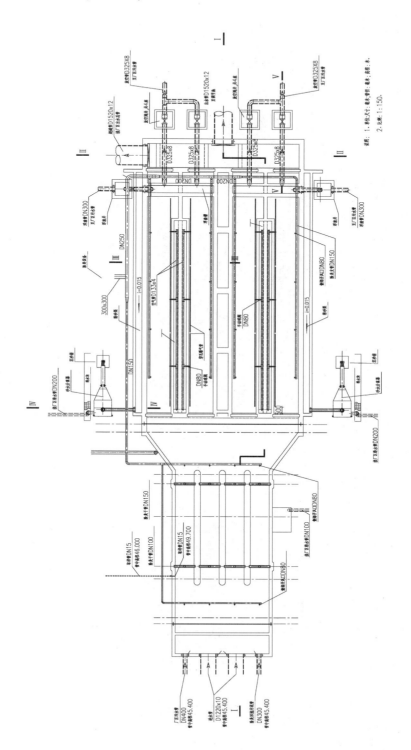

图5.24　曝气式沉砂池设计举例

3. 旋流式沉砂池设计（图 5.25）

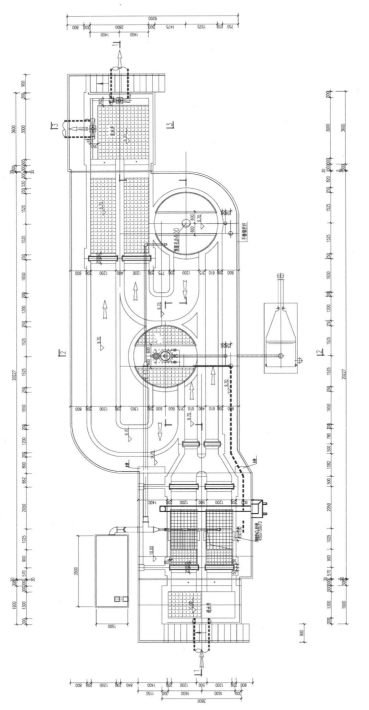

图 5.25　旋流式沉砂池设计举例

5.4　污水处理厂初沉池类型及设计原则

5.4.1　初沉池概念及分类

初沉池即初次沉淀池,是污水处理中第一次沉淀的构筑物,主要用以降低污水中的悬浮固体浓度。其功能可概括为:

(1)去除可沉物和漂浮物,减轻后续处理设施的负荷。

(2)使细小的固体絮凝成较大的颗粒,强化了固液分离效果。

(3)对胶体物质具有一定的吸附去除作用。

(4)一定程度上,初沉池可起到调节池的作用,对水质起到一定程度的均质效果。减缓水质变化对后续生化系统的冲击。

初次沉淀池按池内水流方向可分为平流式、竖流式和辐流式三种(图 5.26)。

(a) 平流式沉淀池　　　　　　(b) 竖流式沉淀池　　　　　　(c) 辐流式沉淀池

图 5.26　各种形式的初次沉淀池

通常情况下,平流式沉淀池、竖流式沉淀池和辐流式沉淀池的运行特点及适用条件见表5.1。

表 5.1　平流式沉淀池、竖流式沉淀池和辐流式沉淀池的运行特点及适用条件

	优点	缺点	适用条件
平流式	①对冲击负荷和温度变化的适应能力较强; ②施工简单、造价低	①对冲击负荷和温度变化的适应能力较强; ②施工简单、造价低	①适用于地下水位较高及地质较差的地区; ②适用于大、中、小型污水处理厂
竖流式	①排泥方便,管理简单; ②占地面积较小	①池子深度较大,施工困难; ②对冲击负荷和温度变化的适应能力较差; ③造价较高; ④池径不宜太大	适用于处理水量较小的小型污水处理厂
辐流式	①对冲击负荷和温度变化的适应能力较强; ②施工简单、造价低	①池水水流流速不稳定; ②机械排泥设备复杂,对施工质量要求高;	①适用于地下水位较高的地区; ②适用于大、中型污水处理厂

5.4.2　初沉池设计原则

(1)工程设计中,初沉池设计应注意以下细节。

①初沉池超高不应小于 0.3 m。

②初沉池的有效水深宜采用 2.0～4.0 m。

③当采用污泥斗排泥时,每个污泥斗均应设单独的闸阀和排泥管。污泥斗的斜壁与水平面的倾角,方斗不宜小于 60°,圆斗宜为 55°。

④排泥管的直径不应小于 200 mm。

⑤初沉池的污泥区容积,除设机械排泥的宜按 4 h 的污泥量计算外,其他的宜按不大于 2 d 的污泥量计算。

⑥当采用静水压力排泥时,初沉池的静水头不应小于 1.5 m。

⑦初沉池应设置浮渣的撇除、输送和处置设施。

⑧初沉池的出口堰最大负荷不宜大于 2.9 L/(s·m)。

(2)对于当前常用的辐流式沉淀池,其设计应符合以下要求:

①水池直径(或正方形的一边)与有效水深之比宜为 6～12,水池直径不宜大于 50 m,不宜小于 16 m。

②宜采用机械排泥,排泥机械旋转速度宜为 1～3 r/h,刮泥板的外缘线速度不宜大于 3 m/min。当水池直径(或正方形的一边)较小时也可采用多斗排泥。

③缓冲层高度,非机械排泥时宜为 0.5 m;机械排泥时,应根据刮泥板高度确定,且缓冲层上缘宜高出刮泥板 0.3 m。

④坡向泥斗的底坡坡度不宜小于 0.05。

(3)平流式沉淀池构造简单、沉淀效果好、工作性能稳定、使用广泛,但占地面积较大,其设计应符合以下要求:

①若加设刮泥机或对比重较大沉渣采用机械排除,可提高沉淀池工作效率。

②为使入流污水均匀、稳定地进入沉淀池,进水区应有整流措施。入流处挡板一般高出池水水面 0.1～0.15 m;挡板的浸没深度应不少于 0.25 m,一般用 0.5～1.0 m;挡板距进水口直径 0.5～1.0 m。

③出水堰不仅可控制沉淀池内的水面高度,而且对沉淀池内水流的均匀分布有直接影响。沉淀池单位长度的出流堰应保证总溢流量相等,对于初沉池一般为 250 m³/m·d。

④每格长度与宽度之比不宜小于 4,长度与有效水深之比不宜小于 8,池长不宜大于 60 m。

⑤宜采用机械排泥,排泥机械的行进速度为 0.3～1.2 m/min。

⑥缓冲层高度,非机械排泥时为 0.5 m,机械排泥时,应根据刮泥板高度确定,且缓冲层上缘宜高出刮泥板 0.3 m。

⑦池底纵坡坡度不宜小于 0.01。

⑧进出水的布置方式可分为:中心进水周边出水,周边进水中心出水以及周边进水周边出水三种。

(4)竖流式沉淀池的设计,应符合下列要求:

①水池直径(或正方形一边)与有效水深之比不宜大于 3,直径不宜大于 8 m。

②中心管内流速不宜大于 30 mm/s。

③中心管下口应设有喇叭口和反射板,板底面距泥面不宜小于 0.3 m,喇叭口直径及高度为中心管径的 1.35 倍,反射板直径应为喇叭口直径的 1.30 倍,反射板表面与水平面的倾角为 17°。

5.4.3　初沉池的设计计算

初沉池计算公式见表 5.2(以平流式初沉池为例)。

表 5.2　平流式初沉池计算公式

序号	名称	公式	符号说明
1	池子总表面积 A	$A = \dfrac{Q \times 3\ 600}{q}$	Q——日平均流量,m^3/s; q——表面负荷,$m^3/(m^2 \cdot h)$
2	沉淀部分有效水深 h_2	$h_2 = qt$	t——沉淀时间,h
3	沉淀部分有效容积 V'	$V' = Qt \times 3\ 600$ 或 $V' = Ah_2$	—
4	池长 L'	$L' = vt \times 3.6$	v'——水平流速,mm/s
5	池子总宽度 B	$B = \dfrac{A}{L'}$	
6	池子个数(或分格数)n	$n = \dfrac{B}{b}$	b——每个池子(或分格)宽度,m
7	污泥部分所需的总容积 V	$(1)\ V = \dfrac{SNT}{1\ 000}$; $(2)\ V = \dfrac{Q(C_1 - C_2) \times 86\ 400 \times 100T}{\gamma(100 - \rho_0)}$	S——每人每日污泥量[L/(人·d)], 一般采用 0.3~0.8; N——设计人口数,人; T——两次清除污泥间隔时间,d; C_1——进水悬浮物浓度,t/m^3; C_2——出水悬浮物浓度,t/m^3; γ——污泥密度$(1/m^3)$,其约值为 1; ρ_0——污泥含水率,%
8	池子总高度 H	$H = h_1 + h_2 + h_3 + h_4$	h_1——超高,m; h_3——缓冲层高度,m; h_4——污泥部分高度,m
9	污泥斗容积 V_1	$V_1 = \dfrac{1}{3} h''_4 (f_1 + f_2 + \sqrt{f_1 f_2})$	f_1——斗上口面积,m^2; f_2——斗下口面积,m^2; h''_4——泥斗高度,m
10	污泥斗以上梯形部分容积	$V_2 = \dfrac{(l_1 + l_2)}{2} h'_4 b$	l_1、l_2——梯形上下底边长,m; h'_4——梯形的高度,m

5.4.4　初沉池的设计

本部分内容将在第 7 章,与二次沉淀池一并讨论。

第 6 章　城镇污水处理厂典型二级生化处理工艺设计及规范制图

　　经过近 40 年的发展,中国现在拥有世界上最大的城市污水处理基础设施。截至 2019 年底,中国已建成 5 000 多个市级污水处理厂,日处理能力近 2 亿 m³/d,城镇污水处理率接近 95%。污水处理厂的建设和运行,有效地减少了污染物的排放,在水环境污染控制方面发挥着关键作用。中国凭借其强大的国家行政管理体系和对其他国家宝贵经验的借鉴,在污水基础设施建设和管理方面取得了飞跃性的进展。到目前为止,一个完整的、大规模的城镇污水处理体系在中国已初步形成。

　　城市污水经过筛滤、沉砂、沉淀等一级处理(预处理)后,一般不能达到污水排放标准,需要进行二级处理甚至三级处理。污水处理厂二级处理一般是指污水生化处理过程,此阶段通过人工强化措施,创造一种可控制的环境,通过微生物的氧化分解及转化功能实现污染物的去除,进而实现污水的净化;污水中的有机物(少数无机物)及其他氮磷元素作为微生物的营养物质。二级处理主要有好氧生物处理、厌(兼)氧生物处理等,如好氧生物处理工艺主要包括传统活性污泥法、氧化沟、序批式活性污泥法等。二级处理可有效地去除污水中的 COD、BOD、TN、TP 等污染物。

　　在我国,应用最广泛的污水处理工艺是 AAO 和氧化沟工艺。在所有污水处理技术中, AAO 的使用率为 31%,氧化沟的使用率为 21%,传统活性污泥法和 SBR 分别占污水处理厂总数的 11% 和 10%,其他的包括 AO、生物膜、化学和物理化学等方法共占 27%。总体而言,大约 50% 的废水处理过程是通过氧化沟和 AAO 处理的,上述两工艺所处理污水占到了废水总量的 46%。四分之一的废水通过传统的活性污泥和 SBR 处理,而 28% 的废水通过其他工艺(AO、生物膜等)处理。如上所述,AAO 和氧化沟是中国采用的主要污水处理工艺。选择这两种技术的原因是它们的工艺和功能强大,并且它们在日常操作中相对稳定并且易于管理。

6.1　SBR 工艺设计原则及规范设计

6.1.1　工艺概念

　　SBR 工艺又叫序批式活性污泥法(Sequencing Batch Reactor Activated Sludge Process),是在一个反应器中按照进水、曝气、沉淀、排水、闲置 5 个阶段顺序完成生物降解和泥水分离过程的污水处理工艺。我国在 1985 年建立了第一座 SBR 工艺的污水处理厂(吴淞肉联厂污水处理厂),随后在全国范围得到推广,目前 SBR 已在我国广泛建设。

　　SBR 工艺的特点如下:①运行灵活;②出水悬浮物浓度(SS)较低且稳定;③SBR 工艺在时间上具有推流反应器特征,因而不易发生污泥膨胀;④具有完全混合的水力学特征,有较好的抗冲击负荷能力;⑤SBR 一般不设初沉池,处理流程短,占地小。

SBR 工艺目前发展迅速,新变种有间歇式循环延时曝气活性污泥工艺(ICEAS)、间歇进水周期循环式活性污泥工艺(CAST)、连续进水周期循环曝气活性污泥工艺(CASS)等。

6.1.2　主要构筑物、部件及功能

SBR 反应器(图 6.1)一般应包含以下构筑物及部件。

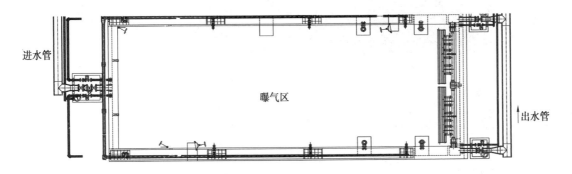

图 6.1　SBR 反应器

1. 混凝土池体

混凝土池体是 SBR 反应器的主体构筑物,污水在此反应器中分别完成进水、曝气、沉淀、排水、闲置五个运行阶段。

2. 进水管

进水管是污水进入 SBR 反应器的主要通道。

3. 滗水器

滗水器是间歇式活性污泥法处理污水的必配机械装置,是 SBR 工艺中采用的定期排除澄清水的设备,是 SBR 工艺中的重点部件。滗水器基本操作由进水、反应、沉淀、出水和待机五个基本过程组成,并通过电控柜内的时间继电器和螺旋推进装置内的引程开关实现定时、定量排放达标处理水,它具有能从静止的池表面将澄清水滗出,而不搅动沉淀的功能。

滗水器一般采用防腐质材,耐腐蚀性强,回转支承常采取自动微调安装,高效低蜡密封,密封牢靠,主动调心;在滗水器灌口处设浮渣挡板,保证出水水质(图 6.2)。

按照结构形式的不同,滗水器可为机械式、虹吸式、自浮式、简易式等几种。

滗水器的作用可概括如下:

(1)滗水器能从静止的池表面将澄清水滗出,并且能不搅动沉淀。

(2)能实现滗水过程中进入出水堰的水流呈层流状态,下降速度平衡,是循环式活性污泥法工艺的关键设备。

(3)滗水槽前设置了一浮筒,既能够将上清液排除,又保证不携带浮渣及底部污泥。

(4)滗水器能够实现滗水过程中进入出水堰的水流呈层流状态,下降速度平衡,使出水量保持不变。

图 6.2　滗水器

4.排水管

处理后的污水经滗水器排除后,经排水管排除后进入后续处理的构筑物。

5.排泥管

排泥管用以排除 SBR 反应器中的部分剩余污泥。

6.曝气管

曝气管用于将鼓风机鼓入的空气通过曝气管输送至微孔曝气头。主要程序为:空气先通过风机进入曝气管主主管,然后进入曝气管支管,最后进入微孔曝气头。

7.微孔曝气头

微孔曝气头是工业污水、市政污水生化处理过程中新型的微孔曝气设备,单根通气量大,底部阻力低,提升能力强,充氧效率高。其最主要部件"膜片"上开有大量孔眼,供风时孔眼打开,形成微气泡,停风时孔眼自动闭合。避免了污水及杂物进入管道,防止堵塞曝气头。

微孔曝气头具有优良的耐腐蚀性、抗氧化性,而且质量轻、强度高、气泡细密且均匀、不堵塞等优点。

6.1.3　设计计算

1.SBR 池容积计算

(1)单个 SBR 池容积。

$$V = \frac{m}{n \cdot N} \cdot Q_s \tag{6.1}$$

式中　V——单个 SBR 池容积,m^3;

　　　$1/m$——排出比,一般取 0.4;

　　　n——周期数;

　　　N——池子数;

　　　Q_s——污水进水量,m^3/d。

(2)单个 SBR 池平面尺寸。

$$F = \frac{V}{H} \tag{6.2}$$

式中　F——单个 SBR 池平面尺寸,m^2;

　　　V——单个 SBR 池容积,m^3;

　　　H——SBR 池有效水深,m。

（3）SBR 池总高度。

$$H' = H + H_4 \tag{6.3}$$

式中　H'——SBR 池总高度,m;

　　　H——SBR 池有效水深,m;

　　　H_4——SBR 池超高,m,一般取 0.3～0.5 m。

2. 日产污泥量

（1）按污泥泥龄计算。

$$\Delta X = \frac{V \cdot X}{\theta_C} \tag{6.4}$$

（2）按污泥产率系数、衰减系数及不可生物降解和惰性悬浮物计算:

$$\Delta X = YQ(S_0 - S_e) - K_d V X_V + fQ(SS_0 - SS_e) \tag{6.5}$$

式中　ΔX——剩余污泥量,kg SS/d;

　　　Y——消耗每 1 kg BOD_5 的污泥(VSS)产率系数(kg/kg)20 ℃时为 0.3～0.8;

　　　θ_C——污泥泥龄,d;

　　　X——生物反应池内混合液悬浮固体(MLSS)平均浓度,g/L;

　　　Q——设计平均日污水量,m^3/d;

　　　S_0——生化反应池内进水 BOD_5,kg/m^3;

　　　S_e——生化反应池内出水 BOD_5,kg/m^3;

　　　K_d——衰减系数,d^{-1},一般取 0.08 d^{-1};

　　　V——生化反应池容积,m^3;

　　　X_V——反应池内混合液挥发性悬浮固体(MLSS)平均浓度,g/L;

　　　f—— MLSS 转化为 VSS 的转化率为 0.5～0.7 g/g;

　　　SS_0——生物反应池内进水悬浮物浓度,kg/m^3;

　　　SS_e——生物反应池内出水悬浮物浓度,kg/m^3。

3. 曝气系统的计算与设计

（1）高日平均时需氧量计算。

$$O_2 = 0.001aQ(S_0 - S_e) - c\Delta X_V + b[0.001Q(N_k - N_{ke}) - 0.12\Delta X_V] -$$
$$0.62b[0.001Q(N_t - N_{ke} - N_{0e}) - 0.12\Delta X_V] \tag{6.6}$$

式中　O_2——污水需氧量,kg/d;

　　　Q——污水设计流量,m^3/d;

　　　S_0——反应池进水五日生化需氧量(BOD_5),mg/L;

S_e——反应池出水五日生化需氧量(BOD$_5$),mg/L;

X_V——反应池内混合液挥发性悬浮固体(MLVSS)平均浓度,g/L;

N_k——反应池进水总凯氏氮质量浓度,mg/L;

N_{ke}——反应池出水总凯氏氮质量浓度,mg/L;

N_t——反应池进水总氮质量浓度,mg/L;

N_{0e}——反应池出水硝态氮质量浓度,mg/L;

a——碳的氧当量,当含碳物质以 BOD$_5$ 计时,取 1.47;

b——氧化每千克氨氮所需氧量,kg/kg,取 4.57;

c——细菌细胞的氧当量,取 1.42。

(2)高日最大时需氧量计算。

$$O_{2\,max} = a'Q_{max}S_r + b'VX_V \tag{6.7}$$

式中　O_{2max}——混合液最大时需氧(O_2)量,kg/d;

a'——活性污泥微生物每代谢 1 kg BOD 所需的氧气,kg,一般取值为 0.42;

b'——每 1 kg 活性污泥每天自身氧化所需要的氧气,kg,取为 0.11;

S_r——被降解的有机污染物量,mg/l;

V——曝气池容积,m^3;

X_V——MLVSS 浓度;

Q_{max}——污水平均流量(m^3/d);

其余参数同式(5.34)。

(3)最大时需氧量与平均时需氧量之比值等于 O_{2max}/O_2 之比值。

(4)供氧量计算。

①微孔空气扩散器出口处绝对压力。

$$P_b = P_0 + 9\,800H \tag{6.8}$$

式中　P_b——微孔空气扩散器出口处绝对压力,Pa;

P_0——标准空气大气压,Pa;

H——微孔曝气器淹没深度,m^3/d。

②空气离开曝气池池面时,曝气池溢出气体含氧量为

$$O_t = \frac{21(1-E_A)}{79+21(1-E_A)} \times 100 \tag{6.9}$$

式中　O_t——空气离开曝气池池面时氧的百分比,%;

E_A——空气扩散器的氧转移效率,此处为 20%。

③曝气池混合液中平均氧饱和度(按最不利的温度条件考虑)。

$$C_{sb(30)} = C_a \left(\frac{P_b}{2.068 \times 10^5} + \frac{O_t}{42} \right) \tag{6.10}$$

式中　$C_{sb(30)}$——30 ℃曝气池内混合液溶解氧饱和浓度平均值,mg/L;

C_a——标准大气压下 30 ℃时水中氧饱和溶解氧值,mg/L;经测定,20 ℃条件下水中

饱和溶解氧值 $C_{a(20)} = 9.17$ mg/L,30 ℃条件下,$C_{a(30)} = 7.63$ mg/L。

④换算为 T ℃条件下,脱氧清水的充氧量,则平均时需氧量为

$$R_0 = \frac{O_2 C_{a(20)}}{\alpha[\beta\rho C_{sb(T)} - C] \times 1.024^{T-20}}$$　(6.11)

式中　R_0——T ℃曝气池平均时需氧量,mg/L;

　　　O_2——混合液需氧量,kg/h;

　　　$C_{a(20)}$——20 ℃曝气池内混合液溶解氧饱和浓度平均值,mg/L;

　　　$C_{sb(T)}$——T ℃曝气池内混合液溶解氧饱和浓度平均值,mg/L;

　　　α、β——修正系数,设计中分别取 0.85、0.9;

　　　ρ——压力修正系数,设计中常取 1;

　　　C——曝气池出口处溶解氧浓度,mg/L;

　　　T——水体实际温度,℃。

⑤此时,相对应的最大时需氧量为

$$R_{0\,max} = \frac{O_{2max} C_{a(20)}}{\alpha[\beta\rho C_{sb(T)} - C] \times 1.024^{T-20}}$$　(6.12)

式中　O_{2max}——混合液最大时需氧量,kg/h。

④曝气池平均时供气量为

$$G_S = \frac{R_0}{0.28 E_A}$$　(6.13)

式中　G_S——曝气池平均时供氧量,m³/h;

　　　R_0——T ℃曝气池平均时需氧量,mg/L;

　　　E_A——空气扩散器的氧转移效率。

⑦曝气池最大时供气量为

$$G_{Smax} = \frac{R_{0max}}{0.28 E_A}$$　(6.14)

式中　G_{Smax}——曝气池平均时供氧量,m³/h;

　　　R_{0max}——T ℃曝气池最大时需氧量,mg/L;

　　　E_A——空气扩散器的氧转移效率。

根据计算获得的曝气池最大时供气量,再结合曝气池曝气干管布置数量、每根干管上设置的曝气竖管的数量、曝气池平面面积和每个空气扩散器的服务面积,可计算出每个空气扩散器的时曝气量。

6.1.4　设计案例

选取案例为 8 座 SBR 合建池(图 6.3),图中显示四座;SBR 池平面、剖面图设计细节详见图。

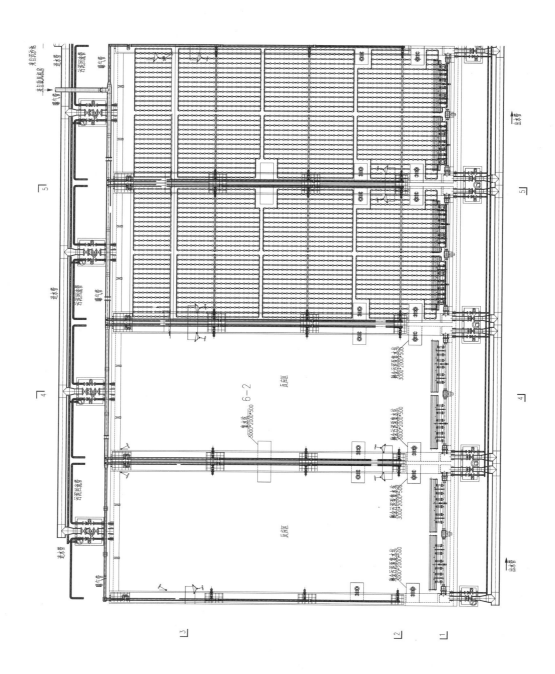

图 6.3　SBR 工艺设计图

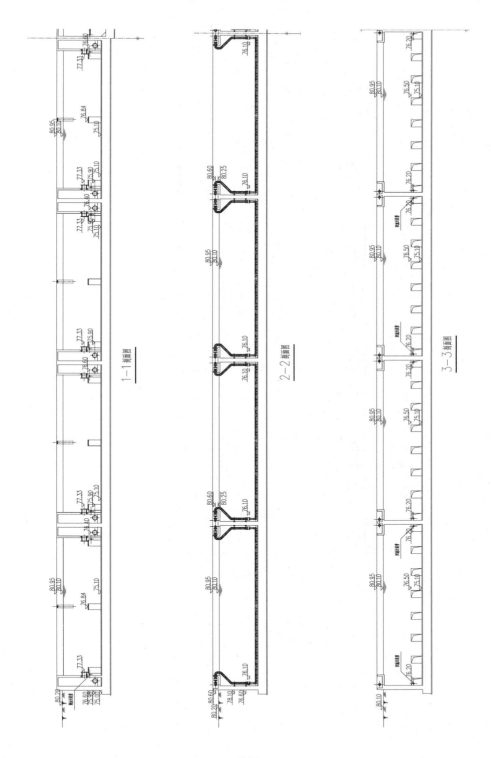

续图 6.3

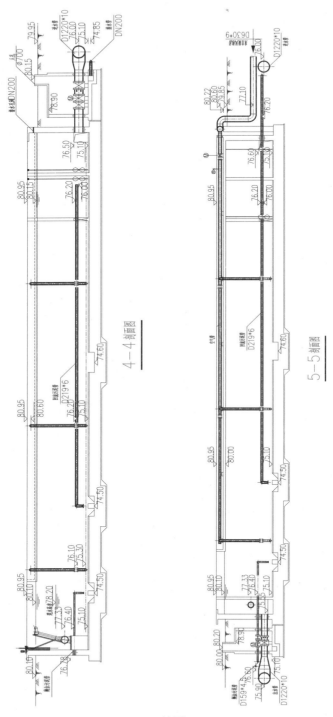

续图 6.3

6.2　CASS 工艺设计原则及规范设计

6.2.1　工艺概念

CASS(Cyclic Activated Sludge System)是周期循环活性污泥法的简称,又称为循环活性污泥工艺 CAST(Cyclic Activated Sludge Technology),是在 SBR 的基础上发展起来的。CASS 工艺是将序批式活性污泥法(SBR)的反应池沿长度方向分为两部分,前部为生物选择区也称预反应区,后部为主反应区。

在主反应区后安装了可升降滗水装置,实现了连续进水、间歇排水的周期循环运行,集曝气沉淀、排水于一体。

6.2.2　工作原理

在预反应区内,微生物能迅速吸附污水中大部分可溶性有机物,并使得部分有机物发生水解;能够对进水水质、水量、pH 和有毒有害物质起到较好的缓冲作用,同时对丝状菌的生长起到抑制作用,可有效防止污泥膨胀。经预反应区处理后的污水,在主反应区经历一个较低负荷的基质降解过程。CASS 工艺集反应、沉淀、排水、功能于一体,污染物的降解在时间上是一个推流过程,而微生物则处于好氧、缺氧、厌氧周期性变化之中,从而达到对污染物去除作用,同时还具有较好的脱氮、除磷功能。

CASS 工艺各运行阶段特征如下(图 6.4):

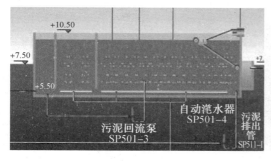

(a) 曝气阶段

(b) 沉淀阶段

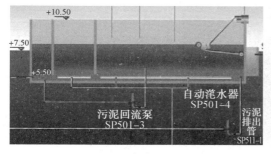

(c) 滗水阶段

(d) 闲置阶段

图 6.4　CASS 工艺运行阶段

曝气阶段——由曝气装置向反应池内充氧,此时有机污染物被微生物氧化分解,同时污水中的 NH_3-N 通过微生物的硝化作用转化为 NO_3^--N。

沉淀阶段——此时停止曝气,微生物利用水中剩余的 DO 进行氧化分解。反应池逐渐由好氧状态向缺氧状态转化,开始进行反硝化反应。活性污泥逐渐沉到池底,上层水变清。

滗水阶段——沉淀结束后,置于反应池末端的滗水器开始工作,自上而下逐渐排出上清液。此时反应池逐渐过渡到厌氧状态继续反硝化。

闲置阶段——闲置阶段即是滗水器上升到原始位置阶段。

6.2.3 运行特征

CASS 工艺在运行过程中具有如下运行特征:

(1)连续进水、间断排水。

传统 SBR 工艺为间断进水、间断排水,而实际污水排放大都是连续或半连续的,CASS 工艺可连续进水,克服了 SBR 工艺的不足,拓宽了 SBR 工艺的应用领域。虽然 CASS 工艺设计时均考虑为连续进水,但在实际运行中即使有间断进水,也不影响处理系统的运行。

(2)保证了运行上的时序性。

CASS 反应池通常按曝气、沉淀、排水和闲置四个阶段根据时间依次进行。

(3)运行过程的非稳态性。

CASS 池液位的变化在一定程度上反映出系统的排水比,其与待处理污水中有机物浓度、C/N 比、排放标准及生物降解的难易程度等均有关。每个工作周期内排水开始时 CASS 池内液位最高,排水结束时液位最低,因此,反应池内混合液体积和基质浓度均是变化的,所以基质降解过程是非稳态的。

(4)溶解氧周期性变化,浓度梯度高。

CASS 在反应阶段是曝气的,微生物处于好氧状态,在沉淀和排水阶段不曝气,微生物处于缺氧甚至厌氧状态。因此,反应池中溶解氧是周期性变化的,氧浓度梯度大、转移效率高,这对于提高脱氮除磷效率、防止污泥膨胀及节约能耗都是有利的。实践证实对同样的曝气设备而言,CASS 工艺与传统活性污泥法相比有较高的氧利用率。

除此之外,CASS 工艺还具有如下优点:①工艺流程简单,占地面积小,投资较低;②生化反应推动力大;③沉淀效果好;④运行灵活,抗冲击能力强;⑤不易发生污泥膨胀;⑥适用范围广,适合分期建设;⑦剩余污泥量小,性质稳定。

6.2.4 组成单元及功能(图 6.5)

(1)生物选择区——也称预反应区,是设置在 CASS 前端容积为反应器总容积的 10% 的构筑物,水力停留时间为 0.5~1 h,使污水在厌氧或兼性厌氧条件下运行。通过主反应区污泥的回流与进水混合,不仅充分利用了活性污泥的快速吸附作用而加速对溶解性底物的去除,并对难降解有机物起到了良好的水解作用。

(2)主反应区——CASS 工艺中污水处理的主要场所,通过在其中安装可升降滗水装置,实现了连续进水、间歇排水的周期循环运行,集曝气沉淀、排水于一体。

(3)进水穿孔花墙——预反应区与主反应区联通的主要通道(图 6.6)。

(4)厌氧水下推流搅拌器——设置在生物选择区内,对进入生物选择区内的污水进行充分搅拌;由于有厌氧水下推流搅拌器,故 CASS 工艺可以采用底部进水的方式(图 6.7)。

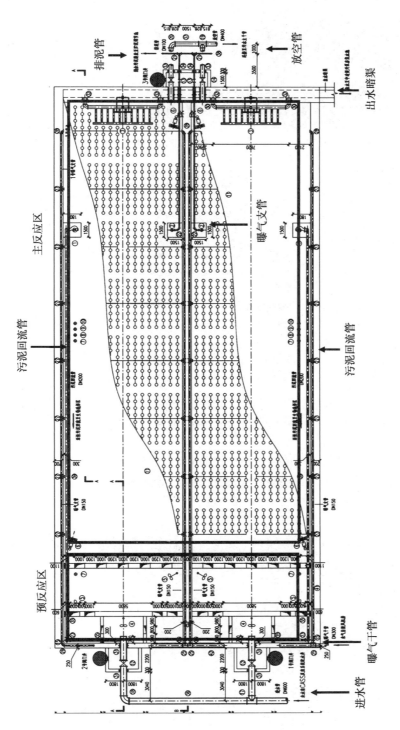

图6.5 CASS工艺设计图

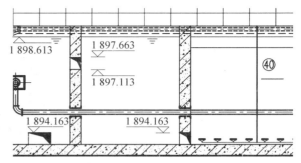

图 6.6　CASS 工艺进水穿孔花墙

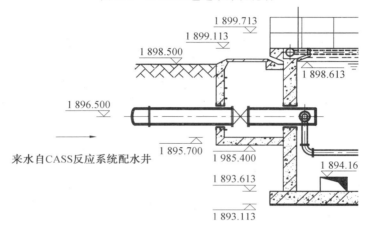

图 6.7　CASS 工艺底部进水示意图

（5）进水管——生活污水进入 CASS 反应池的通道。

（6）滗水器——间歇式活性污泥法处理污水的必配机械装置，是 SBR 工艺中采用的定期排除澄清水的设备。

（7）出水管——与滗水器结合，实现 CASS 反应池中处理后达标污水的排放。

（8）污泥坑、出泥管——实现剩余污泥的排放、活性污泥的回流等（图 6.8）。

（9）排空管——CASS 工艺运行故障期间或维修期间实现反应池中水体的排空等。

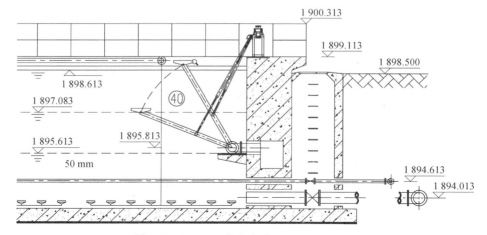

图 6.8　CASS 工艺滗水器、污泥坑/排泥管

6.2.5　设计计算

1. CASS 池 BOD－SS 负荷率计算

$$N_s = \frac{K_2 S_e f}{\eta} \tag{6.15}$$

式中　N_s——BOD－SS 负荷率（kg/(kg·d)）；

　　　S_e——混合液残存 BOD_5 浓度，mg/L；

　　　K_2——系数，对于城市污水一般在 0.016 8～0.028 1 之间；

　　　η——有机物去除率，%；

　　　f——MLVSS/MLSS，该值一般取 0.7～0.8。

2. CASS 池容积

$$V = \frac{Q(S_0 - S_e)}{N_s X} \tag{6.16}$$

式中　N_s——BOD－SS 负荷率（kg/(kg·d)）；

　　　S_e——CASS 池排放 BOD_5 浓度，mg/L；

　　　S_0——CASS 池进水 BOD_5 浓度，mg/L；

　　　X——混合液污泥浓度，mg/L%；

　　　Q——设计流量，m^3/d。

3. CASS 池各部分容积组成

$$V = n_1(V_1 + V_2 + V_3) \tag{6.17}$$

$$H = n_1(H_1 + H_2 + H_3) \tag{6.18}$$

式中　n_1——CASS 池个数；

　　　V_1——CASS 池变动容积，是指池内设计最高水位至滗水后最低水位之间的容积，m_3；

　　　V_2——CASS 池撇水水位和泥面之间的容积，m_3；

　　　V_3——CASS 池最高泥面和池底之间的容积，m_3；

　　　H_1——CASS 池设计最高水位至滗水后最低水位之间的距离，m；

　　　H_2——CASS 池撇水水位和泥面之间的距离，m；

　　　H_3——CASS 池最高泥面和池底之间的距离，m。

4. CASS 池设计最高水位至滗水后最低水位之间的距离

$$H_1 = \frac{Q}{n_1 \cdot n_2 \cdot A} \tag{6.19}$$

式中　n_1——CASS 池个数；

　　　n_2——1 日内循环周期数；

　　　A——单格 CASS 池平面面积，m^2。

5. CASS 池最高泥面和池底之间的距离

$$H_3 = H \cdot X \cdot SVI \times 10^{-3} \tag{6.20}$$

式中　X——混合液污泥浓度，mg/L；

　　　H——CASS 池有效水深；

　　　SVI——污泥容积指数。

6. CASS 池撇水水位和泥面之间的距离

$$H_2 = H - H_1 - H_3 \qquad (6.21)$$

7. CASS 池外形尺寸

$$L \times B \times H = \frac{V}{n_1} \qquad (6.22)$$

式中　L——池长，m，$L:B=4\sim6$；

　　　　B——池宽，m，$B:H=1\sim2$。

8. CASS 池池高

$$H_0 = H + H' \qquad (6.23)$$

式中　H_0——池高，m；

　　　　H'——CASS 池超高，一般取 $0.3\sim0.5$ m。

9. CASS 池预反应区长度

$$L_1 = (0.16 \sim 0.25)L \qquad (6.24)$$

式中　L_1——预反应区长度，m；

　　　　L——反应器长度，m。

10. CASS 池隔墙底部连通孔口尺寸

$$A_1 = \frac{Q}{24 n_1 n_3 u^2} + \frac{B L_1 H_1}{u} \qquad (6.25)$$

式中　A_1——CASS 池隔墙底部连通孔口尺寸，m²；

　　　　n_1——CASS 池个数；

　　　　n_3——连通孔个数，可取 $1\sim5$；

　　　　u——孔口流速，m/h，一般为 $20\sim50$ m/h。

11. CASS 池需氧量

$$O_2 = a'Q(S_0 - S_e) + b'VX \qquad (6.26)$$

式中　O_2——CASS 池需氧（O_2）量，kg/d；

　　　　a'——活性污泥微生物每代谢 1 kg BOD 需氧量，生活污水为 $0.42\sim0.53$；

　　　　b'——1kg 活性污泥每天自身氧化所需氧气量，生活污水为 $0.11\sim0.188$。

12. 标准条件下，脱氧清水充氧量

$$R_0 = \frac{O_2 C_{a(20)}}{\alpha [\beta \rho C_{sb(T)} - C] \times 1.024^{T-20}} \qquad (6.27)$$

式中　R_0——T ℃曝气池平均时需氧量，mg/L；

　　　　O_2——混合液需氧量，kg/h；

　　　　$C_{a(20)}$——20 ℃曝气池内混合液溶解氧饱和浓度平均值，mg/L；

　　　　$C_{sb(T)}$——T ℃曝气池内混合液溶解氧饱和浓度平均值，mg/L；

　　　　α、β——修正系数，设计中分别取 0.82、0.95；

　　　　ρ——压力修正系数，设计中常取 1；

　　　　C——曝气池出口处溶解氧浓度，mg/L；

　　　　T——水体实际温度，℃。

13. 曝气池平均时供气量为

$$G_S = \frac{R_0}{0.28 E_A} \times 100 \qquad (6.28)$$

式中　0.28——标准状态$(0.1\ MPa、20\ ℃)$下的每立方米空气中含氧(O_2)量(kg/m^3)；

　　　G_S——曝气池平均时供氧量，m^3/h；

　　　R_0——$T\ ℃$曝气池平均时需氧量，mg/L；

　　　E_A——空气扩散器的氧转移效率。

14. 污泥产率系数

CASS 工艺的污泥产量可参考《室外排水设计规范》中要求，按照式(6.4)及(6.5)进行计算。必要的时候，可参考德国排水技术协会(ATV)标准，按污泥产率系数、衰减系数及不可生物降解和惰性悬浮物计算，污泥产率系数的具体公式如下：

$$Y = K\left[0.75 + 0.6\frac{X_o}{S_o} - \frac{0.102 \times \theta_C \times 1.072^{(T-15)}}{1 + 0.17\theta_C \times 1.072(T-15)}\right] \tag{6.29}$$

式中　K——修正系数，结合我国情况，取 0.9；

　　　X_o——进水悬浮物浓度，mg/L；

　　　θ_C——反应泥龄，d；

　　　T——设计温度，$℃$；

　　　Q_d——污水平均流量，m^3/d；

　　　Y——消耗每 1 kg BOD 的污泥(SS)产率系数，kg/kg；

　　　S_e——反应池进水 BOD 浓度，mg/L。

16. 总污泥量

$$X_T = \frac{T_C}{T_F}X_F \tag{6.30}$$

式中　X_T——总污泥量，kg；

　　　X_F——反应泥量，kg；

　　　T_C——CAST 运行周期，h；

　　　T_F——曝气时间，$h/$周期。

17. 高水位时污泥浓度

$$X_H = \frac{X_T}{V} \tag{6.31}$$

式中　X_H——高水位时污泥浓度，g/L；

　　　X_T——总污泥量，kg；

　　　V——反应池容积，m^3，$56\ 938.8 m^3$。

18. 低水位时污泥浓度

$$X_L = \frac{H}{H - \Delta H}X_H \tag{6.32}$$

式中　X_L——低水位时污泥浓度，g/L；

　　　X_H——高水位时污泥浓度，g/L；

　　　H——水深，m；

　　　ΔH——排水深度，m。

6.2.6　设计案例及常见问题分析

案例 CASS 工艺设计(图 6.9)。

(1)预反应区应设置潜流搅拌器(图 6.10)。

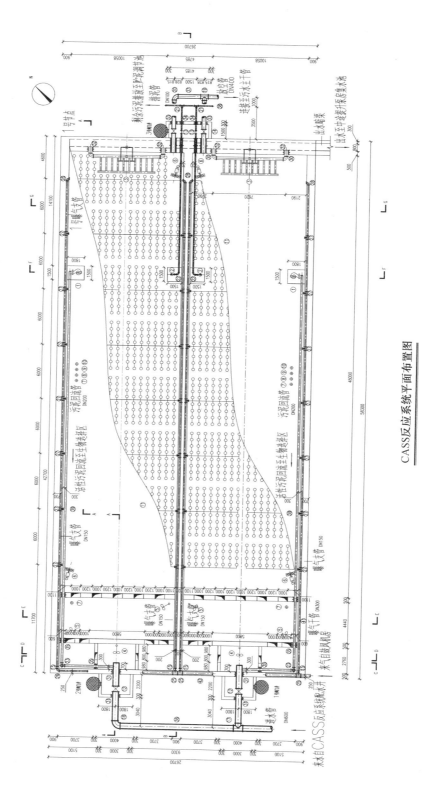

CASS反應系統平面佈置圖

图6.9 CASS工艺设计图

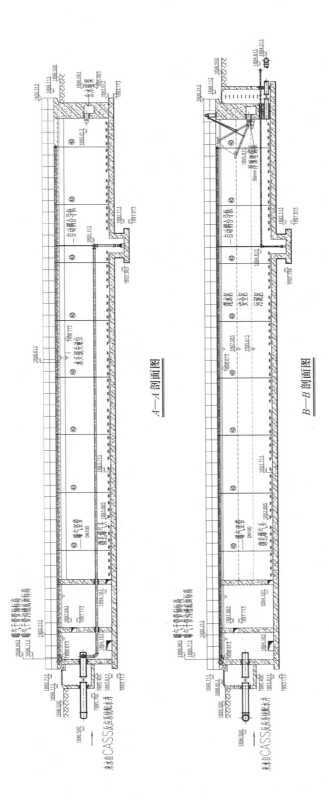

续图6.9

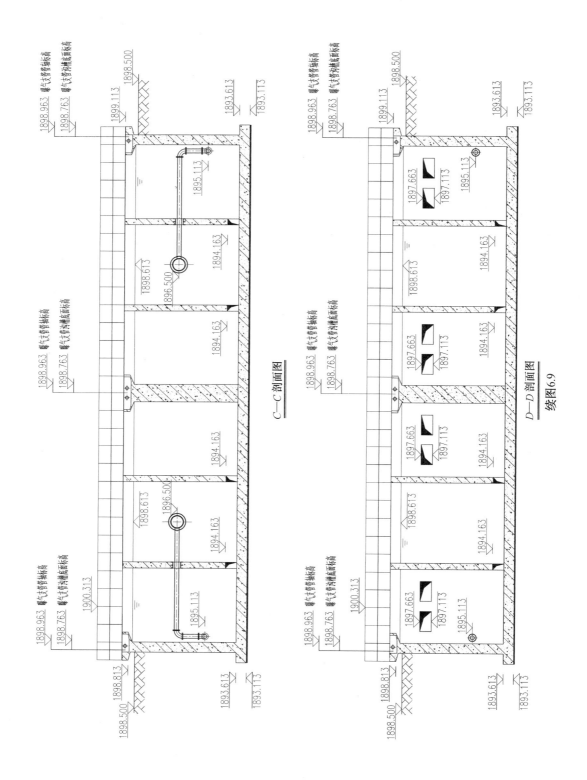

C—C 剖面图

D—D 剖面图

续图6.9

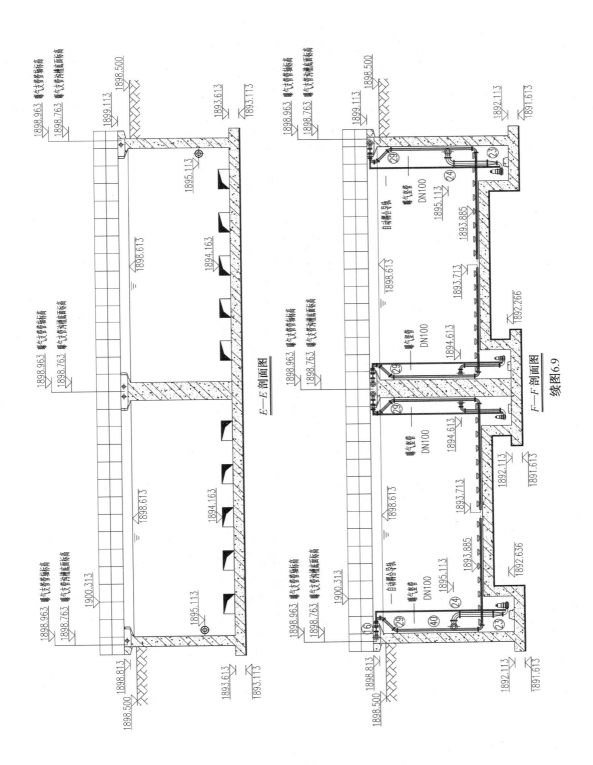

E—E 剖面图

F—F 剖面图

续图6.9

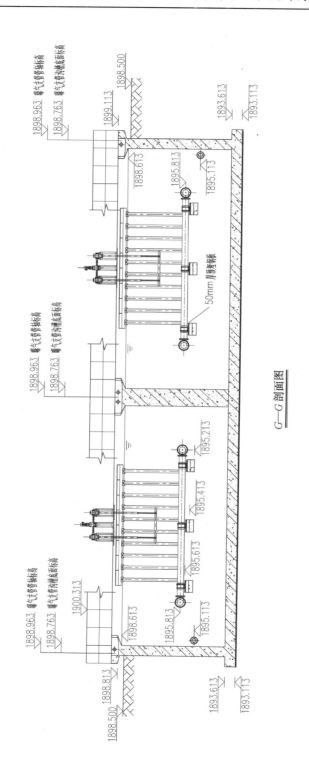

G—G 剖面图

续图 6.9

主要材料设备一览表

序号	名称	规格	材料	单位	数量	备注
1	潜污泵	150QW210-7-7.5	混合	台	16	N=7.5kW(包括滑道)
2	潜污泵	WQB30-10-2.2	混合	台	16	N=2.2kW(包括滑道)
3	旋转混水器	XB-1000	混合	台	16	N=1.5kW
4	潜水搅拌器	QWJ1.5/6-260-960G	混合	台	16	N=1.5kW(包括起吊架)
5	射流曝气机	ASQ-1.5 水深5m	混合	台	32	N=1.5kW(包括滑道)
6	潜水推流器	QWJ3.0/4-1800-50D	混合	台	32	N=3.0kW(包括起吊架)
7	溶解氧测定仪	ZULLIG	混合	台	32	在线型
8	温度计	WZP-331	混合	台	16	活动法兰防水式
9	超声波液位计	EDU-80	混合	台	16	量程0~5m 精度0.5~1.0m
10	泥位计	US-501	混合	台	16	量程0~8m 精度0.5m
11	微孔曝气头	STEDCO-300	混合	个	16384	Φ300
12	电动明杆楔式闸阀	Z941T-10 DN600	钢制	个	16	
13	电动明杆楔式闸阀	Z941T-10 DN100	钢制	个	16	
14	电动明杆楔式闸阀	Z941T-10 DN400	钢制	个	16	
15	双偏心金属球面密封蝶阀	PQD371H-40 DN150	钢制	个	32	
16	双偏心金属球面密封蝶阀	PQD371H-40 DN100	钢制	个	256	
17	等径三通	DN600	钢制	个	12	详见02S403
18	90°弯头	DN600	球墨铸铁	个	4	详见02S403
19	等径三通	DN400	钢制	个	12	详见02S403
20	90°弯头	DN400	球墨铸铁	个	4	详见02S403
21	等径三通	DN100	钢制	个	14	详见02S403
22	90°弯头	DN100	球墨铸铁	个	544	详见02S403
23	同心渐扩管	DN200-150	钢制	个	16	详见02S403
24	90°弯头	DN200	球墨铸铁	个	64	详见02S403
25	异径三通	DN300-150	钢制	个	12	详见02S403
26	90°弯头	DN150	球墨铸铁	个	4	详见02S403
27	异径三通	DN150-100	钢制	个	224	详见02S403
28	90°渐缩异径弯头	DN150-100	球墨铸铁	个	32	详见02S403
29	45°弯头	DN100	球墨铸铁	个	512	详见02S403
30	90°弯头	DN300	球墨铸铁	个	32	详见02S403
31	法兰柔性防水套管	DN600	钢制	个	32	详见02S404
32	法兰柔性防水套管	DN300	钢制	个	32	详见02S404
33	法兰柔性防水套管	DN400	钢制	个	32	详见02S404
34	法兰柔性防水套管	DN100	钢制	个	32	详见02S404
35	法兰柔性防水套管	DN200	钢制	个	48	详见02S404
36	进水管	DN600	球墨铸铁	米	285	
37	放空管	DN400	球墨铸铁	米	275	
38	排泥管	DN100	球墨铸铁	米	660	
39	污泥回流管	DN200	球墨铸铁	米	805	
40	曝气竖管	DN100	钢制	米	1115	
41	曝气干管	DN150	钢制	米	1735	
42	曝气干管	DN300	钢制	米	75	

续图 6.9

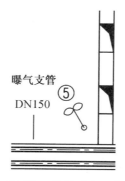

图 6.10　CASS 工艺预反应区潜流搅拌器

（2）2－2 剖面曝气管线位于墙中不可见的应该为虚线（图 6.11）。

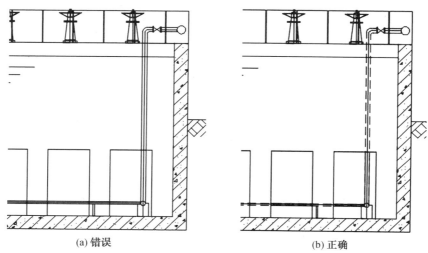

(a) 错误　　　　　　　　　　　(b) 正确

图 6.11　CASS 工艺管线设计正误对比

（3）滗水器应该画出不同阶段、不同位置的示意图，且应注明各区意义（图 6.12）。

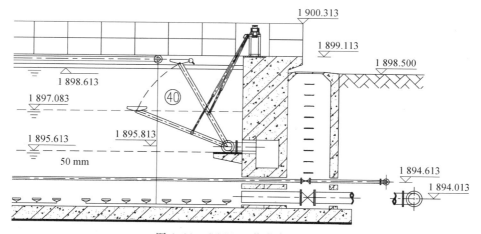

图 6.12　CASS 工艺滗水器设计

（4）进水应该设置检修井（图 6.13）。

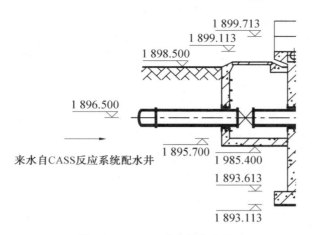

图 6.13 CASS 进水检修井设置

6.3 AAO 污水处理工艺概念、设计原则及规范化设计

6.3.1 工艺概念

AAO 法又称 A^{2}O 法,是英文 Anaerobic-Anoxic-Oxic 第一个字母的简称(厌氧-缺氧-好氧法),是一种常用的污水处理工艺,可用于二级污水处理、三级污水处理及中水回用,具有良好的脱氮除磷效果。

6.3.2 工作原理

AAO 工艺是 20 世纪 70 年代由美国一些专家在 A/O 法的基础上开发的,如图 6.14 所示。原水先进入厌氧段,同时还有回流污泥,此反应器的功能主要是磷的释放以及有机物的水解。然后污水进入缺氧反应器,主要功能是脱氮,硝态氮是通过内循环由好氧反应器送来。再进入好氧反应器,此单元是多功能的,用于 BOD 的去除、硝化和吸收过量磷。

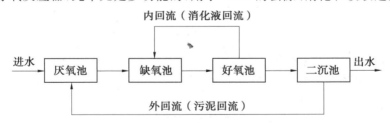

图 6.14 AAO 工艺流程示意图

AAO 工艺主要包括厌氧反应器、缺氧反应器、曝气池、沉淀池等。各工作区的工作原理如下:

(1)厌氧反应器:原污水与从沉淀池排出的含磷回流污泥同步进入,本反应器主要功能是释放磷。

(2)缺氧反应器:首要功能是脱氮,硝态氮是通过内循环由好氧反应器送来的,循环的混合液量较大,一般为 150%~200%。

(3)曝气池:单元功能多样,去除 BOD、硝化和吸收磷等均在此处进行。流量为 1.5~

2.0Q的硝化液从这里回流到缺氧反应器。

　　(4)沉淀池:功能是泥水分离,上清液作为处理水排放。

6.3.3　运行特征

　　AAO工艺在运行过程中具有如下运行特征:

　　(1)工艺流程简单,总水力停留时间少于其他同类工艺。

　　(2)工艺厌氧－缺氧－好氧交替运行,丝状菌繁殖不易生长,污泥膨胀不易发生。

　　(3)不需投药,缺氧、厌氧段只需进行缓速搅拌。

　　(4)能够同步脱氮除磷,总停留时间短、不易膨胀,而且运行费用低。

　　与此同时,其在运行过程中下列问题需克服:

　　(1)系统中主要的功能菌硝化菌、反硝化菌和聚磷菌在有机负荷、泥龄以及碳源需求上存在着矛盾和竞争,很难在同一系统中同时获得氮、磷的高效去除,阻碍着生物脱氮除磷作用的发挥。

　　(2)厌氧反应器中反硝化过程与释磷过程对碳源存在竞争。

　　(3)由于聚磷菌所需污泥龄短,而硝化细菌世代时间长,使得系统内部不可避免地存在聚磷菌以及硝化细菌之间泥龄不协调的问题。而这一问题在低温条件时更加明显,巨大的泥龄差异导致系统难以实现高效的同步脱氮除磷。

　　(4)厌氧、缺氧和好氧段污泥量的分配问题。有研究表明,如果厌氧段和缺氧的活性污泥量占到污泥总量的40%以上,除磷效果就好,但此时反硝化受到限制;反之,反硝化能力提高,但释磷量就无法保证。

6.3.4　组成单元及功能实现

　　(1)厌氧反应区——原污水厌氧水解、污泥回流及厌氧释磷,厌氧区溶解氧浓度一般在0.2 mg/L以下。

　　(2)缺氧反应区——内回流,实现脱氮,缺氧区溶解氧浓度一般在0.2～0.5 mg/L之间。

　　(3)好氧反应区——实现硝化、脱碳及污泥吸磷,好氧区溶解氧浓度一般在2.0～4.0 mg/L之间。

　　(4)进水管——生活污水进入AAO反应池的通道.

　　(5)出水管——AAO反应池中处理后达标污水排放的通道。

　　(6)消泡管——用来消除AAO曝气池在运行初期和运行过程中产生的泡沫。

　　AAO工艺示意图如图6.15所示。

　　消除曝气池中泡沫最为有效合理的方法就是向污水池里添加消泡剂,根据污水处理方法的不同,在选择消泡剂上也有所不同,可分为生化处理消泡剂和有机硅消泡剂。

　　常见的消泡剂有聚醚消泡剂GPE、中温印染消泡剂、皮革用消泡剂、粉末消泡剂、高温发酵有机硅消泡剂、高温印染消泡剂、氧化铝消泡剂等。

　　(7)内回流管——回流硝化液进入缺氧区进行反硝化。内回流比一般是150%～400%。

　　(8)中位管——曝气池中部设中位管,在活性污泥培养驯化时排放上清液。部分时候与放空管合建。

　　(9)放空管——曝气池在检修时,需要将水放空,因此应在曝气池底部设放空管。

　　(10)缺氧推流搅拌器——在水处理工艺流程中,通过搅拌和推流,可实现生化过程固液

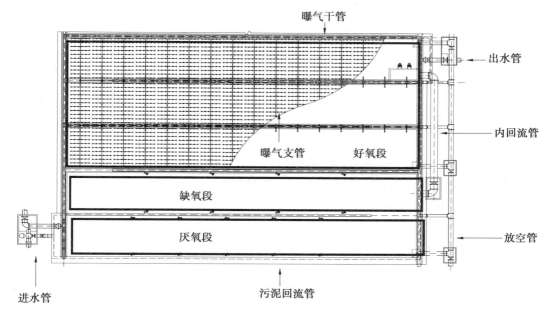

图 6.15　AAO 工艺示意图

二相和固液气三相的均质,防止污泥沉淀及产生死角,是市政和工业污水处理工艺流程上的重要设备(图 6.16)。

(11)曝气管——用于好氧区处理过程中溶解氧的供给。

(12)污泥回流管——用于活性污泥的回流,保证系统内活性污泥的浓度及活性。

6.3.5　设计计算

根据《厌氧-缺氧-好氧活性污泥法污水处理工程技术规范》(HJ 576-2010),AAO 污水处理工艺的设计计算可按下列公式计算。

图 6.16　推流搅拌器示意图

1. 好氧池容积计算

(1)好氧池容积计算公式。

按污泥负荷计算

$$V_0 = \frac{Q(S_o - S_e)}{1\ 000 L_s X} \tag{6.33}$$

$$X_V = y \cdot X \tag{6.34}$$

式中　V_0——好氧区有效容积,m^3;

Q——污水设计流量,m^3/d;

S_o——生物反应池进水五日生化需氧量,mg/L;

S_e——生物反应池出水五日生化需氧量,mg/L,当去除率大于 90% 时可不计入;

X——生物反应池内混合液悬浮固体(MLSS)平均浓度,g/L;

X_V——生物反应池内混合液挥发性悬浮固体(MLSS)平均浓度,g/L;

L_s——生物反应池五日生化需氧量 BOD_5 污泥(MLSS)负荷,kg/(kg·d);

　　　y——单位体积混合液中，MLVSS 占 MLSS 的比例。
　　按污泥龄计算

$$V_0 = \frac{Q\theta_c Y(S_0 - S_e)}{1\,000 X_v (1 + K_{dT}\theta_c)} \tag{6.35}$$

$$K_{dT} = K_{d20} \cdot (\theta_T)^{T-20} \tag{6.36}$$

式中　　V_0——好氧区有效容积，m^3；
　　　　Q——设计流量，m^3/d；
　　　　S_0——进水 BOD_5 浓度，mg/L；
　　　　S_e——出水溶解性 BOD_5 浓度，mg/L；
　　　　Y——消耗每 1 kg BOD_5 的污泥（VSS）产率系数，kg/kg，取 $Y = 0.6$；
　　　　K_{dT}——污泥内源代谢系数，d^{-1}；
　　　　K_{d20}——20 ℃时污泥内源代谢系数，d^{-1}，设计时可取 $0.04 \sim 0.075 d^{-1}$；
　　　　θ_c——好氧池设计污泥龄，d；
　　　　X_v——生物反应池内混合液挥发性悬浮固体（MLVSS）平均浓度，g/L；
　　　　T——设计水温，℃；
　　　　θ_T——水温系数，宜取 $1.02 \sim 1.06$。
　　（2）硝化菌生长速率。

$$\mu_N = 0.47 e^{0.098(T-15)} \left(\frac{N}{N + 10^{0.05T - 1.158}} \right) \left(\frac{DO}{K_{O_2} + DO} \right) [1 - 0.833(7.25 - pH)] \tag{6.37}$$

式中　　μ_N——硝化菌比增长速率，d^{-1}；
　　　　N——出水 $NH_4^+ - N$ 的浓度，mg/L；
　　　　T——污水温度，℃；
　　　　DO——好氧池中的溶解氧浓度，mg/L；
　　　　K_{O_2}——氧的半速常数 O_2，mg/L；
　　　　pH——进水的 pH 值。
　　（3）最小污泥停留平均时间。

$$\theta_{cm} = \frac{1}{\mu_N} \tag{6.38}$$

式中　　θ_{cm}——硝化菌比增长速率，d^{-1}；
　　　　μ_N——硝化菌比增长速率，d^{-1}。
　　（4）设计污泥停留时间。

$$\theta_c = SF\theta_{cm} \tag{6.39}$$

式中　　θ_c——设计污泥停留时间，d；
　　　　SF——安全系数与峰值系数。
　　（5）好氧池面积计算。

$$F = \frac{V_0}{nh_2} \tag{6.40}$$

式中　　F——好氧池面积，m^2；
　　　　V_0——好氧池有效容积，m^3；
　　　　n——好氧池组数；
　　　　h_2——好氧池有效水深，m，可取 5.0 m。

(6)好氧池总池长度。

$$L' = \frac{F}{B} \tag{6.41}$$

式中　L'——好氧池总长度，m；

$\quad\quad B$——好氧池宽度，m，一般要求$\dfrac{L'}{B} > 10$为符合要求。

好氧池单个廊道长度可通过好氧池总长度除以廊道数计算获得。

2. 厌氧池容积计算

$$V_\mathrm{p} = \frac{t_\mathrm{P} Q}{24} \tag{6.42}$$

式中　V_p——厌氧池容积，m³；

$\quad\quad t_\mathrm{P}$——厌氧池水力停留时间，h；

$\quad\quad Q$——设计流量，m³/d。

3. 缺氧池容积计算

$$V_\mathrm{n} = \frac{0.001Q(N_\mathrm{k} - N_\mathrm{te}) - 0.12\Delta X_\mathrm{v}}{K_\mathrm{de(T)} X} \tag{6.43}$$

$$K_\mathrm{de(T)} = K_\mathrm{de(20)} \cdot 1.08^{T-20} \tag{6.44}$$

$$\Delta X_\mathrm{v} = y Y_\mathrm{t} \frac{Q(S_0 - S_\mathrm{e})}{1\,000} \tag{6.45}$$

式中　V_n——缺氧区容积，m³；

$\quad\quad Q$——设计流量，m³/d；

$\quad\quad N_\mathrm{k}$——生物反应池进水总凯氏氮浓度，mg/L；

$\quad\quad N_\mathrm{te}$——生物反应池出水总氮浓度，mg/L；

$\quad\quad \Delta X_\mathrm{v}$——排出生物反应池系统的微生物量，mg/L；

$\quad\quad K_\mathrm{de(T)}$——$T$ ℃时消耗每1 kg MLSS的脱氮（$NO_3 - N$）速率，kg/kg·d^{-1}，可根据公式(6.44)计算获得；

$\quad\quad X$——生物反应池内混合液悬浮固体（MLSS）平均浓度，g/L；

$\quad\quad K_\mathrm{de(20)}$——20 ℃时消耗每1 kg MLSS的脱氮（$NO_3 - N$）速率，通常取$0.03 \sim 0.06$；

$\quad\quad Y_\mathrm{t}$——消耗每1 kg BOD$_5$的污泥（MLSS）总产率系数，kg/kg，宜根据试验资料确定，无资料时，系统有初沉池时取$0.3 \sim 0.5$，无初沉池时取$0.6 \sim 1.0$。

4. 混合液回流量计算

$$Q_\mathrm{Ri} = \frac{1\,000 V_\mathrm{n} K_\mathrm{de(T)} X}{N_\mathrm{k} - N_\mathrm{ke}} - Q_\mathrm{R} \tag{6.46}$$

式中　Q_Ri——混合液回流量，m³/d；

$\quad\quad V_\mathrm{n}$——缺氧区容积，m³；

$\quad\quad K_\mathrm{de(T)}$——$T$ ℃时的脱氮速率，kg $NO_3 - N$/kg MLSSd^{-1}，可根据式(6.44)计算获得；

$\quad\quad X$——生物反应池内混合液悬浮固体（MLSS）平均浓度，g/L；

$\quad\quad N_\mathrm{k}$——生物反应池进水总凯氏氮浓度，mg/L；

$\quad\quad N_\mathrm{ke}$——生物反应池出水总凯氏氮浓度，mg/L；

$\quad\quad Q_\mathrm{R}$——回流污泥量，m³/d。

5. 曝气量相关计算

AAO 氧区污水需氧量根据BOD$_5$去除率、氨氮硝化及除氮等因素决定，可按下式计算获得：

$$O_2 = 0.001aQ(S_0 - S_e) - c\Delta X_V + b[0.001Q(N_K - N_{ke}) - 0.12\Delta X_V] - 0.62b[0.001Q(N_t - N_{ke} - N_{0e}) - 0.12\Delta X_V] \tag{6.47}$$

式中　O_2——需氧量，kg/d；

a、b、c——分别为 BOD_5 的氧当量、氧化每克氨氮所需的氧当量和细菌细胞的当量，数值分别为 1.47，4.57，1.42；

N_t——生物反应池进水总氮质量浓度，mg/d；

N_{0e}——生物反应池出水硝态氮质量浓度，mg/d；

Q、S_0、S_e、ΔX_V、N_{ke}、N_k——同上。

6. 标准状态下污水需氧量及曝气池平均供氧量

$$O_s = K_0 \cdot O_2 \tag{6.48}$$

式中　O_s——标准状态下污水需氧(O_2)量，kg/d；

K_0——需氧量修正系数，采用鼓风曝气装置时可按下式计算（相关计算细节可参考公式(6.6)(6.26)(6.27)）。

$$K_0 = \frac{C_{a(20)}}{\alpha[\beta\rho C_{sb(T)} - C] \times 1.024^{T-20}} \tag{6.49}$$

采用鼓风曝气装置时，可按式(6.28)计算标准状况下供气量

$$G_S = \frac{O_s}{0.28E_A} \times 100$$

式中　0.28——标准状态(0.1 MPa、20 ℃)下的每立方米空气中含氧(O_2)量(kg/m³)；

G_S——曝气池平均时供氧量，m³/h；

O_s——T ℃ 曝气池平均时需氧量，mg/L；

E_A——空气扩散器的氧转移效率。

7. 剩余污泥产生量

污泥产量可参考《室外排水设计规范》(GB 50014—2016)(2016 年版)中要求，按照式(6.4)及(6.5)进行计算。必要时参考德国排水技术协会(ATV)标准(式(6.29))校核。

6.3.6　设计案例集常见问题分析

1. 案例一(图 6.17)

在 AAO 设计过程中，需要注意细节问题，避免图纸细节的错误，例如：

(1)进水管不明确，进水槽设计细节未显示，进水应从厌氧段进入，或在厌氧段设置配水管(图 6.18)。

(2)曝气管路需要画出曝气头细节(图 6.19)。

(3)阀门井构图需要规范，注意细节问题(图 6.20)。

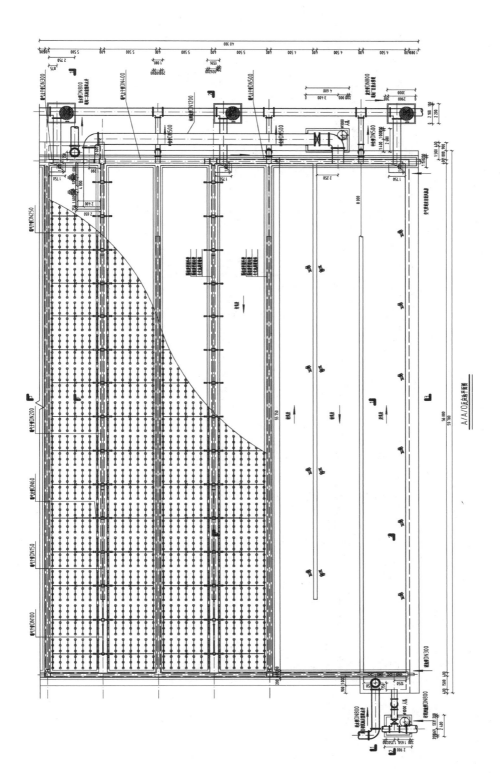

图6.17 AAO 设计图

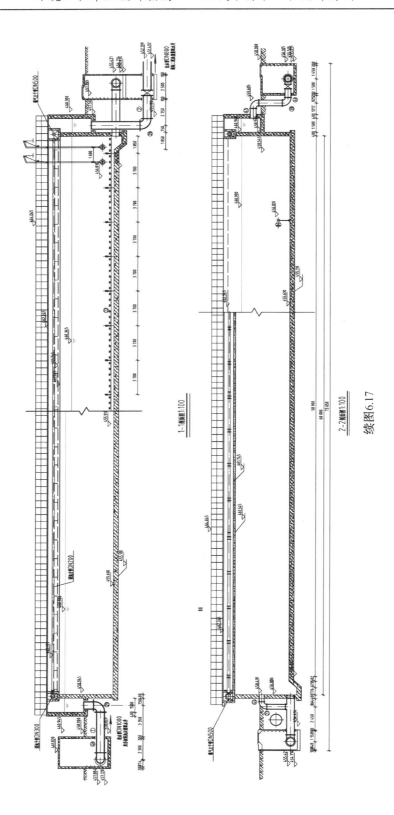

1—1 剖面图 1:100

2—2 剖面图 1:100

续图 6.17

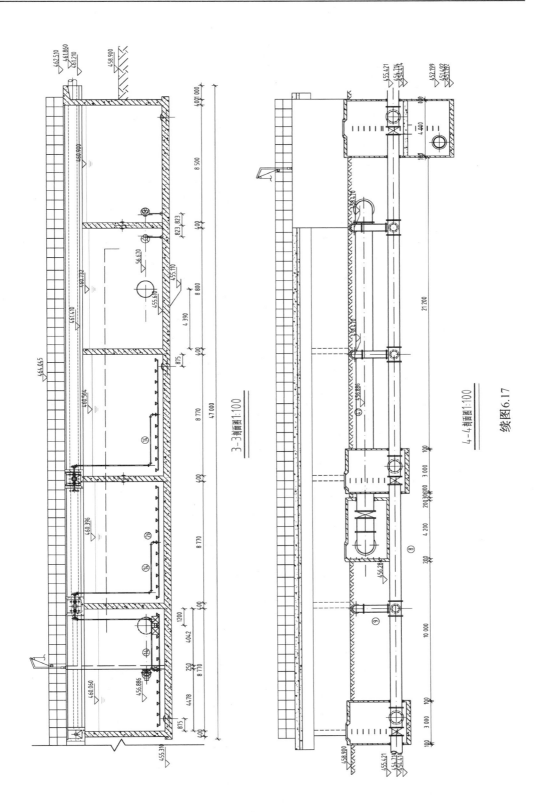

3—3断面图1:100

4—4断面图1:100

续图6.17

设备材料一览表

序号	名称	规格	材料	单位	数量	备注
1	进水管	DN1000	钢制	米	56	
2	出水管	DN1000	钢制	米	48	
3	污泥回流总管	DN800	钢制	米	128	
4	污泥回流支管	DN600	钢制	米	8	
5	消泡干管	DN300	钢制	米	94	
6	消泡支管	DN200	钢制	米	398	
7	内回流管	DN1200	钢制	米	52	
8	放空管	DN800	钢制	米	125	
9	中位管	DN500	钢制	米	22	
10	曝气支管	DN25	钢制	米	5458	
11	曝气支管	DN32	钢制	米	125	
12	曝气支管	DN38	钢制	米	125	
13	曝气支管	DN50	钢制	米	500	
14	曝气支管	DN60	钢制	米	500	
15	曝气干管	DN100	钢制	米	25	
16	曝气干管	DN150	钢制	米	50	
17	曝气干管	DN200	钢制	米	100	
18	曝气干管	DN250	钢制	米	100	
19	曝气干管	DN300	钢制	米	112	
20	曝气总管	DN300	钢制	米	18	
21	曝气总管	DN400	钢制	米	16	
22	曝气总管	DN500	钢制	米	58	
23	薄膜微孔曝气头	KBB-215		个	10738	
24	内回流泵	QJB-W		台	4	
25	潜水搅拌器	QJB4/6-320/3-960C		台	54	
26	90°弯头	DN60	钢制	个	2112	
27	90°弯头	DN500	钢制	个	12	
28	90°弯头	DN600	钢制	个	5	
29	90°弯头	DN1000	钢制	个	7	
30	90°弯头	DN1200	钢制	个	4	
31	等径三通	DN600	钢制	个	1	
32	等径三通	DN800	钢制	个	5	
33	变径三通	DN300×200	钢制	个	4	
34	变径三通	DN500×300	钢制	个	2	
35	变径三通	DN600×300	钢制	个	2	
36	同心异径管	DN500×300	钢制	个	2	
37	同心异径管	DN600×500	钢制	个	2	
38	同心异径管	DN800×600	钢制	个	2	
39	电动闸阀	DN60		个	120	
40	电动闸阀	DN200		个	6	
41	电动闸阀	DN600		个	2	
42	电动闸阀	DN1000		个	10	
43	电动闸阀	DN1200		个	2	
44	防水套管	DN500	钢制	个	4	刚性B型
45	防水套管	DN600	钢制	个	2	刚性B型
46	防水套管	DN1000	钢制	个	32	刚性B型
47	防水套管	DN1200	钢制	个	8	刚性B型

续图 6.17

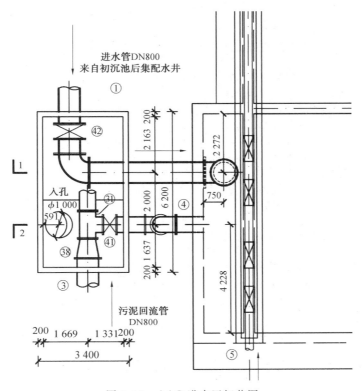

图 6.18　AAO 进水区细节图

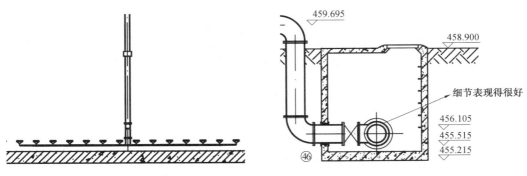

图 6.19　曝气头细节图　　　　　　图 6.20　阀门井细节图

（4）缺少空气管等的大样图（图 6.21）。

（5）一般需要画出 A^2O 曝气管路轴测图，类似图 6.22。

2. 案例二（图 6.23）

（1）设计细节展示——中位管与排空管合建（图 6.24）。

（2）设计细节展示——内回流管曝气池一端设置回流泵；使用穿墙泵；出水堰的细节描述（图 6.25）。

（3）出水管处遗漏设检修井，应补加（图 6.26）。

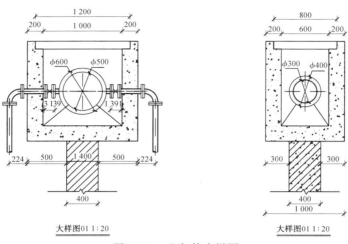

图 6.21　空气管大样图

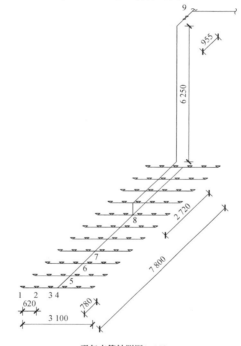

曝气支管轴测图1:100

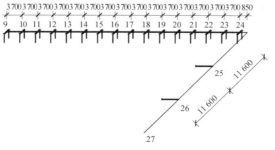

图 6.22　曝气管轴测图

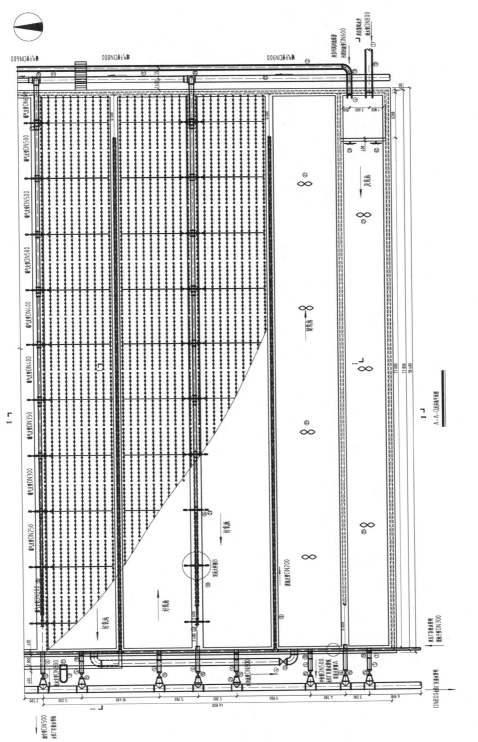

图6.23　AAO工艺设计图二

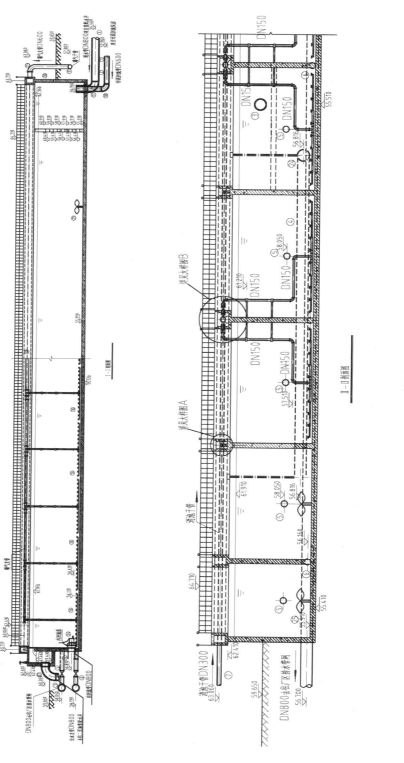

续图6.23

材料设备表

编号	名称	规格	单位	数量	备注
1	进水管	DN800	米	50	来自 AAO 反应池集配水井
2	污泥回流管	DN600	米	130	来自污泥泵房
3	出水管	DN800	米	15	去往二沉池集配水井
4	内回流管	DN800	米	40	
5	中位管	DN500	米	80	
6	放空管	DN500	米	50	去往排水管线
7	消泡干管	DN300	米	85	
8	消泡支管	DN200	米	280	
9	曝气干管	见平面图	米	85	来自鼓风机房
10	曝气支管	见平面图	米	215	
11	电动闸阀	DN800	个	2	
12	电动闸阀	DN800	个	4	
13	电动闸阀	DN600	个	2	
14	电动闸阀	DN150	个	60	
15	电动闸阀	DN500	个	15	
16	曝气头	WM-180	个	8400	
17	弯头	DN800	个	2	
18	弯头	DN600	个	2	
19	弯头	DN500	个	10	
20	弯头	DN400	个	3	
21	弯头	DN150	个	60	
22	三通	多种规格	个	96	
23	渐缩管	多种规格	个	2778	
24	内回流泵	QJB-W	台	4	
25	潜水搅拌器	QJB40/6-E5	台	14	
26	潜水推流器	DQT	台	4	

续图 6.23

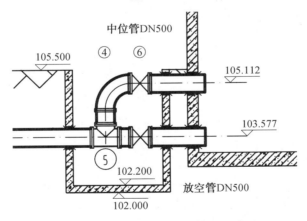

中位管 DN500

放空管 DN500

图 6.24　AAO 中位管与排空管设计图

6.4　氧化沟污水处理工艺概念、设计原则及规范化设计

6.4.1　工艺概念

氧化沟又名氧化渠,因其构筑物呈封闭的环形沟渠而得名。它是活性污泥法的一种变形。因为污水和活性污泥在曝气渠道中不断循环流动,因此有人称其为"循环曝气池""无终

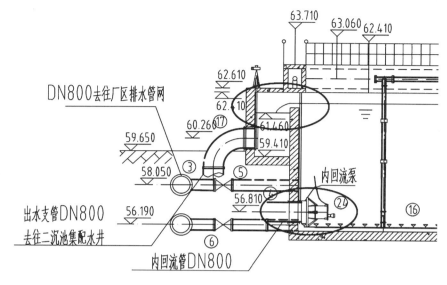

图 6.25　AAO 工艺污泥管出水堰设计图

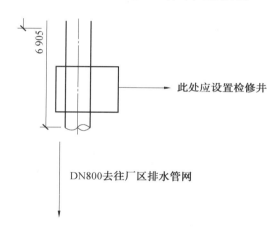

图 6.26　AAO 工艺出水检修井示意图

端曝气池"。氧化沟一般由沟体、曝气设备、进出水装置、导流和混合设备组成,沟体的平面形状一般呈环形,也可以是长方形、L 形、圆形或其他形状,沟端面形状多为矩形和梯形。氧化沟技术发展较快,类型多样,根据其构造和特征,主要分为卡鲁塞尔氧化沟、交替工作式氧化沟、奥贝尔氧化沟(Orbal)、一体化氧化沟(合建式氧化沟)。氧化沟在国内外都发展很快。欧洲的氧化沟污水厂已有上千座;在国内,从 20 世纪 80 年代末开始在城市污水和工业废水中引进氧化沟的先进技术,从原来的日处理量 3 000 m³ 到目前 10 万 t 以上的污水处理厂已比较普遍,氧化沟工艺已成为我国城市污水处理的主要工艺。

　　(1)卡鲁塞尔氧化沟工艺(图 6.27)。

　　卡鲁塞尔氧化沟在较深的氧化沟沟渠中使混合液充分混合,并能维持较高的传质效率,以克服小型氧化沟沟深较浅,混合效果差等缺陷。实践证明该工艺具有投资省、处理效率高、可靠性好、管理方便和运行维护费用低等优点。卡鲁赛尔氧化沟使用立式表曝机,曝气机安装在沟的一端,因此形成了靠近曝气机下游的富氧区和上游的缺氧区,有利于生物絮凝,使活性污泥易于沉降,设计有效水深 4.0 ～ 4.5 m,沟中的流速 0.3 m/s。BOD_5 的去除率可达 95% ～ 99%,脱氮效率约为 90%,除磷效率约为 50%,如投加铁盐,除磷效率可达 95%。

图 6.27　卡鲁赛尔氧化沟

(2) 奥贝尔(Orbal)氧化沟脱氮除磷工艺。

奥贝尔氧化沟简称同心圆式,它也是分建式,有单独二沉池,采用转碟曝气,沟深较大,它的脱氮效果很好,但除磷效率不够高,要求除磷时还需前加厌氧池。应用上多为椭圆形的三环道组成,三个环道用不同的 DO(如外环为 0,中环为 1,内环为 2),有利于脱氮除磷。采用转碟曝气,水深一般在 4.0 ～ 4.5 m,动力效率与转刷接近(图 6.28)。

图 6.28　奥贝尔氧化沟

(3) 合建式一体化氧化沟。

合建式一体化氧化沟是指集曝气、沉淀、泥水分离和污泥回流功能为一体,无须建造单独二沉池的氧化沟。这种氧化沟设有专门的固液分离装置和措施。它既是连续进出水,又是合建式,且不用倒换功能,最经济合理,且具有很好的脱氮除磷效果。

(4)DE 型、T 型氧化沟脱氮工艺。

DE 型氧化沟为双沟系统,T 型氧化沟为三沟系统(图 6.29 为三内式氯化物),其运行方式比较相似,都是通过配水井完成对水流流向的切换、堰门的起闭以及曝气转刷的调速,在沟中创造交替的硝化,反硝化条件,以达到脱氮的目的。其不同之处在于 DE 型氧化沟系统

是二沉池与氧化沟分建,有独立的污泥
回流系统;而 T 型氧化沟的两侧沟轮流
作为沉淀池。

（5）VR 型氧化沟脱氮工艺。

VR 氧化沟沟型宛如通常的环形跑
道,中央有一小岛的直壁结构,氧化沟分
为两个容积相当的部分,其水平形式如
反向的字母 C,污水处理通过二道拍门和
二道出流堰交替起闭进行连续和恒水位
运行。

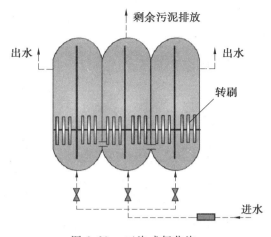

图 6.29　三沟式氧化沟

6.4.2　工作原理

氧化沟一般由沟体、曝气设备、进出
水装置、导流和混合设备组成,沟体的平面形状一般呈环形,也可以是长方形、L 形、圆形或
其他形状,沟端面形状多为矩形和梯形。氧化沟利用连续环式反应池作生物反应池,混合液
在该反应池中一条闭合曝气渠道进行连续循环,氧化沟通常在延时曝气条件下使用。氧化
沟使用一种带方向控制的曝气和搅动装置,向反应池中的物质传递水平速度,从而使被搅动
的液体在闭合式渠道中循环。

氧化沟法具有较长的水力停留时间,较低的有机负荷和较长的污泥龄。因此相比传统
活性污泥法,可以省略调节池、初沉池、污泥消化池,有的还可以省略二沉池。氧化沟能保证
较好的处理效果,这主要是因为巧妙结合了连续环式反应器和曝气装置特定的定位布置,具
有独特水力学特征和工作特性。

（1）氧化沟结合推流和完全混合的特点,有利于克服短流和提高缓冲能力,通常在氧化
沟曝气区上游安排入流,在入流点的再上游点安排出流。入流通过曝气区在循环中很好地
被混合和分散,混合液再次围绕继续循环。这样,氧化沟在短期内（如一个循环）呈推流状
态,而在长期内（如多次循环）又呈混合状态。这两者的结合,即使入流至少经历一个循环
而杜绝短流,又可以提供很大的稀释倍数而提高了缓冲能力。同时为了防止污泥沉积,必须
保证沟内足够的流速,因此氧化沟系统具有很强的耐冲击负荷能力,对不易降解的有机物也
有较好的处理能力。

（2）氧化沟具有明显的溶解氧浓度梯度,特别适用于硝化－反硝化生物处理工艺。氧
化沟从整体上说是完全混合的,而液体流动却保持着推流前进,其曝气装置是定位的,因此,
混合液在曝气区内溶解氧浓度是上游高,然后沿沟长逐步下降,出现明显的浓度梯度,到下
游区溶解氧浓度就很低,基本上处于缺氧状态。氧化沟设计可按要求安排好氧区和缺氧区
实现硝化－反硝化工艺,不仅可以利用硝酸盐中的氧满足一定的需氧量,而且可以通过反
硝化补充硝化过程中消耗的碱度。这些有利于节省能耗和减少甚至免去硝化过程中需要投
加的化学药品量。

（3）氧化沟沟内功率密度的不均匀配备,有利于氧的传质、液体混合和污泥絮凝,同时
其整体功率密度较低,可节约能源。氧化沟的混合液一旦被加速到沟中的平均流速,对于维
持循环仅需克服沿程和弯道的水头损失,因而氧化沟可比其他系统以低得多的整体功率密

度来维持混合液流动和活性污泥悬浮状态。据国外的一些报道,氧化沟比常规的活性污泥法能耗降低 20％ ～ 30％。

6.4.3　运行特征

氧化沟的技术特点主要有:

(1) 处理效果稳定,出水水质好,并且具有较强的脱氮功能。

(2) 工程费用相当于或低于其他污水生物处理技术。

(3) 处理厂只需要最低限度的机械设备,运转安全性高。

(4) 管理简化,运行简单。

(5) 剩余污泥较少,污泥容易脱水,污泥处理费用较低。

(6) 处理厂与其他工艺相比,臭味较小。

(7) 构造形式和曝气设备多样化。

(8) 曝气强度可以调节。

(9) 具有推流式流态的某些特征。

通常情况下,氧化沟工艺的运行参数如下:

(1) 水力停留时间:10 ～ 40 h。

(2) 污泥龄:一般大于 20 d。

(3) BOD_5 污泥(MLSS) 有机负荷:0.05 ～ 0.15 kg/(kg · d)。

(4) BOD_5 容积负荷:0.2 ～ 0.4 kg/(m^3 · d)。

(5) 活性污泥浓度:2 000 ～ 4 500 g/L。

(6) 沟内平均流速:0.3 ～ 0.5 m/s。

6.4.4　曝气方式及特征

(1) 横轴曝气装置为转刷和转盘。其中转刷更为常见,转刷单独使用通常只能满足水深较浅的氧化沟,有效水深不大于 3.5 m。从而造成传统氧化沟较浅,占地面积大的弊端。近几年开发了水下推进器配合转刷,解决了这个问题,如山东高密污水厂,有效水深为 4.5 m,保证沟内平均流速大于 0.3 m/s,沟底流速不低于 0.1 m/s,这样氧化沟占地大大减少,转刷技术运用已相当成熟,但因其供氧率低,能耗大,故其逐渐被另外先进的曝气技术所取代(图 6.30)。

(2) 竖轴式表面曝气机。各种类型的表面曝气机均可用于氧化沟,一般安装在沟渠的转弯处,这种曝气装置有较大的提升能力,氧化沟水深可达 4 ～ 4.5 m,如 1968 年荷兰 PHV 开发的著名 Carrousel 氧化沟在一端的中心设垂直轴的一定方向的低速表曝叶轮,叶轮转动时除向污水供氧外,还能使沟中水体沿一定方向循环流动。表曝设备价格较便宜,但能耗大、易出故障且维修困难(图 6.31)。

图 6.30　横轴曝气装置

图 6.31　竖轴式表面曝气机

（3）射流曝气。1969 年 Lewrnpt 等创建了第一座试验性射流曝气氧化沟（JAC），国外的射流曝气多为压力供气式，而国内通常是自吸空气式。JAC 的优点是氧化沟的宽度和水的深度不受限制，可以用于深水曝气，且氧的利用率高。目前最大的 JAC 在奥地利的林茨，处理流量为 17.2 万 t/d，水深为 7.5 m（图 6.32）。

图 6.32　射流曝气

（4）微孔曝气。现在应用较多的微孔曝气装置，采用多孔性空气扩散装置克服了以往装置气压损失大、易堵塞的毛病，且氧利用率较高，在氧化沟技术运用中越来越广泛，目前，我国广东省某污水厂已成功运用此种曝气系统（图 6.33）。

图 6.33　微孔曝气

（5）其他曝气设备，包括一些新型的曝气推动设备，如浙江某公司开发的复叶节流新型曝气器，氧利用率较高，浮于水面，易检修，充氧能力可达水下 7 m，推动能力相当强，满足氧化沟的曝气推动一体化要求，同时能够满足氧化沟底部的充氧和推动。

6.4.5　组成单元及功能

（1）进水管 —— 生活污水进入氧化沟反应池的通道。

（2）出水管 —— 氧化沟反应池中处理后达标污水排放的通道。

（3）放空管 —— 曝气池在检修时，需要将水放空，因此应在曝气池底部设放空管。

（4）中位管 —— 曝气池中部设中位管，在活性污泥培养驯化时排放上清液。部分时候与放空管合建。

（5）潜水推进器 —— 在水处理工艺流程中，通过搅拌和推流，可实现生化过程固液二相和固液气三相的均质，防止污泥沉淀及产生死角，是市政和工业污水处理工艺流程上的重要设备。低速推流系列搅拌适用于工业和城市污水处理厂曝气池和厌氧池。

（6）曝气系统 —— 氧化沟好氧段曝气设备。

（7）出水闸板 —— 氧化沟出水一般采用溢流堰，溢流堰可设计成升降式的，通过调节溢流堰的高度，可调节池内的水深，改变曝气设备的淹没深度，进而改变充氧量，以适应不同的运行要求（图 6.34）。

图 6.34　出水闸板

（8）内回流控制门 —— 内回流控制门的设置目的是调节系统混合液的内回流流量。内回流流量的具体控制方法是调节设置在位于好氧区和前反硝化区之间的混合液内回流通道上的内回流控制门的开度。 内回流门顶部装有一块鲨鱼背鳍形状的位置指示器（Shark-fin）。卡控系统根据进水水量、水质以及有关工艺参数和条件，可在自控系统上给出达到适当流量的开度值。结合内回流门上的 Shark-fin 指示器，操作人员可方便地对开度进行调整，从而将内回流量调整至最优化值。

（9）导流墙 —— 为了减少氧化沟内流场死角的出现，降低污泥沉积概率，需设置导流墙。导流墙一般设置在氧化沟转折处，其能够使水流平稳转弯并维持一定流速（图 6.35）。

导流墙的设置，一般需注意以下事项：

① 导流墙宜设置成偏心导流墙，导流墙的圆心一般设置在水流进弯道一侧。导流墙的设置参数见表 6.1。

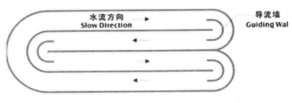

图 6.35　氧化沟导流墙

表 6.1　导流墙(一般的设置参考依据)

转刷长度(直径 1 m)/m	氧化沟沟宽 /m	导流墙偏心距 /m	导流墙半径 /m
3.0	4.15	0.35	2.25
4.5	5.56	0.50	3.00
6.0	7.15	0.65	3.75
7.5	8.65	0.60	4.50
9.0	10.15	0.95	5.25

② 导流墙的数量一般根据沟宽确定。沟宽小于 7.0 m 时,可只设 1 道导流墙;沟宽大于 7.0 m 时,宜设置 2 道或多道导流墙,设 2 道导流墙时外侧渠道宽为沟宽的 1/2。导流墙在下游方向宜延伸一个沟宽的长度,其在高度上宜高出设计水位 0.3 m。竖轴式机械表曝机通常设置在氧化沟转弯处,该转弯处通常布设导流墙。

(10)导流墙 —— 在氧化沟弯道处,存在着较严重的区部水头和能量损失,另外,当待处理污水经过弯道后,沟内侧流速将降低,导致断面流速分布不均匀,使得下游沟道内侧容易发生悬浮物沉淀,对氧化沟的运行产生不利影响。为了减少弯道水头损失,可在每个转弯处设置导流墙。导流墙一般设置在偏向弯道的内侧,以使较多的水流向内汇集,避免弯道出口靠中心隔墙一侧流速过低,造成回水,引起污泥下沉。

椭圆形氧化沟一般不设置挡流板。在需要设置导流墙的氧化沟系统中,建议在曝气转刷上游和下游均设置挡流板,挡流板宜设置在水面下。上游挡流板高 1.0 ～ 2.0 m,垂直安装在曝气转刷上游 2 ～ 5 m;下游挡流板常常设置在曝气转刷下游 2.0 ～ 3.0 m,与水平成 60° 夹角,顶部在水面下 150 m,挡板下部宜超过水深 1.8 m。

6.4.6　设计的一般规定

氧化沟在设计过程中,应该符合以下设计规定:

(1)氧化沟可按多组系列布置。

(2)氧化沟内部待处理污水成整体混合、区部推流的状态,进水量远低于池内循环混合液量,将形成良好的溶解氧梯度。

(3)进水水质、水量变化较大时,建议设置相对应的调节水量、水质的设施。

(4)构筑物内部污泥浓度建议维持在 2 000 ～ 4 500 mg/L。

(5)氧化沟沟底流速不宜小于 0.3 m/s。

（6）根据脱氮除磷的要求，可设置单独的厌氧区和缺氧区。

（7）工艺运行过程中建议考虑水温的不利影响。

（8）氧化沟的直线长度一般不宜小于 12 m 或水面宽度的 2 倍。氧化沟的宽度应根据场地要求、曝气设备种类和规格确定。

（9）当采用曝气转刷、曝气转盘时，氧化沟超高宜为 0.5 m；当采用垂直轴表面曝气机时，在放置曝气机的弯道附近，超高应为 0.6 ～ 0.8 m。

（10）氧化沟内应设置导流墙和挡流板。

6.4.7　设计计算

根据《氧化沟活性污泥法污水处理工程技术规范》（HJ 578 − 2010）的相关内容和氧化沟有关设计手册，可发现氧化沟在部分内容的设计计算上与 AAO 工艺较类似。

1. 好氧池容积计算

（1）好氧池容积计算公式。

氧化沟工艺的好氧区容积计算可按污泥负荷计算，也可按污泥龄计算，其计算基本与 AAO 工艺一致。

若按污泥负荷计算，则可通过式（6.50）计算，即

$$V_0 = \frac{Q(S_o - S_e)}{1\ 000 L_s X} \tag{6.50}$$

式中　V_0——好氧区有效容积，m^3；

Q——污水设计流量，m^3/d；

S_o——生物反应池进水五日生化需氧量，mg/L；

S_e——生物反应池出水五日生化需氧量，mg/L，当去除率大于 90% 时可不计入；

X——生物反应池内混合液悬浮固体（MLSS）平均浓度，g/L；

L_s——生物反应池五日生化需氧量 BOD_5 污泥（MLSS）负荷，kg/(kg · d)。

若按污泥龄计算，则可通过式（6.51）～（6.53）计算，即

$$V_0 = \frac{Q\theta_c Y(S_o - S_e)}{1\ 000 X_v (1 + K_{dT}\theta_c)} \tag{6.51}$$

$$X_v = Y \cdot X \tag{6.52}$$

$$K_{dT} = K_{d20} \cdot (\theta_T)^{T-20} \tag{6.53}$$

式中　V_0——好氧区有效容积，m^3；

Q——设计流量，m^3/d；

S_0——进水 BOD_5 浓度，mg/L；

S_e——出水溶解性 BOD_5 浓度，mg/L；

Y——消耗每 1 kg BOD_5 的污泥（VSS）产率系数，kg/kg，取 $Y = 0.6$；

K_{dT}——污泥内源代谢系数，d^{-1}；

K_{d20}——20 ℃ 时污泥内源代谢系数，d^{-1}，设计时可取 0.04 ～ 0.075d^{-1}；

θ_c——好氧池设计污泥龄，d；

X_v——生物反应池内混合液挥发性悬浮固体（MLVSS）平均浓度，g/L；

T——设计水温，℃；

θ_T——水温系数，宜取 1.02 ～ 1.06。

根据上式计算结果,可计算出好氧区水力停留时间:

$$t_n = \frac{24 \cdot V_0}{Q} \tag{6.54}$$

式中　　t_n——好氧区水力停留时间,h;

　　　　V_0——好氧区有效容积,m³;

　　　　Q——设计流量,m³/d。

式(6.51)中涉及的污泥龄可按以下公式计算得到:

$$\theta_c = \frac{X}{YL_r} = \frac{0.77}{K_{dT} f_b} \tag{6.55}$$

式中　　θ_c——污泥龄,d;

　　　　K_{dT}——污泥内源代谢系数,d⁻¹;

　　　　f_b——可生物降解的 VSS 占总 VSS 的比例。

2. 缺氧池容积计算

缺氧区容积计算与 AAO 工艺所用公式一致,具体见(6.43)～(6.45),公式表达如下:

$$V = \frac{0.001Q(N_k - N_{te}) - 0.12\Delta X_v}{K_{de(T)} X} \tag{6.56}$$

$$K_{de(T)} = K_{de(20)} \cdot 1.08^{T-20} \tag{6.57}$$

$$\Delta X_v = yY_t \frac{Q(S_0 - S_e)}{1\,000} \tag{6.58}$$

式中　　V_n——缺氧区容积,m³;

　　　　Q——设计流量,m³/d;

　　　　N_k——生物反应池进水总凯氏氮浓度,mg/L;

　　　　N_{te}——生物反应池出水总氮浓度,mg/L;

　　　　ΔX_v——排出生物反应池系统的微生物量,mg/L;

　　　　$K_{de(T)}$——T ℃时消耗每 1 kg MLSS 的脱氮(NO₃-N)速率,kg/kg·d⁻¹,可根据式(6.43)计算获得;

　　　　X——生物反应池内混合液悬浮固体(MLSS)平均浓度,g/L;

　　　　$K_{de(20)}$——20 ℃时消耗每 1 kg MLSS 的脱氮(NO₃-N)速率,kg/kg·d⁻¹,通常取 0.03～0.06;

　　　　Y_t——消耗每 1 kg BOD₅ 污泥(MLSS)总产率系数,kg/kg,宜根据试验资料确定,无资料时,系统有初沉池时取 0.3～0.5,无初沉池时取 0.6～1.0。

类似的,参考式(6.54),可计算出污水在缺氧区的水力停留时间。

3. 厌氧池容积计算

厌氧区容积计算与 AAO 工艺所用公式一致,具体见(6.42),则

$$V_p = \frac{t_P Q}{24} \tag{6.59}$$

式中　　V_p——厌氧区容积,m³;

　　　　t_P——厌氧池水力停留时间,h;

　　　　Q——设计流量,m³/d。

4. 需氧量、供氧量相关计算

AAO 工艺在需氧量、供氧量和供气量计算上与 CASS 池、AAO 池基本一致,具体见式

(6.47)～(6.49)。

需氧量计算：

$$O_2 = 0.001aQ(S_0 - S_e) - c\Delta X_V + b[0.001Q(N_K - N_{ke}) - 0.12\Delta X_V] -$$
$$0.62b[0.001Q(N_t - N_{ke} - N_{0e}) - 0.12\Delta X_V] \tag{6.60}$$

供氧量计算：

$$O_s = K_0 \cdot O_2 \tag{6.61}$$

供气量计算：

$$G_s = \frac{O_s}{0.28E_A} \tag{6.62}$$

5. 氧化沟工艺污泥产量

氧化沟运行过程中每日污泥产量可根据下式计算获得：

$$Q_{ds} = \frac{YQ(S_0 - S_e)}{1 + K_d\theta} \tag{6.63}$$

式中　　Q_{ds}——日产污泥量，kg/d；

Q——氧化沟设计流量，L/d；

Y——污泥增长系数，一般为 0.50～0.7 kg/kg；

K_d——污泥自身氧化率，一般为 0.04～0.10 L/d；

S_0——进水 BOD_5 浓度，mg/L；

S_e——出水溶解性 BOD_5 浓度，mg/L；

θ——污泥龄，本设计中取为 30.0 d。

6.4.8　设计案例及常见问题

1. 案例一 —— 卡鲁塞尔氧化沟设计（图 6.36、图 6.37）

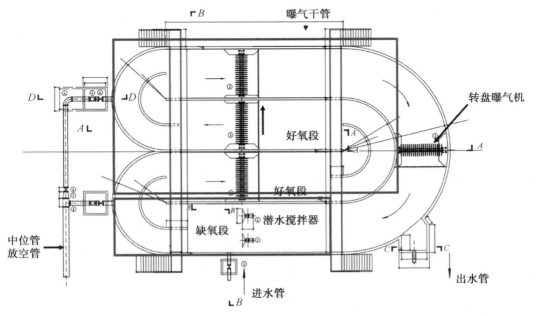

图 6.36　卡鲁赛尔氧化沟各区示意图

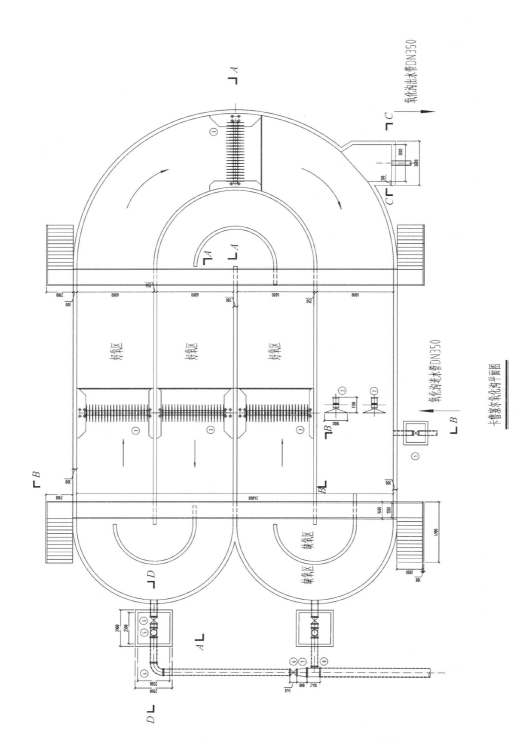

图6.37 卡鲁塞尔氧化沟设计图

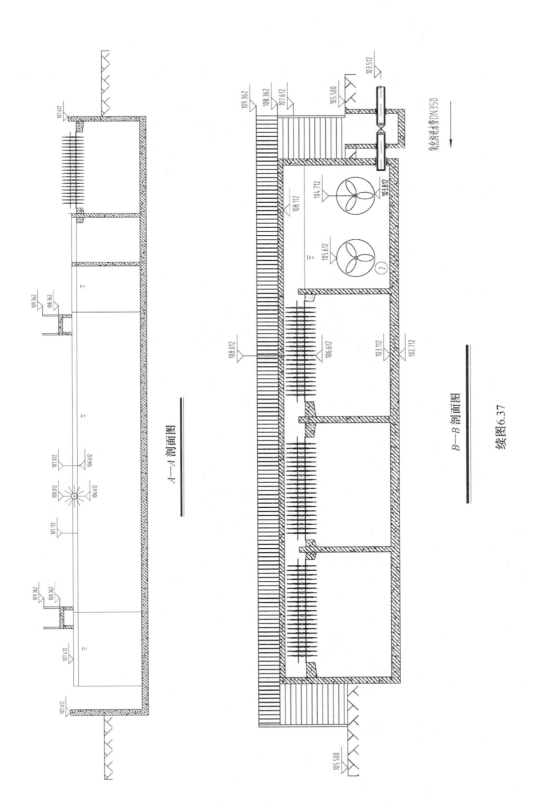

续图6.37

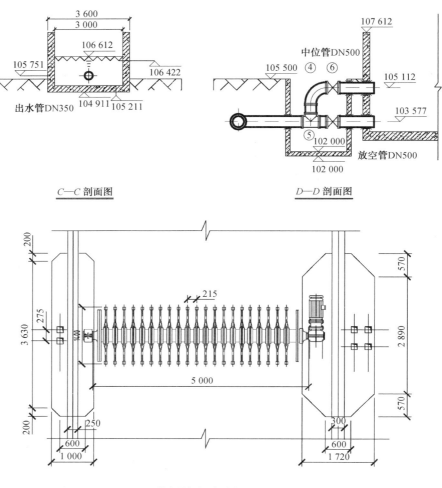

C—C 剖面图　　　　　　　　　　　　　D—D 剖面图

转盘曝气机平面图(1:50)

材料设备表

编号	名称	规格	单位	数量	备注
①	闸阀	Z41T-10钢杆楔式闸阀	个	4	D=350mm,L=450mm
②	潜水搅拌器	BQT040	台	2	叶轮直径1800mm,转速4.2r/min,电动机功率55kw,长/宽=1.3m/1.8m/1.8m
③	氧化沟转盘曝气机	YBP-1400A型	个	4	叶轮直径1400mm,转速50r/min
④	90°弯头	DN=500mm	个	3	T=762mm
⑤	等径三通	DN=550mm	个	3	C=381mm,M=381mm
⑥	闸阀	Z41T-10钢杆楔式闸阀	个	3	DN=500mm,L=540mm
⑦	同心渐扩管	DN1=500mm,DN2=700mm	个	3	L=610mm
⑧	异径三通	DN1=700mm,DN2=500mm	个	3	C=521mm,L=483mm

续图 6.37

2. 案例二 —— 奥贝尔氧化沟设计(图 6.38 ~ 6.40)

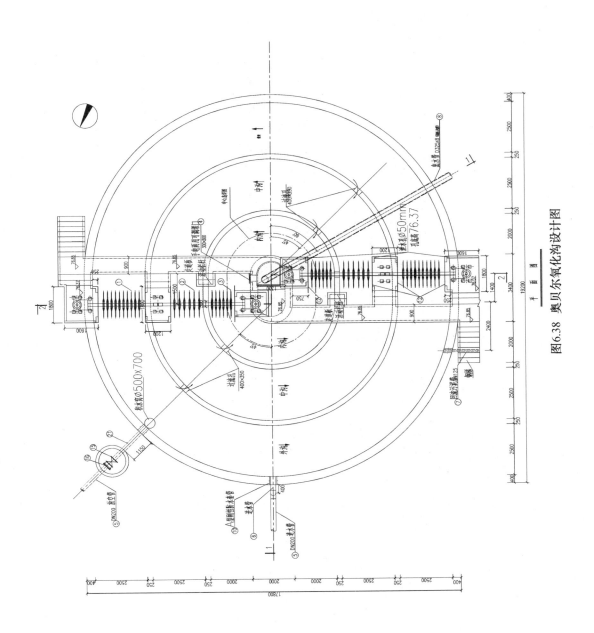

图6.38 奥贝尔氧化沟设计图

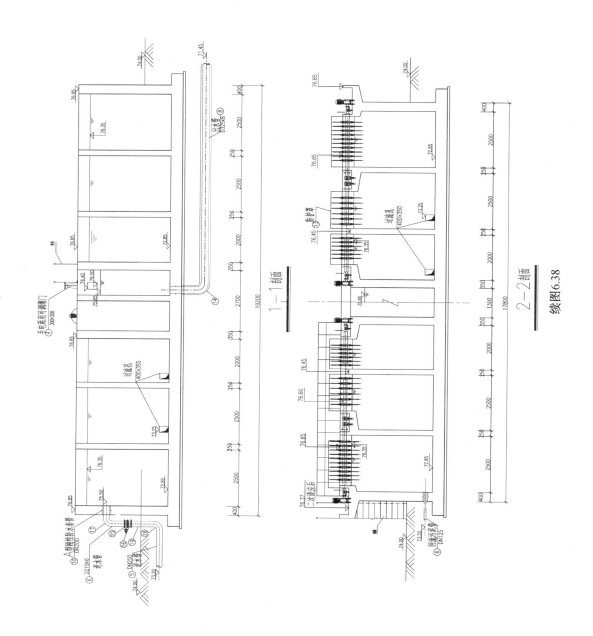

续图6.38

主要设备材料表（单池）

序号	名　称	规格及主要设计参数	材　料	单　位	数　量	备　注
①	转碟曝气机（外沟）	D=1400mm,每组碟片10片	聚苯乙烯	组	2	外沟电机P=7.5kW
②	转碟曝气机（中沟）	D=1400mm,每组碟片6片	聚苯乙烯	组	2	中沟、内沟共用电机
③	转碟曝气机（内沟）	D=1400mm,每组碟片6片	聚苯乙烯	组	2	P=9.2kW
④	手电两用可调堰门	300X300	不锈钢	台	1	配套启闭机
⑤	球墨铸铁管	DN200	球墨铸铁	米	3	
⑥	钢　管	D219x6	Q235A	米	3	
⑦	铸铁管	DN125	球墨铸铁	米	5	
⑧	钢　管	D325x8	Q235A	米	12	
⑨	刚性防水翼环	DN300	Q235A	个	1	图标 02S404P23
⑩	A型刚性防水套管	DN200	Q235A	个	1	图标 02S404P17
⑪	B型刚性防水套管	DN125	Q235A	个	1	图标 02S404P17
⑫	挡水板	1800mmx1300mmx6mm	不锈钢	块	8	
⑬	防护罩		玻璃钢	组	6	与转碟尺寸匹配
⑭	90°钢制弯头	DN300	Q235A	个	1	图标 02S403P7
⑮	闸阀	DN200,PN1.0MPa	Q235A	个	2	
⑯	双法兰伸缩接头	DN200,PN1.0MPa	成品	个	2	
⑰	90°钢制弯头	DN200	Q235A	个	1	图标 02S403P7
⑱	承插弯头	DN200	球墨铸铁	个	1	GB/T13295-2003
⑲	承插短管	DN200	球墨铸铁	米	0.6	
⑳	B型刚性防水套管	DN200	Q235A	个	1	图标 02S404P17
㉑	插盘短管	DN200	球墨铸铁	米	2.2	
㉒						
㉓						
㉔						
㉕						

注：管道其它管件（如法兰盘等）配套供应。另外，池外1m的管件材料数量见总图。

续图 6.38

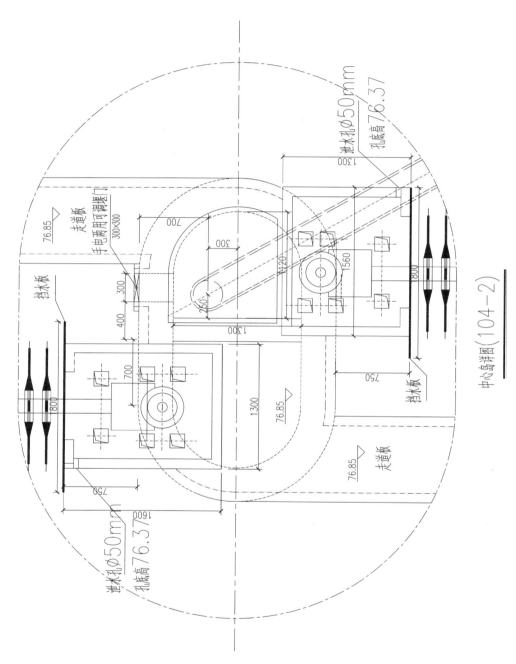

中心岛详图(104-2)

图6.39　奥贝尔氧化沟中心岛详图

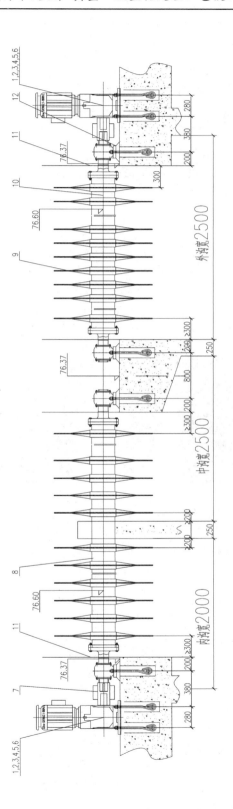

图6.40　转碟曝气机

第7章　城镇污水处理厂二次沉淀池及集配水井设计与规范制图

7.1　污水处理厂沉淀池设计原则及规范设计

7.1.1　概念及分类

沉淀池是通过重力沉降作用将密度比水大的悬浮颗粒从水中去除的处理构筑物。当污水进入沉淀池后流速迅速减小至 0.02 m/s 以下，从而极大地减小了水流夹带悬浮物的能力，使悬浮物在重力作用下沉淀下来成为污泥，而相对密度小于1的细小漂浮物则浮至水面形成浮渣而被去除。沉淀池在废水处理中广为使用，可用于污水一级处理、生化处理的后处理以及深度处理单元。它的形式很多，按处理对象和功能划分，沉淀池可划分为初次沉淀池和二次沉淀池；按池内水流方向划分，沉淀池可分为平流式、竖流式和辐流式三种（图7.1）。

(a) 平流式沉淀池　　　　　　(b) 竖流式沉淀池　　　　　　(c) 辐流式沉淀池

图 7.1　不同类型沉淀池装置图

通常情况下，平流式沉淀池、竖流式沉淀池和辐流式沉淀池的运行特点及适用条件见表7.1。

表 7.1　平流式沉淀池、竖流式沉淀池和辐流式沉淀池的运行特点及适用条件

	优　　点	缺　　点	适用条件
平流式	（1）对冲击负荷和温度变化的适应能力较强。 （2）施工简单、造价低	（1）对冲击负荷和温度变化的适应能力较强。 （2）施工简单、造价低	（1）地下水位较高及地质较差的地区。 （2）适用于大、中、小型污水处理厂
竖流式	（1）排泥方便，管理简单。 （2）占地面积较小	（1）池子深度较大，施工困难。 （2）对冲击负荷和温度变化的适应能力较差。 （3）造价较高。 （4）池径不宜太大	适用于处理水量不太大的小型污水处理厂
辐流式	（1）对冲击负荷和温度变化的适应能力较强。 （2）施工简单、造价低	（1）池水水流流速不稳定。 （2）机械排泥设备复杂，对施工质量要求高	（1）地下水位较高的地区。 （2）适用于大、中型污水处理厂

若按运行特征及功能,沉淀池亦可分为初次沉淀池和二次沉淀池。

1. 初次沉淀池

具体内容可见本书中第 5 章"初次沉淀池类型及设计原则"部分。

2. 二次沉淀池

二次沉淀池又称二沉池,是活性污泥系统的重要组成部分,其作用主要是使污泥分离,使混合液澄清、浓缩和回流活性污泥(图 7.2)。其工作效果能够直接影响活性污泥系统的出水水质和回流污泥浓度。

二沉池活性污泥混合液浓度高(2 000～4 000 mg/L),具有絮凝性,属于成层沉淀。沉淀使泥水之间有清晰的界面,絮凝体结合整体共同下沉。由于污泥在二沉池内还需进一步浓缩,故二沉池所需要的池面积大于只进行泥水分离所需的池面积。

图 7.2　二次沉淀池装置示意图

7.1.2　设计原则

工程设计中,沉淀池设计应注意以下细节。

(1)沉淀池超高不应小于 0.3 m。

(2)沉淀池的有效水深宜采用 2.0～4.0 m。

(3)当采用污泥斗排泥时,每个污泥斗均应设单独的闸阀和排泥管。污泥斗的斜壁与水平面的倾角,圆斗宜为 55°。

(4)排泥管的直径不应小于 200 mm。

(5)初次沉淀池的污泥区容积,除设机械排泥的宜按 4 h 的污泥量计算外,宜按不大于 2 d 的污泥量计算。活性污泥法处理后的二次沉淀池污泥区容积,宜按不大于 2 h 的污泥量计算,并应有连续排泥措施;生物膜法处理后的二次沉淀池污泥区容积,宜按 4 h 的污泥量计算。

(6)当采用静水压力排泥时,初次沉淀池的静水头不应小于 1.5 m;二次沉淀池的静水头,生物膜法处理后不应小于 1.2 m,活性污泥法处理后不应小于 0.9 m。

(7)沉淀池应设置浮渣的撇除、输送和处置设施。

(8)初次沉淀池的出口堰最大负荷不宜大于 2.9 L/(s·m);二次沉淀池的出水堰最大负荷不宜大于 1.7 L/(s·m)。

对于当前常用的辐流式沉淀池,其设计应符合以下要求。

(1)水池直径(或正方形的一边)与有效水深之比宜为 6～12,水池直径不宜大于 50 m。

(2)宜采用机械排泥,排泥机械旋转速度宜为 1～3 r/h,刮泥板的外缘线速度不宜大于 3 m/min。当水池直径(或正方形的一边)较小时也可采用多斗排泥。

（3）缓冲层高度，非机械排泥时宜为 0.5 m；机械排泥时，应根据刮泥板高度确定，且缓冲层上缘宜高出刮泥板 0.3 m。

（4）坡向泥斗的底坡坡度不宜小于 0.05。

平流式沉淀池构造简单，沉淀效果好，工作性能稳定，使用广泛，但占地面积较大，其设计应符合以下要求。

（1）若加设刮泥机或对比重较大沉渣采用机械排除，可提高沉淀池工作效率。

（2）为使入流污水均匀、稳定地进入沉淀池，进水区应有整流措施。入流处挡板一般高出池水水面 0.1～0.15 m，挡板的浸没深度应不少于 0.25 m，一般用 0.5～1.0 m，挡板距进水口 0.5～1.0 m。

（3）出水堰不仅可控制沉淀池内的水面高度，而且对沉淀池内水流的均匀分布有直接影响。沉淀池应与整个出流堰的单位长度溢流量相等，对于初沉池一般为 250 m³/(m·d)，二沉池为 130～250 m³/(m·d)。

（4）每格长度与宽度之比不宜小于 4，长度与有效水深之比不宜小于 8，池长不宜大于 60 m。

（5）宜采用机械排泥，排泥机械的行进速度为 0.3～1.2 m/min。

（6）缓冲层高度，非机械排泥时为 0.5 m，机械排泥时，应根据刮泥板高度确定，且缓冲层上缘宜高出刮泥板 0.3 m。

（6）池底纵坡坡度不宜小于 0.01。

竖流沉淀池的设计，应符合下列要求。

（1）水池直径（或正方形的一边）与有效水深之比不宜大于 3。

（2）中心管内流速不宜大于 30 mm/s。

（3）中心管下口应设有喇叭口和反射板，板底面距泥面不宜小于 0.3 m。

7.1.3　设计原理

对于初次沉淀池，其沉淀主要依靠自由沉淀，颗粒在沉淀过程中互不干扰，其形状、尺寸、质量均不改变，下沉速度也不改变。

对于二沉池，其运行过程中污泥沉淀主要依靠成层沉淀与压缩沉淀原理。沉淀过程中絮凝的悬浮物形成层状物，呈整体沉淀状，形成较明显的固液界面。压缩沉淀过程中最后悬浮颗粒物相聚于水底，互相支撑，互相挤压，发生进一步沉降。

7.1.4　运行参数

对于初次沉淀池和二次沉淀池，其具体运行参数见表 7.2。

表 7.2　初次沉淀池和二次沉淀池的运行参数

沉淀池类型		沉淀时间 /h	表面水力负荷 /m³·(m⁻²·h⁻¹)	每人每日污泥量 /(g·人⁻¹·d⁻¹)	污泥含水率 /%	固体负荷 /kg·(m⁻²·d⁻¹)
初次沉淀池		0.5～2.0	1.5～4.5	16～36	95～97	—
二次沉淀池	生物膜法	1.5～4.0	1.0～2.0	10～26	96～98	≤150
	活性污泥法	1.5～4.0	0.6～1.5	12～32	99.2～99.6	≤150

7.1.5 沉淀池的组成

(1)进水管是指待处理污水进入沉淀池的通道。

(2)出水管是指沉淀后污水排放的通道。

目前,辐流式常见的进水和出水方式主要包括以下四类(图 7.3)。

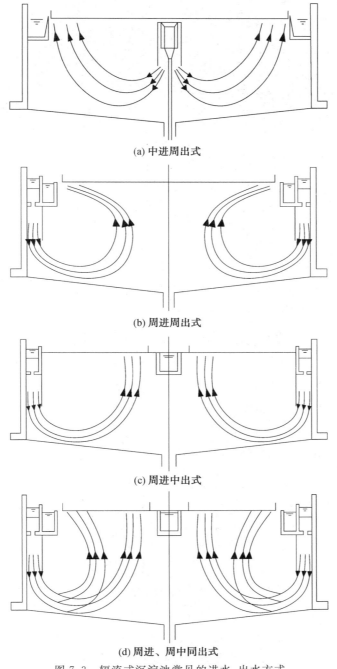

(a) 中进周出式

(b) 周进周出式

(c) 周进中出式

(d) 周进、周中同出式

图 7.3 辐流式沉淀池常见的进水、出水方式

（3）放空管。沉淀池在检修时,需要将水放空,因此应在沉淀池底部设放空管。

（4）排泥管是指排出沉淀污泥的主要通道,一般通过压力将污泥排除（图7.4）。

图 7.4　排泥管示意图

（5）排渣管是指排出沉淀池上部浮渣的通道。

（6）集水槽。一二沉池集水槽是污水沉淀过程中泥水、固液分离的最后一道环节和工序,在实际的工程设计中,常见有3种布置形式:内置双侧堰式、内置单侧堰式、外置单侧堰式,具体图例如图7.5所示。

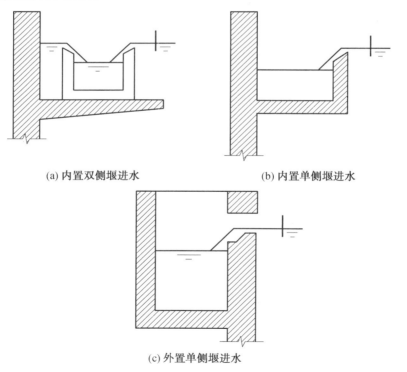

(a) 内置双侧堰进水　　　　　　　　(b) 内置单侧堰进水

(c) 外置单侧堰进水

图 7.5　集水槽布置形式示意图

集水槽中锯齿形三角堰应用最普遍,水面宜位于齿高的1/2处。为适应水流的变化或构筑物的不均匀沉降,在堰口处需要设置能使堰板上下移动的调节装置,使出口堰口尽可能水平。堰前应设置挡板,以阻拦漂浮物,或设置浮渣收集和排除装置。挡板应当高出水面

0.1～0.15 m，浸没在水面下 0.3～0.4 m，距出水口处 0.25～0.5 m。

(7)污泥斗是指污泥沉积及收集污泥的主要装置。对于采用多斗式沉淀的平流沉淀池，可不设置机械刮泥设备。每个贮泥斗单独设置排泥管，各自独立排泥，互不干扰，保证沉泥的浓度。

(8)排渣斗及冲洗机构是指沉淀池中浮渣的收集场所。一般情况下，刮泥机转动带动刮泥板把污泥刮入中心排泥斗，靠位差压出池外，随着刮泥机一起转动的浮渣刮板把水面的浮渣汇集到浮渣挡板附近，在浮渣刮板靠近浮渣挡板一端与浮渣板之间装有一个刮浮渣耙和刮浮渣板一起随刮泥机做圆周行走。在沉淀池中靠近浮渣挡板里侧设有一个排浮渣斗，刮泥机转动一圈，刮浮渣耙完成一次排浮渣动作，浮渣和冲洗水经排浮渣斗和管道进入厂内排污管，返回到污水进口，重新参与污水处理的提升与输送过程。目前排渣斗及排渣管路的冲洗方式有两种，一是在设备安装时把浮渣斗上沿的安装高度略低于池内设计的运行水位，靠水从浮渣斗沿溢流进行冲洗，二是在浮渣斗壁水下适当部位开 2～3 个直径约 30 mm 的孔放水进行冲洗。

(9)刮泥机——通过刮泥机将沉淀池污泥刮至排泥斗，由排泥管道输送至污泥池。

通常情况下，辐流式沉淀池中心传动刮泥机由一套驱动系统带动中心传动竖架，竖架两侧装有对称刮臂，刮臂下端设刮泥板，通过刮臂的不断旋转，由刮泥板将污泥汇集于中心集泥坑内，经排泥总管排出池外。

平流式沉淀池多采用行车式刮泥机(图 7.6)。

图 7.6　行车式刮泥机装置图

(10)驱动机构用于驱动刮泥机转动以排出剩余污泥。双周边驱动刮泥机，桥架横跨在沉淀池两端，中心支撑，两头驱动，刮板和桥架一起转动使污泥和浮渣刮到指定的位置。驱动装置由两台轴装式齿轮减速机带动。

(11)中心选装支座由固定支撑座、转动套、推力滚动轴承和集电环四部分组成，桥架安装后能灵活转动。

(12)导流筒。污泥通过管道沿导流筒进入浓缩池，导流筒底部反射板将污泥分散均匀并从导流筒四周进入池底。

常见的辐流式沉淀池结构如图 7.7 所示。

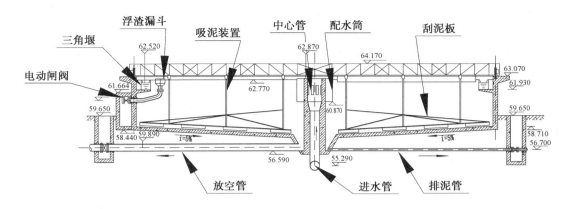

图 7.7   辐流式沉淀池结构图

7.1.6   沉淀池工艺参数设计计算(以二次沉淀池为例)

1. 活性污泥的沉降性能

在生物处理系统中,污泥的沉降性能直接影响着二沉池的运行效果。衡量活性污泥沉降性能的参数主要有污泥指数 SVI(mL/g)和污泥沉降比 SV(%)。SVI 值反映了活性污泥的凝聚、沉淀性能,过低说明泥粒细小,无机物含量高,污泥缺乏活性;过高则说明污泥沉降性能不好,并具有产生膨胀现象的可能。活性污泥的沉降性能一般可通过 SVI 的值来进行判断:SVI<100 表示沉降性能好;100<SVI<200 表示沉降性能一般;SVI>200 表示沉降性能不好。

要想获得适宜的 SVI 值,则需在设计时选用适当的 MLSS 值。当进入生物反应器中的有机物量一定时,污泥浓度愈高,则污泥负荷(F/M)愈小,所以在设计时须正确选择 F/M 值。F/M 与 MLSS、曝气池体积(V)之间的关系如下:

$$F/M = \frac{Q \times S_a}{V \times MLSS} \tag{7.1}$$

式中 Q——污水流量,m^3/d;

S_a——BOD_5 浓度,kg/m^3;

V——曝气池体积,m^3;

MLSS——混合液悬浮固体浓度,kg/m^3。

不同污水及 F/M 比条件下的 SVI 典型值见表 7.3。不同处理工艺条件下的 MLSS 典型值见表 7.4。

表 7.3   污泥指数值

资料	SVI/(mL·g⁻¹)	
污水种类	$F/M > 0.05 \ kg/(kg \cdot d)$	$F/M < 0.05 \ kg/(kg \cdot d)$
混有少量有机工业 废水的生活污水	100~150	75~100
混有大量有机工业 废水的生活污水	150~180	100~150

表 7.4　曝气池混合液污泥浓度值

处理工艺	MLSS/(kg·m⁻³)	
	带初沉池	无初沉池
无硝化	2.5～3.5	3.5～4.5
有硝化(反硝化)	3.0～3.5	3.5～4.5
除磷	2.7～3.0	—

对大多数污水,$F/M(\mathrm{kg/(kg \cdot d)})$的取值标准为 $0.3 < F/M < 0.6$。

2. 回流污泥、回流比、回流污泥浓度、浓缩时间计算

在生物处理系统中必须保持足够且恒定的生物群体,因此在二沉池中所沉淀的生物固体(污泥)一部分必须回流到曝气池,另一部分从二沉池中排放掉。

回流到曝气池的生物量,是用来维持系统所要求的污泥浓度,降解进入系统中的有机物质。有机物越多,需要的生物量越大,要想维持系统所要求的污泥浓度,就必须保证回流污泥的量。

对生物处理系统中污泥进行物料平衡,有如下关系式存在:

$$X = X_\mathrm{r} \times \frac{R}{1+R} \tag{7.2}$$

式中　R——污泥回流比,%;

　　　X_r——回流污泥浓度,kg/m³;

　　　X——混合液污泥浓度,kg/m³。

由式(7.2)可看出:$X < X_\mathrm{r}$;想要得到预期的 X(MLSS)值,就必须保证有一定的回流污泥浓度和回流污泥量。

回流污泥量一般用回流比加以控制。对于平流式和辐流式二沉池,一般采用 $R \leqslant 1.5$,而竖流式沉淀池 $R \leqslant 2.0$,因为较大的回流比会加大二沉池分离区紊动程度,影响沉淀过程。

回流污泥浓度在很大程度上与活性污泥的性质和二沉池内污泥浓缩条件有关,活性污泥的浓缩性能不仅取决于 SVI,还受到浓缩区高度、停留时间的影响。浓缩区的高度和停留时间与固体负荷、二沉池进水与配水方式、刮泥机种类与性能、污泥回流量及二沉池的池型等有关。

一般认为,混合液在量筒中沉淀 30 min 后形成的污泥浓度基本上可代表混合液在二沉池所形成的污泥浓度,也即为回流污泥浓度。回流污泥浓度(X_r)与 SVI 之间有如下关系:

$$X_\mathrm{r} = r \times \frac{10^6}{\mathrm{SVI}} \mathrm{(mg/L)} \tag{7.3}$$

式中　r——考虑污泥在二沉池中的停留时间、池深、污泥层厚度等因素有关的系数,一般取 1.2 左右。

有研究者提出了二沉池底流污泥浓度(X_B)与浓缩时间(t_E)之间的关系式

$$X_\mathrm{B} = \frac{10^3}{\mathrm{SVI}} \times \sqrt[3]{t_\mathrm{E}} \tag{7.4}$$

式中　X_B——二沉池底流污泥浓度,kg/m³;

　　　t_E——污泥浓缩时间,h。

由式(7.4)看出:污泥浓缩时间越长,底流污泥浓度则越高,回流污泥浓度越高,回流比

R 则越小。然而,活性污泥在二沉池浓缩区和刮泥区的停留时间应尽可能短,以避免二沉池内污泥中的磷再次溶解以及因脱氮而造成污泥上浮。

浓缩时间的确定对二沉池的计算特别重要,设计可根据表 7.5 经验数据选取。

表 7.5　浓缩时间取值表

处理工艺	浓缩时间/h
传统活性污泥法	1.5~2.0
生物脱氮活性污泥法	1.0~2.0
生物除磷活性污泥法	1.0~1.5

回流污泥浓度因受刮泥系统的影响,其浓度一般低于底流浓度,其减少值与所采用的刮泥系统有关。二沉池采用刮泥时 $X_r \approx 0.7X_B$;采用吸泥时:$X_r \approx 0.5 \sim 0.7X_B$。

3. 二次沉淀池表面面积

污泥容积负荷(q_v)和表面负荷 q 是设计计算二沉池表面积的参数,二者有如下关系:

$$q = \frac{q_v}{\text{MLSS} \times \text{SVI}} \tag{7.5}$$

在处理水量一定时,沉淀池表面面积与表面负荷成反比,即 $A = Q/q$。为了保持较低的出水 SS 值和 BOD 值,我国《室外排水设计规范》(GB50014—2006(2014))中规定活性污泥法二沉池表面水力负荷应为 0.6~1.5 $\text{m}^3/(\text{m}^2 \cdot \text{h})$。德国对水平流态的二沉池(平流、辐流二沉池)规定 $q \not> 1.6$ $\text{m}^3/(\text{m}^2 \cdot \text{h})$,$q_v \leqslant 0.45$ $\text{m}^3/(\text{m}^2 \cdot \text{h})$,对竖流式沉淀池,因存在着污泥层的过滤作用和活性污泥的絮凝作用,污泥体积负荷较大 $q \not> 2.0$ $\text{m}^3/(\text{m}^2 \cdot \text{h})$,$q_v \leqslant 0.6$ $\text{m}^3/(\text{m}^2 \cdot \text{h})$。

二次沉淀池表面面积 $A(\text{m}^2)$ 可由下式计算:

$$A = \frac{Q}{q} = \frac{Q}{3.6u} \tag{7.6}$$

式中　Q——污水最大时流量,m^3/h;

　　　q——表面负荷,$\text{m}^3/(\text{m}^2 \cdot \text{h})$;

　　　u——正常活性污泥成层沉淀的沉速,mm/s。

沉速 u 值因污水水质和混合液浓度而异,变化范围在 0.2~0.5 mm/s 之间。生活污水中含有一定的无机物,可采用稍高的 u 值,有些工业废水溶解性有机物较多,活性污泥质轻,SVI 值较高,因此 u 值宜低些。混合液污泥浓度对 u 值有较大的影响,浓度高时 u 值偏小,反之则大。表 7.6 所列举的是 u 值与混合液浓度之间关系的实测资料,可供设计时参考。表中不同的混合液浓度与对应的 u 值,若近似地换算成固体通量,则都接近于 90 $\text{kg}/(\text{m}^2 \cdot \text{d})$。由此可见,采用表中 u 值计算出的沉淀池面积,既能起澄清作用又能起一定的浓缩作用。

表 7.6　随混合液浓度而变的 u 值

混合液污泥浓度 MLSS/$(\text{mg} \cdot \text{L}^{-1})$	上升流速 $u/(\text{mm} \cdot \text{s}^{-1})$	混合液污泥浓度 MLSS/$(\text{mg} \cdot \text{L}^{-1})$	上升流速 $u/(\text{mm} \cdot \text{s}^{-1})$
2 000	$\leqslant 0.5$	5 000	0.22
3 000	0.35	6 000	0.18
4 000	0.28	7 000	0.14

　　计算沉淀池面积时,设计流量应为污水的最大时流量,而不包括回流污泥量。这是因为一般沉淀池的污泥出口常在沉淀池的下部,混合液进池后基本上分为两路从不同方向流出;一路通过澄清区从沉淀池上部的出水槽流出,另一路通过污泥区从下部排泥管流出。前一路流量相当于污水流量,后一路流量相当于回流污泥量和剩余污泥量,所以采用污水最大时流量作为设计流量是能够满足要求的。但是中心管(合建式的导流区)的设计则应包括回流污泥量,否则会增大中心管的流速,不利于气水分离。

4. 二次沉淀池有效水深

　　澄清区要保持一定的水深,以维持水流的稳定。水深 H(m)一般可按沉淀时间(t)计算:

$$H = \frac{Qt}{A} = qt \tag{7.7}$$

式中　t——水力停留时间,h,一般取值 $1 \sim 1.5$ h;

　　　　H——水深,m;

　　　　其他各符号意义同前。

5. 二沉池的高度设计

　　下面以辐流式沉淀池为例(图 7.8),说明二沉池高度的设计计算。

　　(1)沉淀池有效水深。

$$h_2 = q \cdot t \tag{7.8}$$

式中　h_2——沉淀池有效水深,m;

　　　　q——表面负荷,$m^3/(m^2 \cdot h)$;

　　　　t——沉淀时间,一般介于 $1.5 \sim 2.5$ h 之间。

　　有效水深应采用 $2.0 \sim 4.0$ m,符合要求。

　　(2)沉淀池坡底落差。

$$h_4 = \left(\frac{D - d_1}{2}\right) \cdot i \tag{7.9}$$

式中　h_4——沉淀池坡底落差,m;

　　　　D——沉淀池直径,m;

　　　　d_1——污泥泥斗上部直径,m;

　　　　i——池底坡度,一般取 0.05。

　　(3)污泥斗高度。

$$h_5 = (r_1 - r_2) \cdot \tan \theta \tag{7.10}$$

式中　h_5——污泥斗高度;

　　　　r_1——污泥斗上部分半径,m;

　　　　r_2——污泥斗下部分半径,m;

　　　　θ——沉淀池底面与污泥斗壁的夹角,角度应大于 $55°$。

　　(4)沉淀池总高度 H。

$$H = h_1 + h_2 + h_3 + h_4 + h_5 \tag{7.11}$$

式中　h_1——沉淀池超高,一般取 0.3 m;

　　　　h_3——缓冲层高度,当直径大于 20 m 时,采用机械排泥,取 $h_3 = 0.5$ m。

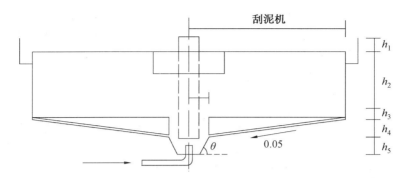

图 7.8 辐流式沉淀池的设计计算示意图

6. 污泥量、二沉池沉淀区有效容积计算

(1)二沉池沉淀区有效容积。

$$V = A \cdot h_2 \tag{7.12}$$

式中 A——二次沉淀池表面面积，m^2。

(2)污泥量。

$$V' = \frac{S \cdot N \cdot T}{1\ 000 \times 24 \times n} \tag{7.13}$$

式中 S——每人每天产生的污泥量，一般取 0.3~0.8 L/(人·d)；

N——设计人口总数，人；

T——两次排泥间隔，h；

n——沉淀池座数，座。

(3)污泥斗以上圆锥体部分的污泥容积 V_1。

$$V_1 = \frac{\pi \cdot h_4}{3} \cdot (R^2 + R \cdot r_1 + r_1^2) \tag{7.14}$$

式中 R——沉淀池半径，m。

(4)污泥斗容积。

$$V_2 = \frac{\pi \cdot h_5}{3} \cdot (r_1^2 + r_1 \cdot r_2 + r_2^2) \tag{7.15}$$

(5)污泥总体积。

$$V = V_1 + V_2 \tag{7.16}$$

7. 二沉池进水管设计计算

(1)单池设计污水流量。

$$Q_单 = \frac{Q}{n} \tag{7.17}$$

式中 Q——污水最大时流量，m^3/h；

$Q_单$——二沉池单池设计流量，m^3/h。

(2)进水管设计流量。

$$Q_进 = Q_单 \times (1 + R) \tag{7.18}$$

式中 $Q_进$——污水进水管最大时流量，m^3/h；

　　　R——污泥回流比,%。

　　(3)进水竖井出水口流速。

$$v_2 = \frac{Q_{进}}{A_{出水口} \times n_{出}} \tag{7.19}$$

式中　$Q_{进}$——污水最大时流量,m^3/h;

　　　$A_{出水口}$——出水口尺寸,m^2;

　　　$n_{出}$——出水口个数。

　　(4)稳流筒过流面积。

$$f = \frac{Q_{进}}{v_3} \tag{7.20}$$

式中　$Q_{进}$——污水最大时流量,m^3/h;

　　　v_3——稳流筒筒中流速,m/s;其值一般介于 0.03~0.02 m/s 之间。

8. 出水系统设计

　　假设采用周边集水槽,单侧集水时安全系数 k 取 1.2,单侧 90°三角堰出水槽集水,出水槽沿池壁环形布置,环形槽中水流由内侧流入出水口,厚 $i=0.1$ m。

　　(1)单池流量 $Q_{单}$ 同式(5.40)。

　　(2)环形集水槽内流量。

$$q_{集} = Q_{单}/2 \tag{7.21}$$

　　(3)环形集水槽设计。

　　①采用周边集水槽,单侧集水,每池只有一个总出水口。则集水槽宽度为

$$b = 0.9 \times (k \cdot q_{集})^{0.4} \tag{7.22}$$

式中　k——安全系数,采用 1.20~1.50。

　　集水槽起点水深为

$$h_{起} = 0.75b \tag{7.23}$$

　　集水槽终点水深为

$$h_{终} = 1.25b \tag{7.24}$$

　　②采用双侧集水环形集水槽时,则槽内终点水深

$$h_{nz} = \frac{q_{集}}{vb} \tag{7.25}$$

式中　h_{nz}——槽内终点水深,m;

　　　$q_{集}$——集水槽内水流量,m^3/s;

　　　b——槽宽,m;

　　　v——槽中流速,m/s。

　　(4)槽内起点水深。

$$h_{nq} = \sqrt[3]{\frac{2h_k^3}{h_{nz}} + h_{nz}^2} \tag{7.26}$$

$$h_k = \sqrt[3]{\frac{aq_{集}^2}{gb^2}} \tag{7.27}$$

式中　h_{nq}——槽内起点水深,m;

g——重力加速度,m/s^2;

h_k——临界水深,m。

（5）出水溢流堰的设计。

当采用90°的三角堰时（图7.9），其计算如下。

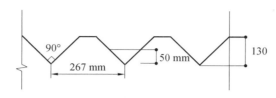

图 7.9　出水 90°三角堰

①堰上水头（即三角口底部至上游水面的高度 H_1）。

$$H_1 = 0.05 \text{ m} \tag{7.28}$$

②每个三角堰的流量 q_1。

$$q_1 = 1.343 H_1^{2.47} \tag{7.29}$$

③三角堰个数 n_1。

$$n_1 = \frac{Q_{单}}{q_1} \tag{7.30}$$

④三角堰中心距（单侧出水 L_1）。

$$L_1 = \frac{L}{n_1} = \frac{\pi(D - 2b)}{n_1} \tag{7.31}$$

9. 排泥部分设计

（1）回流污泥量。

由于总污泥量为回流污泥量与剩余污泥量之和,则回流污泥量 Q_R 为总污泥量与回流比之积,即

$$Q_R = Q_{设} \times R \tag{7.32}$$

（2）回流污泥管管径。

$$D_r = \sqrt{\frac{4 \times Q_R}{u \times \pi}} \tag{7.33}$$

式中　D_r——回流污泥管径,m;

Q_R——回流污泥量,m^3/s;

u——回流污泥流速,m/s。

（3）剩余污泥量。

$$Q_S = \frac{\Delta X}{f \cdot X_r} = \frac{Y(S_0 - S_e)Q - K_d V X_v}{f \cdot X_r} \tag{7.34}$$

式中　Y——污泥产率系数,生活污水一般取 0.50～0.65,城市污水取 0.40～0.50;

K_d——污泥衰减系数,生活污水一般取 0.05～0.10,城市污水取 0.07 左右;

f——MLVSS/MLSS,一般取 0.60～0.75;

V——曝气池容积,m^3;

X_v——曝气池平均 VSS 浓度,$X_v = f \cdot X$,g/m^3;

X_r——回流污泥浓度，g/m^3；

Q——曝气池设计流量，m^3/d。

（4）集泥槽通过两边集泥斗集泥，故其设计泥量为

$$q = \frac{Q_单}{2} \tag{7.35}$$

集泥槽宽为

$$b = 0.9q^{0.4} \tag{7.36}$$

起点泥深为

$$h_1 = 0.75b \tag{7.37}$$

终点泥深为

$$h_2 = 1.25b \tag{7.38}$$

对辐流式二沉池计算总池深为其水平流程 2/3 处的池深，如图 7.10 所示。同时还应满足池边深度 $h_{min} \geqslant 2.5$ m，计算总池深度 $h \geqslant 3.0$ m，中心斗边深度 $h_{max} \geqslant 4.0$ m。

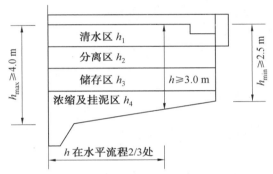

图 7.10　辐流式沉淀池的分区与池深示意图

7.1.7　设计案例及常见问题

案例一——辐流式沉淀池（图 7.11 和图 7.12）。

（1）初沉池。

沉淀部分有效面积＝1 231 m^2；

沉淀池直径＝40 m；

沉淀池有效水深＝4 m；

有效沉淀时间 2 h；

污泥斗总容积＝180 m^3。

（2）二沉池。

沉淀池总高度为 6.0 m，超高为 0.3 m。

沉淀部分水面面积为 1 913 m^2，池底设坡度为 0.05；

沉淀池直径＝50 m；

沉淀池有效水深＝4.5 m；

有效沉淀时间 3.5 h；

污泥斗高度＝1.2 m；

沉淀池总高度 7.95 m，超高 0.5 m。

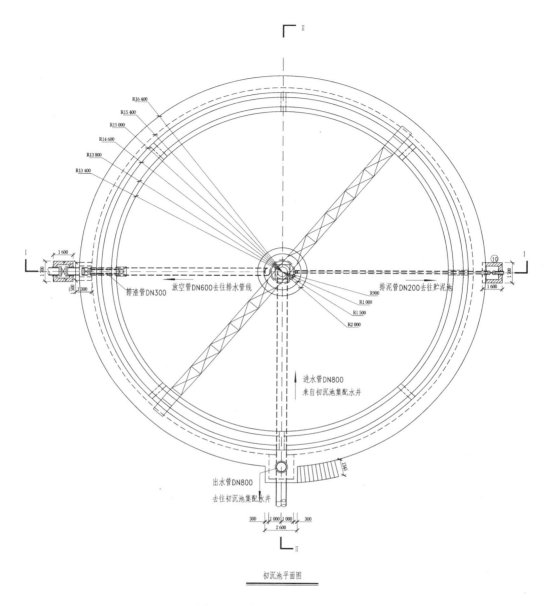

图 7.11 辐流式沉淀池平面图

案例中问题:

(1)部分地方高程未给出。

(2)进水管、放空管、排水管等各个管道应在图中标出,并画出水流方向(图 7.13)。

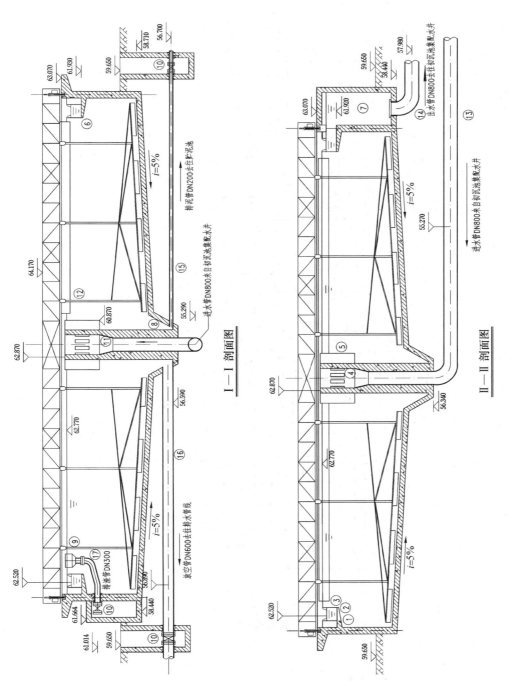

图7.12　辐流式沉淀池剖面图

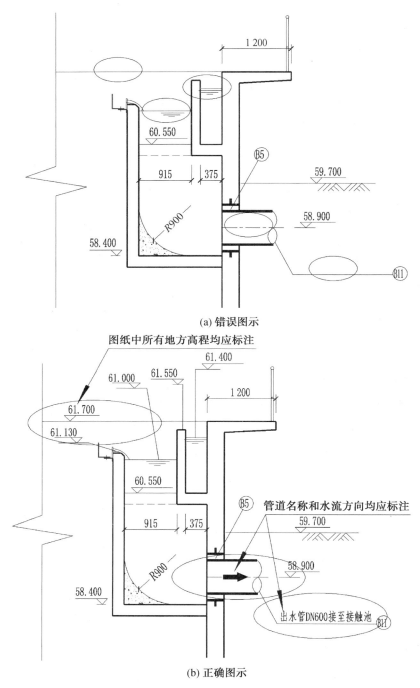

(a) 错误图示

(b) 正确图示

图 7.13　高程和管道正误对比图

（3）图中被遮挡的管道应画成虚线。

（4）平面图应给出所有直径或半径数据（图 7.14）。

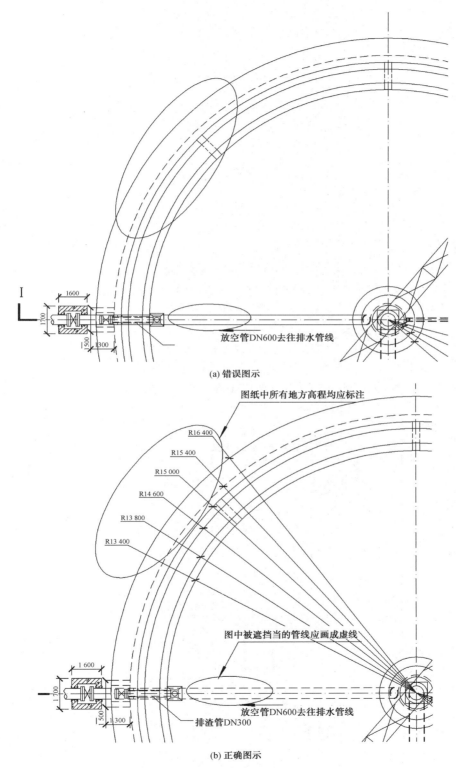

(a) 错误图示

(b) 正确图示

图 7.14　平面图正误对比图

(5)应画出指北针,且方向与平面图应一致。

(6)说明中的表述尽量用东西南北表示(图7.15)。

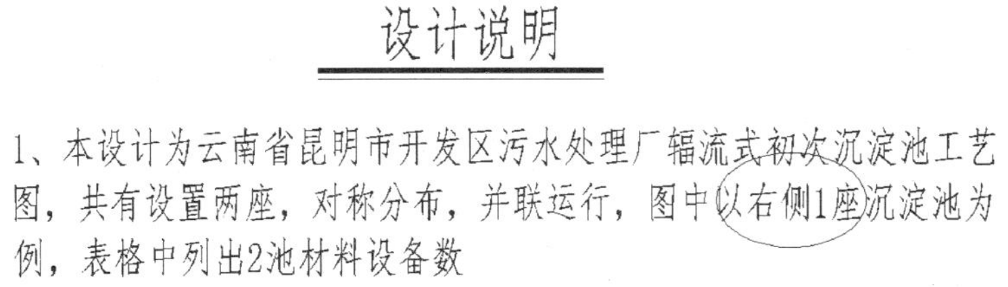

<h2 style="text-align:center">设 计 说 明</h2>

1、本设计为云南省昆明市开发区污水处理厂辐流式初次沉淀池工艺图,共有设置两座,对称分布,并联运行,图中以右侧1座沉淀池为例,表格中列出2池材料设备数

(a) 错误图示

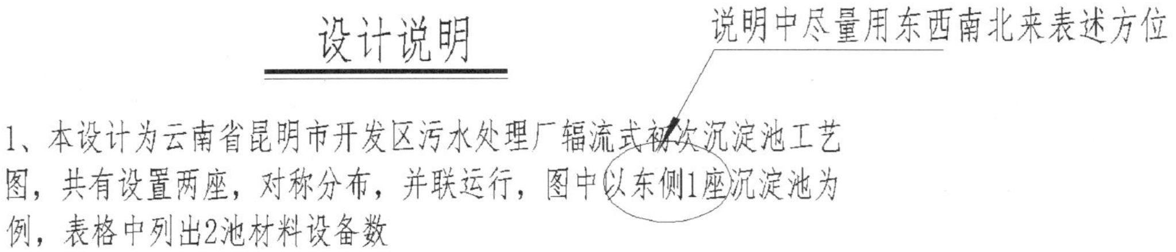

<h2 style="text-align:center">设 计 说 明</h2>

说明中尽量用东西南北来表述方位

1、本设计为云南省昆明市开发区污水处理厂辐流式初次沉淀池工艺图,共有设置两座,对称分布,并联运行,图中以东侧1座沉淀池为例,表格中列出2池材料设备数

(b) 正确图示

图 7.15　设计说明中正误对比图

(7)设计细节展示——部分图纸中画出了出水堰大样图(图7.16)。

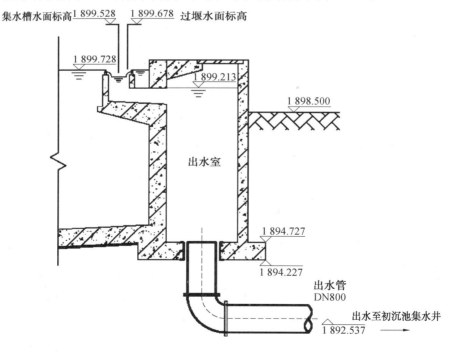

出水系统放大图 1:50

图 7.16　出水堰大样示意图

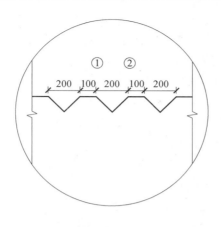

三角堰安装大样图 1:10

续图 7.16

7.2　污水处理厂集配水井设计原则及规范设计

7.2.1　概念

集配水井是集水井和配水井一体建设后形成的污水处理构筑物,一般情况下应建设在初沉池和二沉池等地方(图 7.17)。

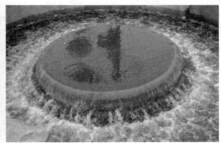

图 7.17　集配水井装置图

从工艺流程上集配水井是两个,二者从建筑设计格局上合二为一。例如,二沉池的集配水井,从生物池的出水进入集配水井的配水环节实现向多个二沉池均匀配水的目的,沉淀后的二沉池上清液在集配水井集水环节汇合流向下一个工艺单元。

7.2.2　组成

集配水井一般由集水井和配水井组成。

(1)集水井是将各路污水收集到一起的构筑物。主要功能为在污水处理过程中收集污水,减少流量变化给处理系统带来冲击。污水首先流到集水井,达到一定容量再下一步处理。

(2)配水井是将收集到的污水均匀分配到并列的处理流程的构筑物,配水井一般设置在生化池进入二沉的位置,主要作用是将生化池出水均匀地分配到各个二次池。

　　例如,生化处理段后的集配水井中的集水井主要功能为将曝气池出水收集,混合后送往二沉池,再将二沉池污水收集,送往消毒接触池;而配水井的功能为将曝气池出水收集,混合后送往二沉池,再将二沉池污水收集,送往消毒接触池。

　　图 7.18 为典型的集配水井的平面图。

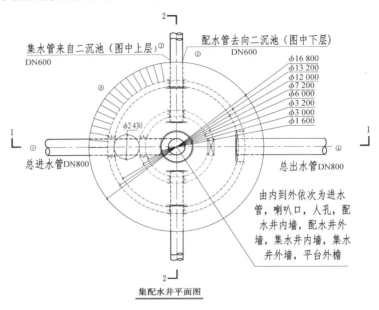

图 7.18　集配水井平面图

　　从结构上集配水井又可分为内井和外井,具体示意图如图 7.19 所示。

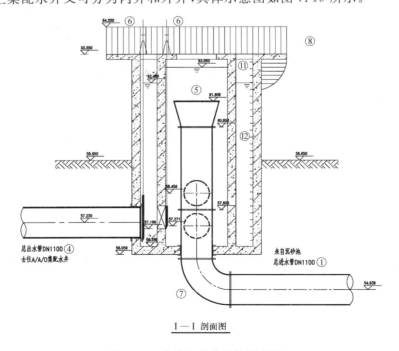

图 7.19　内井和外井结构示意图

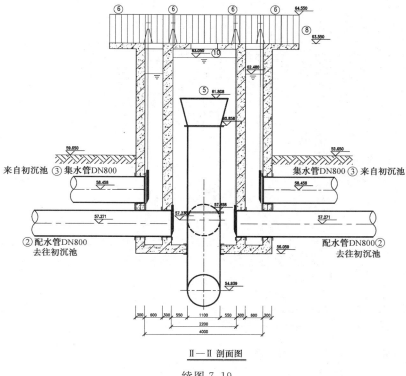

Ⅱ—Ⅱ 剖面图

续图 7.19

7.2.3　设计案例及常见问题

案例一（图 7.20 和图 7.21）。

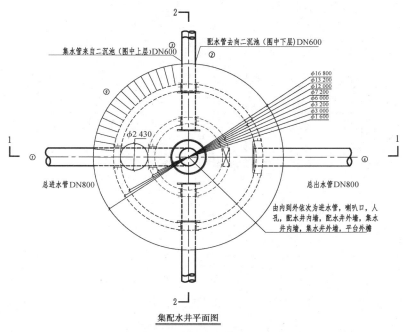

集配水井平面图

图 7.20　集配水井平面图

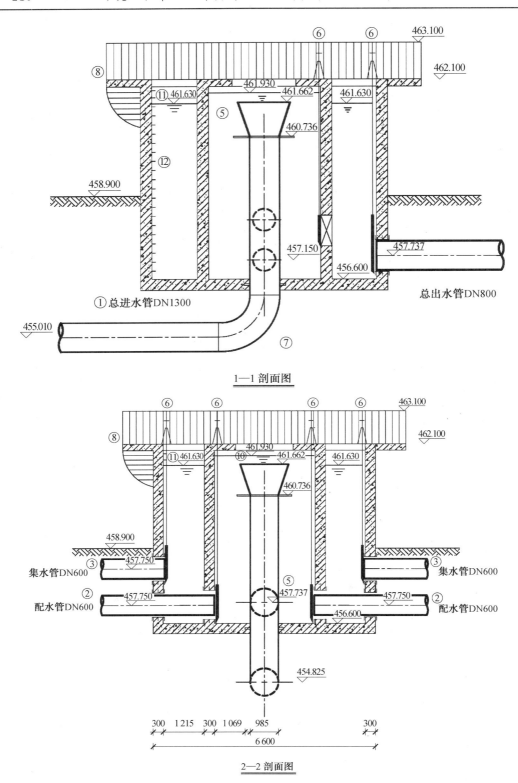

1—1 剖面图

2—2 剖面图

图 7.21　集配水井剖面图

该案例中问题如下。

(1)外井管道应为虚线(图 7.22)。

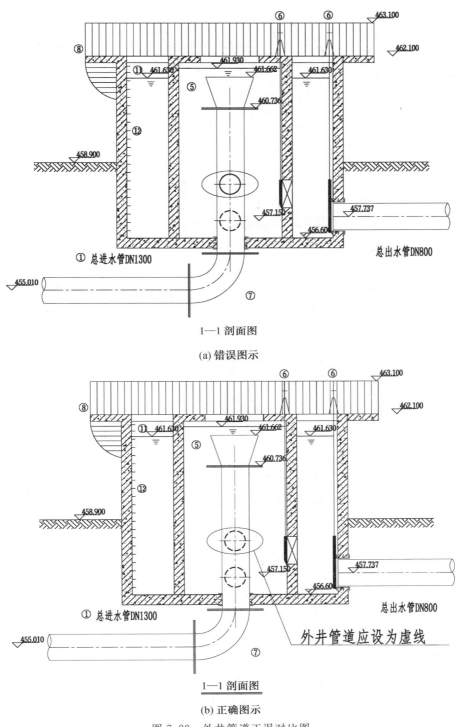

1—1 剖面图

(a) 错误图示

1—1 剖面图

(b) 正确图示

图 7.22　外井管道正误对比图

（2）地下管道未设置检修井（图 7.23）。

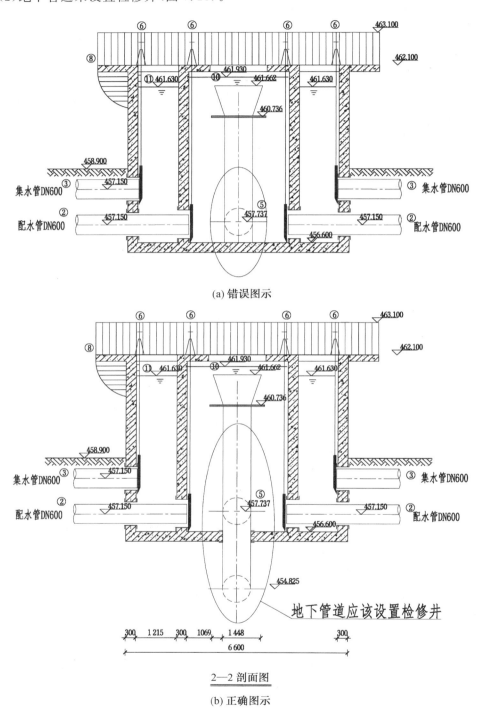

(a) 错误图示

2—2 剖面图

(b) 正确图示

图 7.23　检修井位置正误对比图

（3）构筑物池底出水管应设置防水翼环（图7.24）。

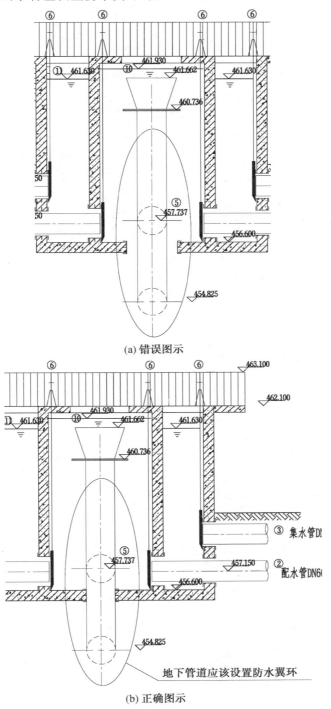

(a) 错误图示

(b) 正确图示

图7.24　池底进水管处应设置防水翼环正误对比图

（4）混凝土下管道应为虚线，其余为实线（图 7.25）。

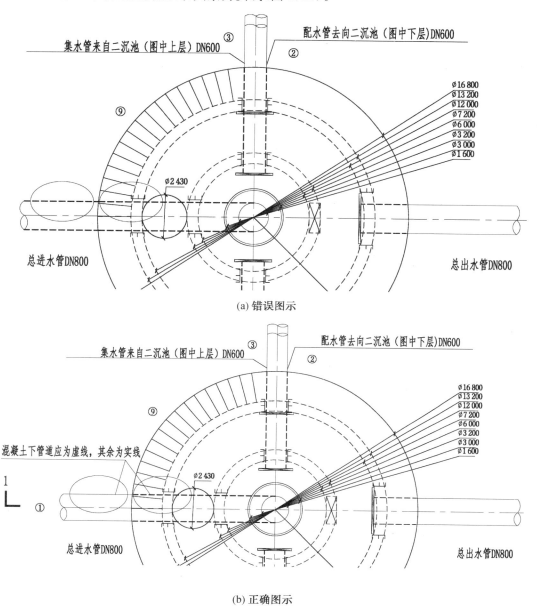

图 7.25　进水管道和混凝土下管道正误对比图

第8章 城镇污水处理厂深度处理工艺设计及规范制图

污水深度处理也叫污水的三级处理,是指城市污水处理的最后一级,也是污水高级处理阶段。三级处理的主要目标是进一步去除污水中氮、磷、微细悬浮物、微量有机物和无机盐以及病原体等污染物。污水经深度处理达到再生水水质标准后,可作为冲洗厕所、喷洒街道、浇灌绿化带、工业用水、防火等水源。污水的深度处理加强了水的可回用性和资源性,在我国人均水资源较少和当今的生态文明建设中具有重大意义。

根据三级处理出水的具体去向和用途,其处理流程和组成单元有所不同。若为防止受纳水体富营养化,则采用除磷和除氮的处理单元过程;若为保护下游饮用水源或浴场不受污染,则应采用除磷、除氮、除毒物、除病原体等处理单元过程;若直接作为城市饮用以外的生活用水,例如洗衣、清扫、冲洗厕所、喷洒街道和绿化地带等用水,其出水水质要求接近于饮用水标准,则应采用更为烦琐的处理过程。经三级处理后的污水通过输配水管道输送便形成城市中的水道系统。当前广泛应用的三级处理工艺主要有高密度沉淀池、V型滤池、凝集沉淀法、砂滤法、硅藻土过滤法、活性炭过滤法、反渗透法、离子交换法和电渗析法等。

8.1 高密度沉淀池处理工艺设计原则及规范设计

8.1.1 概念

高密度沉淀池也称高效沉淀池,其工艺是依托污泥混凝、循环、斜管分离及浓缩等多种基础理论,通过合理的水力和结构设计,开发出的集泥水分离与污泥浓缩功能于一体的新一代沉淀工艺。该工艺特殊的反应区和澄清区设计,尤其适用于中水回用和各类废水高标准排放领域(图8.1)。

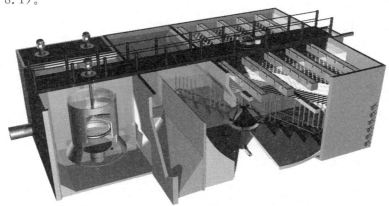

图 8.1 高密度沉淀池

8.1.2　工作原理

高效沉淀池由反应区和澄清区两部分组成,反应区包括混合反应区和推流反应区;澄清区包括入口预沉区、斜管沉淀区和浓缩区。原水先投加混凝剂,通过搅拌器的搅拌作用,保证一定的速度梯度,使混凝剂与原水快速混合。进入絮凝池后,再投加絮凝剂,在池内的搅拌机搅拌下,对水中悬浮固体进行剪切,重新形成更大的易于沉降的絮凝体。再进入沉淀池,沉淀池分为预沉区及斜管沉淀区,在预沉区中,易于沉淀的絮体快速沉降,未来得及沉淀以及不易沉淀的微小絮体被斜管捕获,最终高质量的出水通过池顶集水槽收集排出(图8.2)。

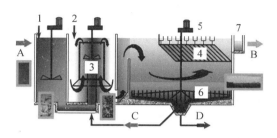

图 8.2　高密度沉淀池工艺

1—混凝剂投加;2—絮凝剂投加;3—反应池;4—斜管;5—澄清水槽;6—栅型刮泥机;7—出水渠

A—原水进水;B—澄清水出水;C—污泥回流;D—污泥排放

(1)混凝池。

对于高效沉淀池的前混凝池,在其中设有快速搅拌机,使投加的混凝剂快速分散,与池内原水充分混合均匀,进而形成小的絮体。混凝剂的投加量需通过优化烧杯试验确定。

(2)絮凝池。

絮凝池分为两个部分,由慢速搅拌反应区和推流反应区组成串联反应单元。在絮凝过程中,经过混凝的原水从搅拌反应器的底部进入絮凝池内源性导流筒的底部,絮凝剂加在涡轮的底部,原水、回流污泥和助凝剂由导流筒内的搅拌桨由下至上混合均匀。在导流筒周边区域,主要是通过推流使絮凝以较慢的速度进行,并分散低能量以确保絮凝物增大致密。这样可获得较大的絮体,使其到达沉淀区内快速沉淀。其中推流反应区混合液进入预沉区域的速度要保证矾花不在此处沉积。同时,从反应池到预沉池的转移速度仍需限制在低于0.056 m/s的范围内,以保证矾花不会发生破损。

(3)沉淀池。

斜板(管)沉淀池是根据浅池沉淀理论设计出的一种高效组合式沉淀池。水沿斜板或斜管上升流动,分离出的泥渣在重力作用下沿着斜板(管)向下滑至池底。沉淀效率仅为沉淀池表面积的函数,而与水深无关。当沉淀池容积为定值时,池子越浅则 A 值越大,沉淀效率越高。斜板冲洗系统为了保持长期运行过程中的功能效果,需要定期进行反冲洗(图8.3)。

8.1.3　运行特征

在对原水投加混凝剂时,在混合池内,应通过搅拌器的搅拌作用,保证一定的速度梯度,使混凝剂与原水快速混合。高效沉淀池分为絮凝与沉淀两个部分,在絮凝池中投加絮凝剂,

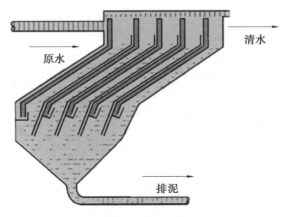

图 8.3　斜板管沉淀池示意图

池内的涡轮搅拌机可实现多倍循环率的搅拌,对水中悬浮固体进行剪切,重新形成大的易于沉降的絮凝体。沉淀池由隔板分为预沉区及斜管沉淀区,在预沉区中,易于沉淀的絮体快速沉降,未来得及沉淀以及不易沉淀的微小絮体被斜管捕获,最终高质量的出水通过池顶集水槽收集排出。

(1)高密度沉淀池工艺优势。

①利用了层流原理,提高了沉淀池的处理能力。

②缩短了颗粒沉降距离,从而缩短了沉淀时间。

③增加了沉淀池的沉淀面积,处理能力比一般沉淀池大得多,从而提高了处理效率。

④表面负荷高、占地面积小,这种类型沉淀池的过流率可达 36 m³/(m²·h),比一般沉淀池的处理能力高出 7~10 倍,是一种新型高效沉淀设备。

⑤已定型用于生产实践。

(2)高密度沉淀池工艺劣势。

①单位面积上的泥量增加,如排泥不畅,将产生反泥现象,使出水水质恶化。

②水在池中停留时间短,若水质水量变化较大,来不及调整运行,耐冲击负荷的能力差。

③斜板或斜管管径较小,若施工质量欠佳,造成变形,容易在管内或板间积泥。

④斜板或斜管在上部阳光的照射下会滋生大量的藻类。

8.1.4　高密度沉淀池工艺的组成单元及功能

高密度沉淀池的混合室包括混凝区和絮凝区,主要进行絮凝剂的投加以及搅拌混合工作,为后续沉淀做准备。原水经过混合室进入絮凝室,在导流筒的作用下形成稳定流向的水流,进入斜板沉淀池,因为浅池理论沉淀效果比一般沉淀池的效果高很多,污泥向下沉淀进入污泥浓缩区(图 8.4),从底部排泥,从上部出水。高密度沉淀池主要包括以下几个组成单元。

(1)混合室/絮凝室。

(2)斜板沉淀区(图 8.5)。

(3)污泥浓缩区(图 8.6)。

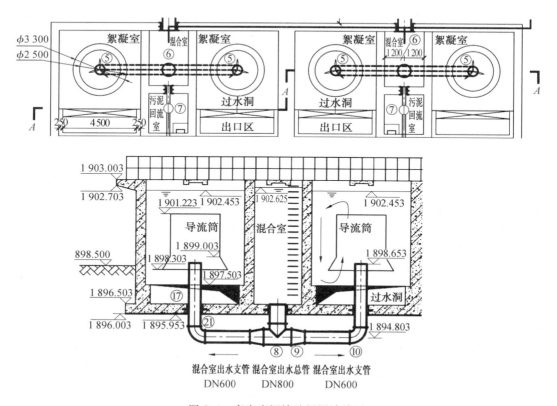

图 8.4　高密度沉淀池污泥浓缩区

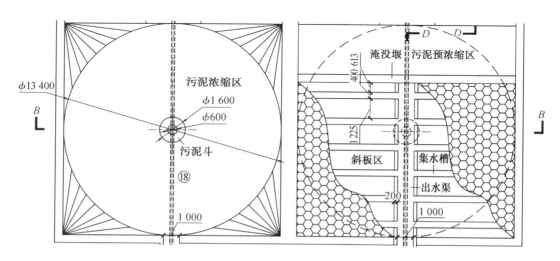

图 8.5　高密度沉淀池斜板区

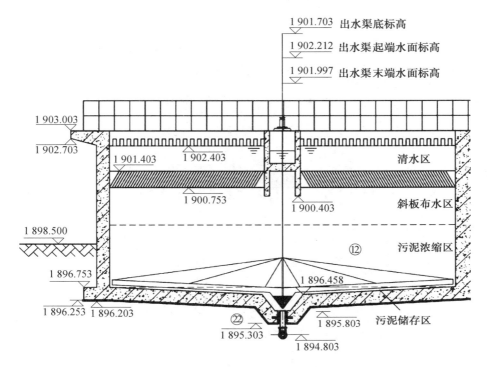

图 8.6　高密度沉淀池污泥浓缩区

8.1.5　高密度沉淀池工艺设计案例及常见问题分析

高密度沉淀池工艺设计案例一,如图 8.7 所示。

案例中问题包括以下几点:

(1)有特殊结构需标记水流向(图 8.8)。

(2)加药管位置位于混合室(图 8.9)。

(3)注意图纸细节表示(图 8.10)。

(4)管道配件标注清晰(图 8.11)。

(5)不同区室存在水头损失差(图 8.12)。

(6)不同位置剖面的符号表示(图 8.13)。

8.2　V 型滤池设计原则及规范化设计

8.2.1　概念

V 型滤池是快滤池的一种形式,因为其进水槽形状呈 V 字形而得名,也称均粒滤料滤池(其滤料采用均质滤料,即均粒径滤料)、六阀滤池(各种管路上有六个主要阀门)(图 8.14)。它是我国于 20 世纪 80 年代末从法国 Degremont 公司引进的技术。

V 型滤池用于污水厂二级处理后的深度处理工艺中,主要用于进一步去除水中悬浮和胶状物质,从而保证出水 COD、SS 等达标。

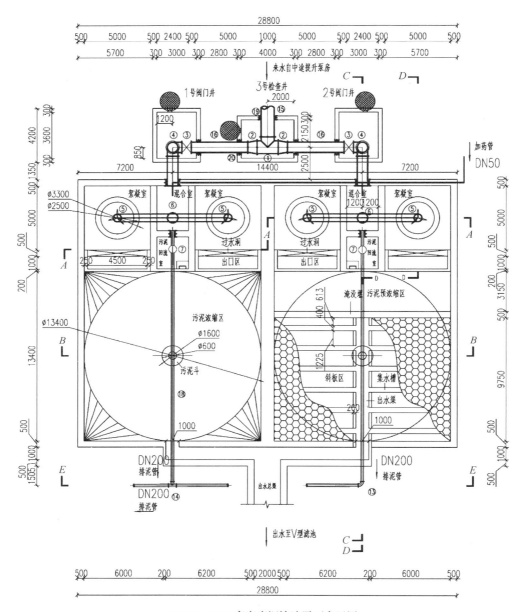

IDENSADEG 高密度沉淀池平面布置图

图 8.7　高密度沉淀池工艺图

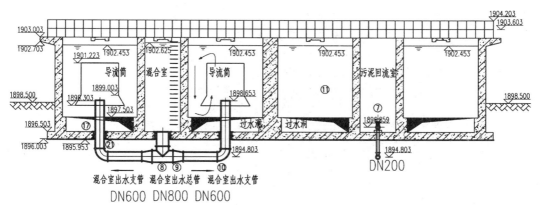

A—A 剖面图

续图 8.7

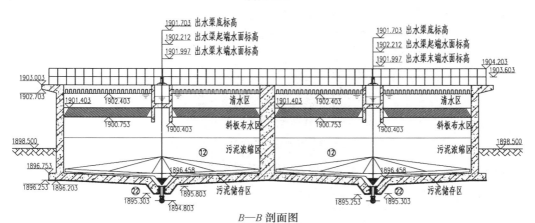

B—B 剖面图

续图 8.7

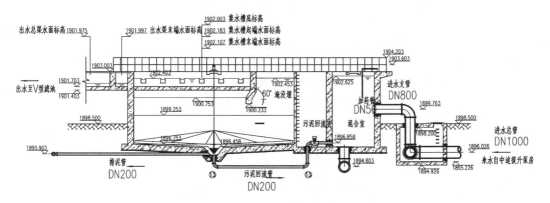

C—C 剖面图 1:100

续图 8.7

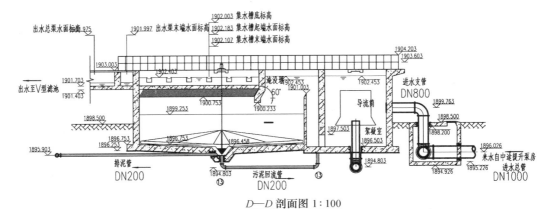

D—D 剖面图 1：100

续图 8.7

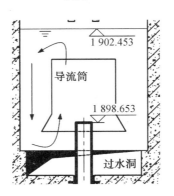

图 8.8　导流筒水流向表示

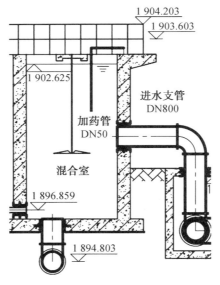

图 8.9　高密度沉淀池加药管位置示意

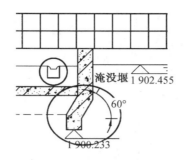

图 8.10　细节示意图

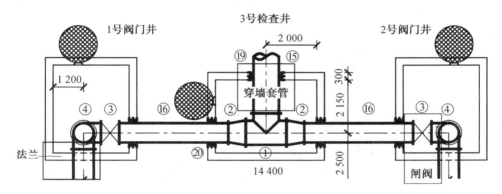

图 8.11　管道配件标注示意

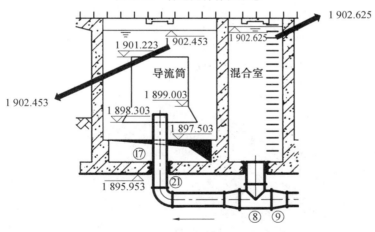

图 8.12　高密度沉淀池不同室区水头表示

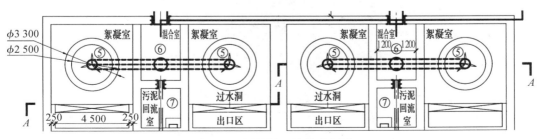

图 8.13　图纸剖面符号示意图

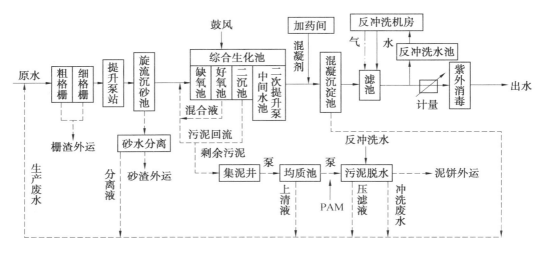

图 8.14　污水处理系统中的 V 型滤池

8.2.2　基本结构

滤池系统包括滤池本体,反冲洗鼓风机房、控制间、反冲洗水泵间、出水池(反冲洗集水池),整个滤池系统均设计在一座或几座建构筑物内。

1. V 型滤池的本体结构

V 型滤池的本体结构包括进水系统(进水总渠、进水支渠、V 形进水槽)、出水系统(清水支管、出水水封井、出水堰、清水总管等)、排水系统、配水系统、配气系统和池体等(图 8.15)。

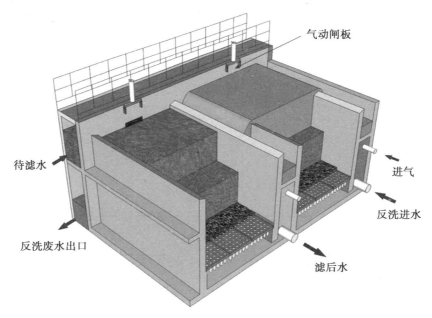

图 8.15　V 型滤池本体结构

2. V 型滤池结构图

V 型滤池结构平面图如图 8.16 所示,剖面图如图 8.17 所示。

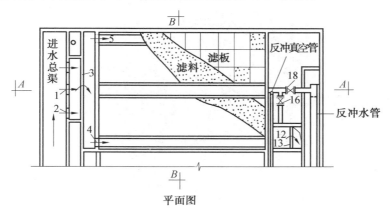

平面图

图 8.16　V 型滤池结构平面图

1—进水气动隔膜网;2—过水洞;3—堰口;4—侧孔;5—V 型槽;6—小孔;7—排水渠;8—气水分配渠;9—配水方孔;10—配气小孔;11—滤头;12—水封井;13—出水堰;14—清水渠;15—排水渠;16—反冲洗气管;17—法兰柔性防水套管;18—法兰盘

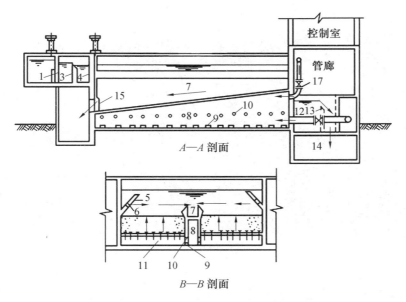

图 8.17　V 型滤池剖面图(图注同图 8.16)

8.2.3　工艺原理

1. V 型滤池运行过程

V 型滤池运行过程(图 8.18)包括正常过滤过程和反冲洗过程(图 8.19)。

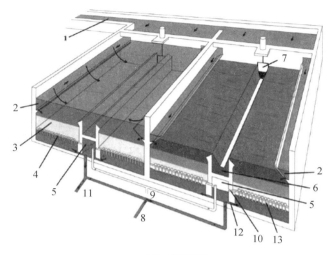

V型滤池原理图

图 8.18　V 型滤池运行过程

1—原水进水;2—V 型进水槽;3—滤料层;4—滤头支撑板;5—过滤水渠道及反冲洗气水渠道;6—冲洗水出水;7—冲洗水出水阀;8—冲洗水;9—反冲洗空气管;10—反冲洗空气进口;11—过滤水出水;12—冲洗水分配;13—滤头

图 8.19　V 型滤池正常过滤过程(左)和反冲洗过程(右)

(1)正常过滤过程。

正常过滤时,来水首先进入配水总渠,经配水电动方闸门进入一次配水渠,再经配水堰进入二次配水渠,然后经两侧进水孔进入滤池 V 型槽,此时水位是高于 V 型槽上顶的,原水经砂滤层过滤,通过长柄滤头进入收水室,再经底部孔洞进入配水配气渠,由出口调节蝶阀控制过流量进入水封井,从而可保证滤池恒水位过滤(依靠超声波液位计反馈信号控制出水调节阀),出水汇合后去往消毒池。

(2)反冲洗过程(图 8.20)。

①人工启动:当系统需要进行程序调试、设备维护或维修、强制反冲洗等情况下需要人工启动。此时进行手动切换即可。

②自动启动：自动启动条件为水位升高超过正常过滤水位 5 cm，达到设定的反冲洗时间或设定的滤阻值。

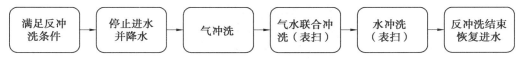

图 8.20　V 型滤池反冲洗过程

反冲洗过程常采用"气冲→气水同时反冲→水冲"三步。

气冲：打开进气阀，开启供气设备，空气经气水分配渠的上部小孔均匀进入滤池底部，由长柄滤头喷出，将滤料表面杂质擦洗下来并悬浮于水中，被表面扫洗水冲入排水槽。

气水同时反冲洗：在气冲的同时启动冲洗水泵，打开冲洗水阀，反冲洗水也进入气水分配渠，气、水分别经小孔和方孔流入滤池底部配水区，经长柄滤头均匀进入滤池，滤料得到进一步冲洗，表扫仍继续进行。

水冲：停止气冲，单独水冲表扫仍继续，最后将水中杂质全部冲入排水槽。

2.V 型滤池过滤与反冲洗设备状态、部分设计参数

V 型滤池过滤与反冲洗设备状态表见表 8.1。

表 8.1　V 型滤池过滤与反冲洗设备状态表

过程＼设备	进水闸板阀	出水调节蝶阀	反冲进气蝶阀	反冲进水蝶阀	反冲排水蝶阀	反冲洗排气电磁阀	反冲鼓风机	反冲洗泵
过滤	开	开	关	关	关	关	关	关
降水位	关	全开	关	关	关	关	关	关
气反冲 1～2 min	关	关	开	关	开	关	开 2 台	关
气水联合 5.4 min	开	关	开	开	开	关	开 1～2 台	开 1 台
水冲洗 5.8 min	开	关	关	开	开	开	关	开 2 台
水冲完毕	开	关	关	关	关	关	关	关
修复至过滤水位	开	开	关	关	关	关	关	关

（1）设备状态。

（2）滤速可达 7～20 m/h，一般为 8～12 m/h。

（3）采用单层加厚均粒滤料，粒径一般为 0.9～1.2 mm，允许扩大到 0.7～2.0 mm，不均匀系数为 1.2～1.6 或 1.8 之间。

（4）对于滤速在 7～20 m/h 之间的滤池，其滤层高度在 1.2～1.5 m 之间选用，对于更高的滤速还可相应增加。

（5）反冲洗一般采用气冲、气水同时反冲和水冲三个过程，反冲洗效果好，大大节省反冲洗水量和电耗。气冲强度为 50～60 m³/(h·m²)(13～16 L/s·m²)，气水混合冲洗气强度为 14～17 L/(s·m²)，水强度 3～4 L/(s·m²)，后水冲洗的强度为 4～8 L/(s·m²)。

（6）滤层以上的水深一般大于 1.2 m，反冲洗时水位下降到排水槽顶，水深只有 0.5 m。

3.V 型滤池运行中注意事项

（1）定时巡检、定期维护各设备，保证各设备的动作正常。

（2）当系统出现故障时，及时按操作手册进行处理，必要时进行手动反冲洗。

（3）及时清理表面浮渣和其他杂物。

（4）摸清不同水质反冲洗规律，尽可能使 2 组滤池反冲洗时间错开。

（5）掌握系统反冲洗顺序，能根据提示识别故障并采取相应措施。

（6）注意滤池管廊内地面水位与反冲洗机房泵坑内地面水位。

（7）每位运行人员应掌握手动反冲洗流程。

（8）当出现系统故障后，如停电、自控故障等，若不知如何处理应及时汇报有关人员。

8.2.4　功能及工程设计

1. 部分结构工程设计

（1）V 型槽和反冲洗排水槽（图 8.21）。

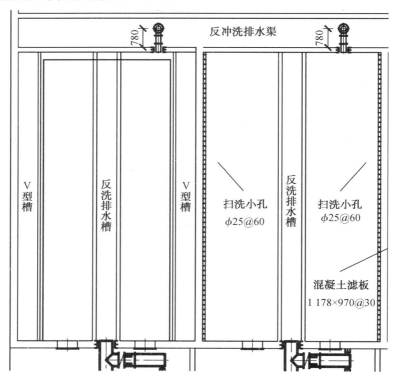

图 8.21　V 型槽和反冲洗排水槽

（2）石英砂滤料和砾石承托层（图 8.22）。

（3）剖面图（图 8.23）。

（4）共振破坏板、气管、水管的位置（图 8.24）。

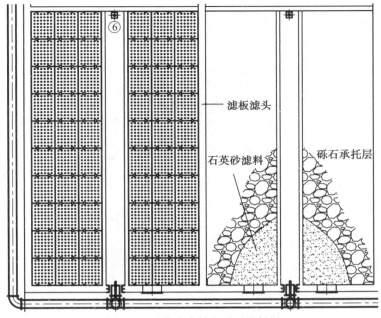

图 8.22　石英砂滤料和砾石承托层

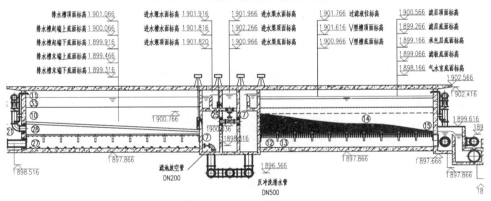

图 8.23　剖面图

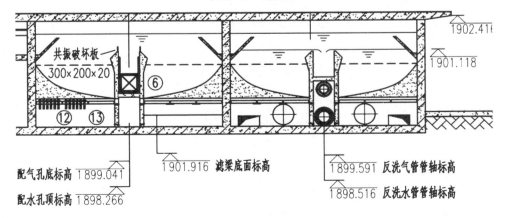

图 8.24　共振破坏管、气管、水管的位置

2. 注意事项

（1）不能忘记滤池放空管（图 8.25）。

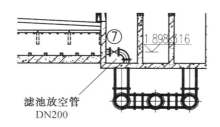

图 8.25　滤池放空管

（2）重点区域大样图（图 8.26）。

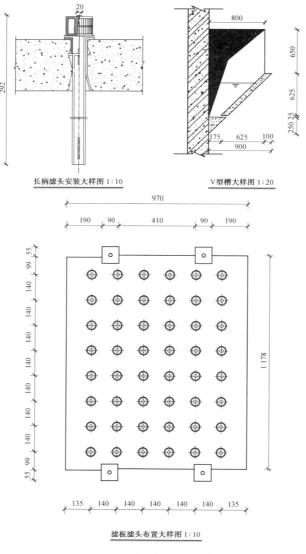

图 8.26　重点区域大样图

（3）一样的构造要尽量多表示内容（图 8.27）。

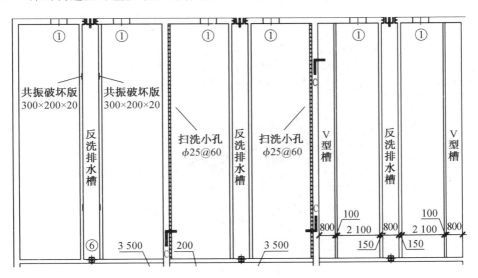

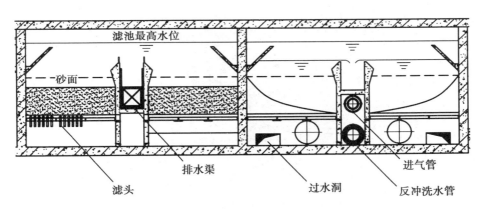

图 8.27　一样的构造尽量多表示内容

8.2.5　设计中常见注意事项

1.标注注意事项

（1）标高应齐全且清晰（图 8.28）。

（2）管材应绘制清晰，应有穿墙套管（图 8.29）。

（3）不要忘记装置图的指北针（图 8.30）。

（4）应具备相关文字和信息（图 8.31）。

2.装置注意事项

应注意添加断管符号、污水去向箭头符号（图 8.32）。

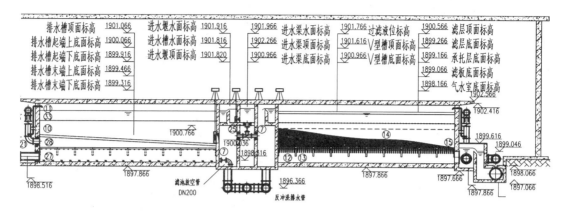

图 8.28　标高齐全且清晰的图

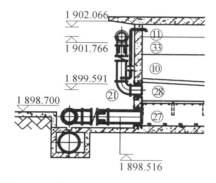

图 8.29　管材绘制清晰、有穿墙套管的图

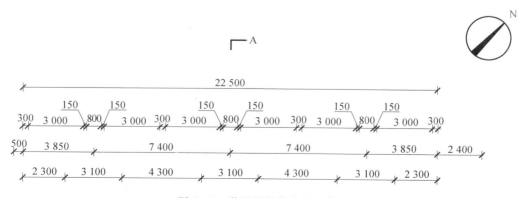

图 8.30　装置图的指北针不能忘

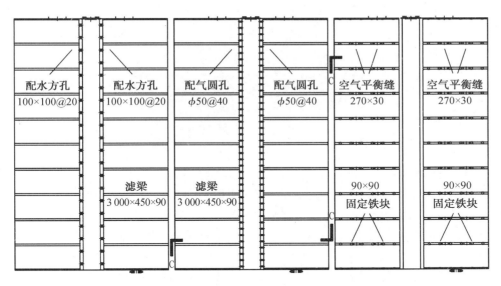

图 8.31　相关文字信息

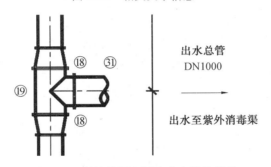

图 8.32　断管符号和污水去向箭头符号

8.3　上向流反硝化深床滤池设计原则及规范设计

8.3.1　概念

深床滤池通常用于水处理中悬浮物的去除,包括单层均质滤料或多层滤料滤池,滤床相比传统快滤池深,多为下流式重力滤池。滤料为天然石英砂,多层滤料为无烟煤、石英砂和石榴石等。水力负荷和硝酸盐容积负荷设计恰当,深床滤池也可具有反硝化脱氮的功能,同步去除悬浮物和硝酸盐。

上向流反硝化深床滤池是以反粒度过滤理论为基础,吸收翻板滤池、无堵塞曝气生物滤池、上向流滤池等工艺的优点,并将反向过滤工艺机理结合气水冲洗方式、关键设备和自控技术进行创新,进而开发出来的一种新型高效的反硝化深床滤池工艺(图 8.33)。

8.3.2　工作原理

上向流反硝化深床滤池是以反粒度过滤理论为基础,所谓反粒度过滤就是过滤时,沿着

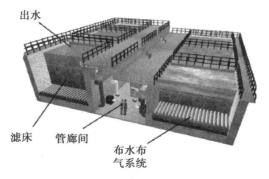

图 8.33　上向流反硝化深床滤池

过滤水流的方向,颗粒滤料的粒径由粗到细。这样一来,水中悬浮物在滤床中的穿透深度较大,提高了滤料层的纳污能力,减缓了滤层水头损失的增长速度,延长了滤池的工作周期。工作步骤如下。

（1）污水在好氧池（Oxic）中进行硝化。含氮有机物被细菌分解成氨,氨进一步被硝化细菌作用转化成硝态氮。

（2）污水在缺氧池（Amoxic）中进行反硝化。硝态氮被反硝化细菌还原成氮气溢出。反硝化菌是兼性异养菌,能利用污水中各种有机质作为电子供体,以硝酸盐代替分子氧,作为电子最终受体,进行"无氧"呼吸,使有机质分解,同时将硝酸盐氮还原成气态氮。

8.3.3　运行特征

上向流反硝化深床滤池处理工艺在运行过程中具有如下运行特征。

（1）良好的生物脱氮功能,出水 TN＜5 mg/L。

（2）良好的除磷功能,出水 TP＜0.3 mg/L。

（3）良好的悬浮物去除能力,出水 SS＜5 mg/L,浊度＜2 NTU。

（4）无须驱氮装置。

（5）无滤料流失。

（6）过滤周期长（48 hr 以上）。

（7）反硝化时碳源投加量减少 30％以上。

此外,上向流反硝化深床滤池工艺有以下优势。

（1）待滤水或反冲洗水经过滤料时带走系统产生的氮气,不需要设置驱氮装置,延长过滤周期。

（2）待滤水完全同空气隔绝,有利于反硝化菌的生长,脱氮能力大大提高（DO 值低节约碳源投加）。

（3）SS、TN 和 TP 去除一步到位,无须前置高效沉淀池,占地面积小,节省投资。

8.3.4　组成单元及功能

反硝化滤池根据水力流态可分为上流式和下流式两种形态。上流式的反硝化滤池形态和传统的生物滤池的结构较为类似,污水从下部往上部流动,滤池从下往上分为配水层承托层、填料层、清水层（图 8.34）。下流式的反硝化滤池形态和 V 型滤池结构较为类似,污水从滤池上部配水槽进入滤料区,滤池从上往下分为配水区、填料区、承托层、出水收集区。

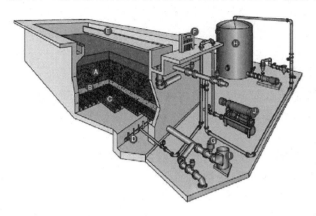

图 8.34　上向流反硝化深床滤池结构示意图
A—滤料;B—承托层砾石(承托板);C—配水系统(滤砖);D—布气系统
(不锈钢管);E—弧形进水堰;F—滤池控制系统;G—阀门;H—碳源储
存、投加系统;I—反冲洗水泵;J—反冲气源

8.3.5　运行模式

上向流反硝化深床滤池处理工艺有以下三种运行模式。

(1)直接过滤:主要目的是去除 SS,直接过滤;不投加碳源,也不投加絮凝剂,投加或少量投加助滤剂。

(2)微絮凝过滤:主要目的是在去除 SS 的同时,进行化学除磷,不投加碳源,但投加絮凝剂。

(3)生化反硝化脱氮:主要目的是进行缺氧生物反硝化反应,实现生物反硝化脱氮,同时去除 SS,投加碳源。

8.3.6　工艺设计参数

反硝化深床滤池设计参数参见表 8.2。

表 8.2　反硝化深床滤池设计参数

	下向流反硝化深床滤池	上向流反硝化深床滤池
滤速/(m·h⁻¹)	3~5	6~9
布水布气系统	通滤头滤板/滤砖	上向流滤管/上向流滤头滤板
滤床厚度/m	1.83	1.5~2.5
冲洗周期/h	18	36 以上

8.4　化学除磷工艺设计及原理

8.4.1　化学除磷简介

污水中的磷主要来自生活污水中的含磷有机物、合成洗涤剂、工业废液、化肥农药以及各类动物的排泄物。如污水没有完全处理，磷还会流失到江河湖海中，造成这些水体的富营养化。

磷的去除有生物除磷、化学除磷两种工艺，生物除磷是一种相对经济的除磷方法，但由于该除磷工艺目前还不能保证稳定达到 0.5 mg/L 出水标准的要求，所以要达到稳定的出水标准，常需要采取化学除磷措施来满足要求。

8.4.2　化学除磷概念

化学除磷是指通过向污水中投加无机金属盐与污水中溶解性的盐类（如磷酸盐）反应生成不溶性的沉淀物质，在絮凝剂的作用下聚集成颗粒较大的絮凝体，经过固液分离后达到除磷的目的。

其中，絮凝剂的加入是为了使不溶性的小粒径磷酸盐固体颗粒聚集为易沉降的大颗粒物，改善沉淀效果。

8.4.3　化学除磷工艺优缺点

优点：操作简单；处理效果好，处理效率可达 80%～90%；效果稳定，不会导致磷释放；抗冲击负荷强，当水质水浓度波动时，仍可以有较好的效果。

缺点：增加处理费用；使污水处理场污泥量显著增加，初沉池污泥可以增加 60%～100%；增加了处理场污泥处理与处置的难度；铁盐除磷有时使用过量会使出水呈微红色。

8.4.4　化学除磷原理

根据磷在污水中不同的存在方式，应采用不同的除磷技术。常用的除磷技术方法有结晶法、吸附法和化学沉淀法。

（1）结晶法。结晶法指通过人为改变条件（提高 pH 值或同时加入药剂增加金属离子浓度），使不溶性晶体物质（主要是磷酸铵镁晶体与羟基磷酸钙）析出的方法。

结晶法的主要优点有：除磷效率高，出水水质好；使水中的磷在晶种上以晶体的形式析出，理论上不产生污泥，不会造成二次污染；操作简单，使用范围广，可用于城市生活污水厂二级出水的深度处理、去除污泥消化池中具有较高磷浓度的上清液等。

（2）吸附法。吸附法除磷是利用某些多孔或大比表面积的固体物质，通过磷在吸附剂表面的附着吸附、离子交换或表面沉淀来实现污水的除磷过程。吸附除磷的过程既有物理吸附，又有化学吸附。对于天然吸附剂主要依靠巨大的比表面积，以物理吸附为主，而人工吸附剂较之天然吸附剂孔隙率及表面活性明显提高，以化学吸附为主。

吸附法的主要优点有：天然的吸附剂种类多、易获取，有粉煤灰、钢渣、沸石、膨润土、蒙托石、凹凸棒石、海泡石、活性氧化铝、海绵铁等；人工合成吸附剂在低磷浓度下仍有较高的吸附容量,有着巨大的优越性。现在已有 Al、Mg、Fe、Ca、Ti、Zr 和 La 等多种金属的氧化物及其盐类作为选择材料。

(3)化学沉淀法。化学沉淀法是通过投加化学药剂形成不溶性磷酸盐沉淀,然后通过固液分离将磷从污水中除去的方法。根据使用的药剂可分为石灰沉淀法和金属盐沉淀法。常见药剂见表 8.3。

采用铝盐或铁盐做混凝剂时,其投加混凝剂与污水中总磷的摩尔比宜为 1∶5∶3。

化学沉淀法中氢氧化钙、铝盐、铁盐常见反应机理如下:

$$5Ca^{2+} + 3PO_4^{3-} + OH^- = Ca_5(PO_4)_3OH \downarrow$$

$$Fe^{3+} + PO_4^{3-} = FePO_4 \downarrow$$

$$3Fe^{2+} + 2PO_4^{3-} = Fe_3(PO_4)_2 \downarrow$$

$$Al^{3+} + PO_4^{3-} = AlPO_4 \downarrow$$

$$Ca^{2+} + 2H_2PO_4^{3-} = Ca(H_2PO_4)_2 \downarrow$$

$$Ca^{2+} + HPO_4^{2-} = CaHPO_4 \downarrow$$

$$10Ca^{2+} + 6PO_4^{3-} + 2OH^- = Ca_{10}(OH)_2(PO_4)_6 \downarrow$$

表 8.3　化学沉淀法常用药剂

类型	名称	分子式	状态
铝盐	硫酸铝	$Al_2(SO_4)_3 \cdot 18H_2O$　　$Al_2(SO_4)_3 \cdot 14H_2O$	固体　　液体
		$nAl_2(SO_4) \cdot xH_2O + mFe_2(SO_4)_3 \cdot yH_2O$	固体
	氯化铝	$AlCl_3$	液体(约 40%)
		$AlCl_3 + FeCl_3$	液体
	聚合氯化铝	$[Al(OH)_n \cdot Cl_{3-n}]_m$	液体
二价铁盐	硫酸亚铁	$FeSO_4 \cdot 7H_2O$	固体
		$FeSO_4$	液体
三价铁盐	氯化硫酸铁	$FeClSO_4$	液体(约 40%)
	硫酸铁	$Fe_2(SO_4)_3$	液体(约 40%)
	氯化铁	$FeCl_3 \cdot 6H_2O$	液体(约 40%)
熟石灰	氢氧化钙	$Ca(OH)_2$	约 40% 的乳液

根据药剂投加的不同位置,可将除磷方法分为前置除磷、同步除磷和后置除磷(图8.35)。

(1)前置除磷。通前沉析工艺的特点是沉析药剂投加在沉砂池中,或者初次沉淀池的进水渠(管)中。其一般需要设置产生涡流的装置或者供给能量以满足混合的需要。相应产生的沉析产物(大块状的絮凝体)则在一次沉淀池中通过沉淀而被分离。如果生物段采用的是生物滤池,则不允许使用 Fe^{2+} 药剂,以防止对填料产生危害(产生黄锈)。

前置除磷优点有:降低了生物处理阶段的负荷;由于先进行了化学除磷,所以活性污泥反应池中的无机污泥含量不会增加。缺点有:不是所有的磷都被水解(有些以多磷酸盐的形式存在);有机负荷的降低会影响反硝化功能;产生的污泥量较大(相比同步沉淀而言);同沉

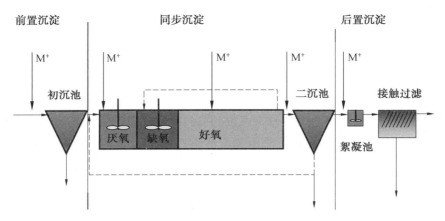

图 8.35　化学除磷工艺

淀剂的竞争反应使沉淀剂用量增加。

（2）同步除磷。同步沉析是使用最广泛的化学除磷工艺,在国外约占所有化学除磷工艺的 50%。其工艺是将沉析药剂投加在曝气池出水或二次沉淀池进水中,个别情况也有将药剂投加在曝气池进水或回流污泥渠(管)中。目前很多污水厂都采用此工艺,如广州大坦沙污水处理厂三期就是采用的同步沉析,加药对活性污泥的影响比较小。

同步除磷的优点有:回流使沉淀剂得到更有效的利用;可以在生物处理的曝气阶段使用二价铁作为沉淀剂;可以改善污泥容积指数。缺点有:增加无机污泥的含量(影响污泥龄);影响碱度,影响硝化过程。

（3）后置除磷。后沉析是将沉析、絮凝以及被絮凝物质的分离在一个与生物设施相分离的设施中进行,因而也就有二段法工艺的说法。一般将沉析药剂投加到二次沉淀池后的一个混合池(M 池)中,并在其后设置絮凝池(F 池)和沉淀池(或气浮池)。

后置除磷的优点有:条件明确;多磷酸盐已水解为磷酸盐;可被生物去除的磷已被去除,不会影响生物处理过程。缺点有:相比其他方式费用更高;很可能造成铁或铝的过量;为了避免过滤负荷过大,只有少量的磷可以被去除。

第9章 城镇污水处理厂出水消毒及工艺设计

污水处理经一级、二级处理后,出水仍不能满足受纳水体的排放要求,或为提高水资源的利用率,考虑将污水再生利用、回用于工业及市政公共设施时,需进一步降低出水中的COD、BOD_5、SS、TN、TP等污染物指标。以上提高污水处理程度的过程被称为污水深度处理。

作为二级处理的后续处理,三级处理流程的设计将直接取决于二级处理系统的工艺设计条件。根据污水处理厂出水的用途不同,其深度处理技术的选择各不相同,常用的二级出水回用深度处理工艺主要包括:

(1)二级出水→活性炭吸附→消毒→回用。

(2)二级出水→过滤→消毒→回用。

(3)二级出水→化学强化混凝(或气浮)→过滤→消毒→回用。

(4)AAO处理出水→超滤→消毒→回用。

(5)二级出水→预过滤→超滤膜过滤→反渗透→回用。

其中,水处理消毒的目的是解决水中的生物污染问题。污水经过二级处理后,水质改善,细菌含量大幅度减少,但细菌的绝对值仍很客观,并存在病原菌的可能,为防止对人类健康产生危害和对生态造成污染,在2000年5月国家发布的《城市污水处理及污染防治技术政策》中明文规定:"为保证公共卫生安全,防止传染性疾病传播,城镇污水处理应设置消毒设施。"因此,污水排入水体前应进行消毒。

9.1 接触消毒池设计原则及规范设计

9.1.1 概念

接触消毒池是指使消毒剂与污水混合,以对污水进行消毒的构筑物(图9.1)。接触消毒池的主要功能为杀死处理后污水中的病原性微生物。污水处理厂常用消毒试剂有NaClO、液氯等,其有效成分均为次氯酸根。

9.1.2 设计原则

接触消毒池在设计过程中应符合以下设计原则:

(1)城市污水处理应设置消毒设施。

(2)污水消毒程度应根据污水性质、排放标准或再生水要求确定。

(3)污水宜采用紫外线或二氧化氯消毒,也可用液氯消毒。

(4)消毒设施和有关建筑物的设计,应符合现行《室外给水设计标准》(GB 50013—2018)的有关规定。

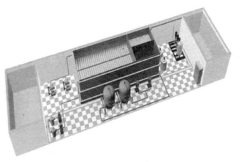

图 9.1　接触消毒池示意图

9.1.3　消毒剂分类及运行原则

消毒技术具有价格低廉、灭菌效果好、能杀死水中寄生虫卵和致病菌、可消耗部分难降解有机物等优点,在我国的污水深度处理和给水处理中广泛应用。目前污水消毒常采用的方法有液氯消毒、二氧化氯消毒、臭氧消毒、紫外线消毒等。所有的消毒方式均为在前续筑物的出水中投加消毒剂,然后使其在接触消毒池中停留一定的时间,从而达到消毒的目的。

1. 液氯及次氯酸钠消毒

液氯消毒法(Chlorine Disinfection)指的是将液氯汽化后通过加氯机投入水中完成氧化和消毒的方法。液氯消毒法是迄今为止最常用的方法,其特点是液氯成本低、工艺成熟、效果稳定可靠。由于加氯法一般要求不少于 30 min 的接触时间,接触池容积应较大;氯气是剧毒危险品,存储氯气的钢瓶属高压容器,有潜在威胁,需要按安全规定兴建氯库和加氯间;液氯消毒将生成有害的有机氯化物,但是液氯具有持续灭菌能力。

液氯溶于水后,与水将发生如下反应:

$$Cl_2 + H_2O = HCl + HClO$$

$$HClO = H^+ + OCl^-$$

上述反应过程中生成的次氯酸体积小、不荷电、易穿过细胞壁,对细菌和病毒具有良好的杀灭作用;同时,它又是一种强氧化剂,能损害细胞膜,使蛋白质、RNA 和 DNA 等物质释出,并影响多种酶系统(主要是磷酸葡萄糖脱氢酶的巯基被氧化破坏),从而使细菌死亡。氯对病毒的作用在于对核酸的致死性损害。

二级处理出水的加氯量应根据试验资料或类似运行经验确定。无试验资料时,二级处理出水可采用 6～15 mg/L,再生水的加氯量按卫生学指标和余氯量确定。

对于液氯消毒,应符合以下规定:

(1)加氯量应根据水质、水量、水温和 pH 值等具体情况确定。

(2)应每月检查并维护漏氯检测仪 1 次,每周对防毒面具检查 1 次。

(3)漏氯吸收装置宜每 6 个月清洗 1 次。

(4)加氯时应按加氯设备的操作规程进行,停泵前应关闭出氯总闸阀。

(5)加氯间的排风系统,在加氯机工作前应通风 5～10 min。

(6)应制定液氯泄漏紧急处理预案和程序。

(7)当加氯设施较长时间停置时,应将氯瓶妥善处置。重新启用时,应按加氯间投产运行的检查和验收方案重新做好准备工作。

（8）开、关氯瓶闸阀时，应使用专用扳手，用力均匀，严禁锤击，同时应进行检漏。

（9）氯瓶的管理应符合现行的国家标准《氯气安全规程》（GB11984—2018）的规定。

（10）应每周检查 1 次报警器及漏氯吸收装置与漏氯检测仪表的有效联动功能，并应每周启动 1 次手动装置，确保其处于正常状态。

（11）氯库应设置漏氯检测报警装置及防护用具。

（12）采用液氯消毒时，运行参数应符合设计要求，可按表 9.1 中的规定确定。

表 9.1　液氯消毒正常运行参数

项目	接触时间 /min	加氯间内氯气的最高 容许浓度/(mg·m^{-3})	出水余氯量 /(mg·L^{-1})
污水	≥30	1	—
再生水	≥30	1	≥0.2（城市杂用水） ≥0.05（工业用水） ≥1.00～1.50（农田灌溉） ≥0.05（景观环境水）

对于次氯酸钠消毒，应符合以下要求：

（1）应根据水量及对水质的要求确定加药量。

（2）应每月清洗 1 次次氯酸钠发生器电极。

（3）应将药剂贮存在阴暗干燥处和通风良好的清洁室内。

（4）运输时应有防晒、防雨淋等措施；并应避免倒置装卸。

2. 二氧化氯消毒

二氧化氯（ClO$_2$）是一种黄绿色到橙黄色的气体，是国际上公认为安全、无毒的绿色消毒剂。它可以杀灭一切微生物，包括细菌繁殖体、细菌芽孢、真菌、分枝杆菌和病毒等，并且这些细菌不会产生抗药性。二氧化氯对微生物细胞壁有较强的吸附穿透能力，可有效地氧化细胞内含巯基的酶，还可以快速抑制微生物蛋白质的合成，从而破坏微生物。自 1956 年比利时的布鲁塞尔将二氧化氯用作自来水消毒剂后，二氧化氯消毒被广泛地使用。

由于 ClO$_2$ 是一种不稳定化合物，不含 HOCl 和 HOCl$^-$ 形式的有效氯，ClO$_2$ 氯原子为正 4 价，还原成氯化物时将可得到 5 个电子，因此其氧化力相当于氯的 5 倍，有效氯含量为 263％。故二氧化氯是极为有效的饮水消毒剂。二氧化氯对微生物的杀灭原理是：二氧化氯对细胞壁有较好的吸附性和透过性能，可有效地氧化细胞内含巯基的酶；可与半胱氨酸、色氨酸和游离脂肪酸反应，快速控制生物蛋白质的合成，使膜的渗透性增高；并能改变病毒衣壳蛋白，导致病毒灭活。

通常情况下，二氧化氯消毒具有如下优点：

（1）广谱性：能杀死病毒、细菌、原生生物、藻类、真菌和各种孢子及孢子形成的菌体。

（2）高效性：0.1×10^{-6} 下即可杀灭所有细菌繁殖体和许多致病菌，50×10^{-6} 可完全杀灭细菌繁殖体、肝炎病毒、噬菌体和细菌芽孢。

(3)受温度和氨影响小:在低温和较高温度下杀菌效力基本一致。

(4)pH 适用范围广:能在 pH 2～10 范围内保持很高的杀菌效率。

(5)安全无残留:不与有机物发生氯代反应,不产生三致物质和消毒副产物。

(6)对人体无刺激等:低于 500×10^{-6} 时,其影响可以忽略,100×10^{-6} 以下对人没任何影响。

二氧化氯或氯消毒后应进行混合和接触,接触时间不应小于 30 min。

采用二氧化氯消毒时,必须符合下列规定:

(1)盐酸的采购和存放应符合国家现行有关标准的规定。

(2)固体氯酸钠应单独存放,且与设备间的距离不得小于 5 m;库房应通风阴凉。

(3)在搬运和配制氯酸钠过程中,严禁用金属器件锤击或摔击,严禁明火。

(4)操作人员应戴防护手套和眼镜。

(5)应根据水量及对水质的要求确定加药量。

(6)应定期清洗二氧化氯原料灌口闸阀中的过滤网。

(7)开机前应检查防爆口是否堵塞,并应确保防爆口处于开启状态。

(8)开机前应检查水浴补水阀是否开启,并应确认水浴箱中自来水是否充足。

(9)停机时加药泵停止工作后,设备应再运行 30 min,此后方可关闭进水。

(10)停机时,应关闭加热器电源。

3. 臭氧消毒

臭氧的分子式为 O_3,为天蓝色腥臭味气体,具有强氧化性。在消毒过程中,臭氧首先破坏微生物膜的结构,使膜构成成分受损伤,而导致新陈代谢障碍,以实现杀菌作用;其次,臭氧能与细菌细胞壁脂类的双键反应,穿入菌体内部,作用于蛋白和脂多糖,破坏膜内脂蛋白和脂多糖,改变细胞的通透性,从而导致细菌死亡;第三,臭氧还作用于细胞内的核物质,如核酸中的嘌呤和嘧啶从而破坏 DNA,导致细胞溶解、死亡。概括来讲:O_3 灭菌有以下 3 种形式:①氧化分解细菌内部葡萄糖所需的酶,使细菌灭活死亡;②直接与细菌、病毒作用,破坏它们的细胞器和 DNA、RNA,使细菌的新陈代谢受到破坏,导致细菌死亡;③透过细胞膜组织,侵入细胞内,作用于外膜的脂蛋白和内部的脂多糖,使细菌发生通透性畸变而溶解死亡。

在臭氧消毒过程中,应遵循如下原则:

(1)消毒水渠无水或水量达不到设备运行水位时,严禁开启设备。

(2)无论是否具备自动清洗机构,都必须根据污水水质和现场污水实际处理情况定期对玻璃套管进行人工清洗。

(3)应定期更换紫外灯、玻璃套管、玻璃套管清洗圈及光强传感器。

(4)应定期清除溢流堰前的渠内淤泥。

(5)应满足溢流堰前有效水位,确保紫外灯管的淹没深度。

(6)在紫外线消毒工艺系统上工作或参观的人员必须做好防护;非工作人员严禁在消毒工作区内停留。

(7)设备灯源模块和控制柜必须严格接地,避免发生触电事故。

(8)人工清洗玻璃套管时,应戴橡胶手套和防护眼镜。

(9)采用紫外线消毒的污水,其透射率应大于 30%。

4. 紫外线消毒

紫外线是电磁波的一部分,污水消毒用的紫外线波长为 200~310 nm(主要为 254 nm)。紫外线杀菌消毒是利用适当波长的紫外线能够破坏微生物机体细胞中的 DNA(脱氧核糖核酸)或 RNA(核糖核酸)的分子结构,造成生长性细胞死亡和(或)再生性细胞死亡,达到杀菌消毒的效果。紫外线消毒技术是在现代防疫学、医学和光动力学的基础上,利用特殊设计的高效率、高强度和长寿命的 UVC 波段紫外光照射流水,将水中各种细菌、病毒、寄生虫、水藻及其他病原体直接杀死。

在紫外消毒过程中紫外线剂量(Ultraviolet Dose)的定义为照射到生物体上的紫外线量(即紫外线生物验定剂量或紫外线有效剂量),由生物验定测试得到。

污水的紫外线剂量宜根据试验资料或类似运行经验确定,也可按下列标准确定:

(1)二级处理的出水为 15~22 mJ/cm^2。

(2)再生水为 24~30 mJ/cm^2。

紫外线照射渠的设计,应符合下列要求:

(1)照射渠水流均布,灯管前后的渠长度不宜小于 1 m。

(2)水深应满足灯管的淹没要求。

紫外线照射渠不宜少于 2 条。当采用一条时,宜设置超越渠。

5. 消毒技术优缺点对比

不同消毒技术具有各自的优点,但亦存在以下缺点,主要包括:①氯化消毒技术能生成具有致癌致畸的 DBPs,且其对隐孢子虫和贾第虫的处理效果不佳;②氯胺消毒需时较长且需要的投加量大;③臭氧在水体中分解速度较快,消毒能力受到限制,并且其对管网中的水体不能够达到消毒的作用。另外,二级出水中含氮量和有机物含量较高,消毒时对反应试剂的消耗量大,并且会产生大量的 DBPs。

表 9.2　常用消毒剂的性能

项目	液氯	次氯酸钠	二氧化氯	臭氧	紫外线
杀菌有效性	较强	中	强	最强	强
效能: 　对细菌 　对病毒 　对芽孢	有效 部分有效 无效	有效 部分有效 无效	有效 部分有效 无效	有效 有效 无效	有效 部分有效 无效
一般投加量 /(mg・L^{-1})	5~10	5~10	5~10	10	
接触时间	10~30 min	10~30 min	10~30 min	5~10 min	10~100 min
一次投资	低	较高	较高	高	高
运行成本	便宜	贵	贵	最贵	较便宜

续表 9.2

项目	液氯	次氯酸钠	二氧化氯	臭氧	紫外线
优点	技术成熟,效果可靠,设备简单,价格便宜,有后续消毒作用	可现场制备,也可购买商品次氯酸钠,使用方便,投量容易控制	杀菌效果好,无气味,使用安全可靠,有定型产品	除色除臭效果好,不产生残留的有害物质,增加溶解氧	快速,无化学药剂、杀菌效果好,无残留有害物质
缺点	有臭味、残毒,余氯对水生生物有害,可能产生致癌物质,安全措施要求高	现场制备设备复杂,维修管理要求高,需要次氯酸钠发生器和投配设备	需现场制备,维修管理要求高	需现场制备,投资大,成本高,设备管理复杂,剩余臭氧需做消除处理	耗能较大,对浊度要求高,消毒效果受出水水质影响较大
运行条件	适用于大中型污水处理厂	适用于中小型污水处理厂	适用于中小型污水处理厂	要求出水水质较好,排入水体的卫生条件高的污水厂	下游水体要求较高的污水处理厂

9.1.4　构筑物组成

接触消毒池为深度处理中加氯消毒的单体,水和消毒剂在池体中充分混合并停留足够的消毒时间,最终达到卫生指标排入下一个单体。构筑物组成齐全是消毒池设计合理的条件之一,常见的接触消毒池构筑物组成及其功能如图 9.2 所示。

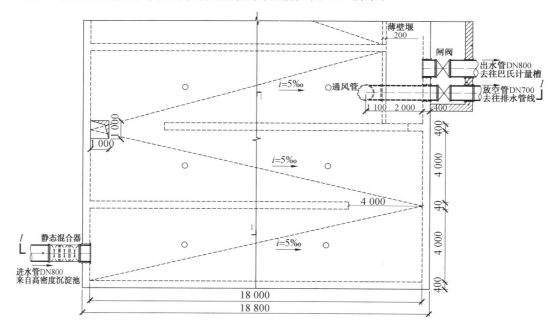

图 9.2　平流式接触消毒池平面图

（1）进水管——二级出水进入接触消毒池的通道。

（2）人孔——用于检修工人进入的通道。

（3）出水管——消毒后出水的通道。

（4）放空管 & 放空坑——检修过程中放空的主要设施。

（5）薄壁堰——为控制水位和流量而设置的顶部溢流的障壁。

（6）电动启闭机——主要是控制水的分流和截止，启闭机螺杆带有闸板、圆筒等。有电动、手动和手电一体以及气动等形式。功能类似于阀门。

9.1.5　设计计算

1. 加氯量计算

对于处理良好的城市污水处理厂二级出水，应根据试验资料确定加氯量，若没有试验资料，加氯量可按 5～10 mg/L 设计，再生水的加氯量按余氯量和卫生标准确定：

$$q = 0.001 \times q_0 \times Q \tag{9.1}$$

式中　q——每日加氯量，kg/h；

　　　q_0——液氯投加，mg/L；

　　　Q——需消毒的污水流量，m^3/h。

2. 接触时间

城市污水处理厂二级出水与液氯接触消毒的时间一般为 0.5 h。水与氯应充分混合，保证余氯量不小于 0.5 mg/L。

3. 消毒接触池单池容积

$$V = \frac{Q_0 \times T}{n} \tag{9.2}$$

式中　V——接触池单池容积，m^3；

　　　Q_0——设计污水量，m^3/h；

　　　T——消毒接触时间，h，一般采用 0.5 h；

　　　n——池子个数。

4. 消毒接触池表面积

$$F = \frac{V}{h_2} \tag{9.3}$$

式中　F——消毒接触池单池表面积，m^2；

　　　h_2——消毒接触池有效水深，m。

5. 接触池长度

$$L' = \frac{F}{B} \tag{9.4}$$

式中　L'——消毒接触池廊道总长，m；

　　　B——接触池单廊道宽，m；一般要求 $L'/B > 10$。

消毒接触池采用 n 廊道,每廊道长:

$$L = \frac{L'}{n} \tag{9.5}$$

6. 池高

$$H = h_1 + h_2 \tag{9.6}$$

式中　h_1——超高,m,一般采用 0.3 m;

　　　h_2——有效水深,m。

7. 出水部分集水渠出水部分设计(薄壁堰出水)

(1)设计流量。

$$Q_j = \alpha \times \frac{Q_0}{n} \tag{9.7}$$

式中　Q_j——集水区流量,m³/s;

　　　Q_0——设计流量,m³/s;

　　　n——消毒接触池个数;

　　　α——取 1.2。

(2)渠宽。

$$B = 0.9 \times Q_j^{0.4} \tag{9.8}$$

式中　B——渠宽,m;

　　　Q——渠道流量,m³/s。

(3)起端水深。

$$h_0 = 1.25B \tag{9.9}$$

式中　h_0——起始端水深,m;

　　　B——渠道宽,m。

(4)出水堰堰上水头。

非淹没式矩形堰:

$$H = \left(\frac{Q_0}{n \times m \times b \times \sqrt{2 \times g}} \right)^{\frac{2}{3}} \tag{9.10}$$

淹没式矩形堰:

$$H = \left(\frac{Q_0}{\delta \times m \times b \times \sqrt{2 \times g}} \right)^{\frac{2}{3}} \tag{9.11}$$

式中　H——堰上水头,m;

　　　n——消毒接触池个数;

　　　m——流量系数,一般采用 0.42;

　　　δ——淹没系数;

　　　b——堰宽,数值等于池宽,m。

8. 单池配水孔面积

接触消毒池采用潜孔进水,避免异重流。潜孔流速控制在 0.2~0.4 m/s,则单池配水孔面积为

$$F = \frac{Q_0}{nv} \qquad\qquad (9.12)$$

式中　F——单池配水孔总面积，m²；

　　　Q_0——设计流量，m³/s；

　　　n——消毒接触池个数；

　　　v——进水流速，m/s。

　单孔面积为

$$F' = \frac{F}{m} \qquad\qquad (9.13)$$

式中　F'——单孔面积，m²；

　　　m——单池配水孔个数。

9.1.6　设计案例及常见问题剖析

接触消毒池设计案例如图 9.3 所示。

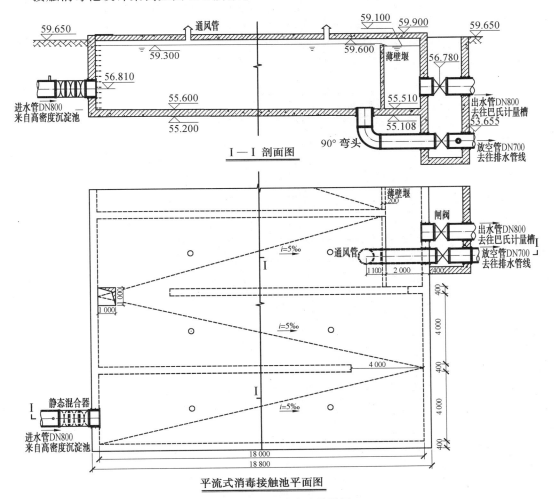

图 9.3　接触消毒池设计图

常见问题如下：

(1)混凝土结构下管线应为虚线,如图 9.4 所示。

(2)管线应加粗。

(3)应有穿墙套管。

(4)平面图与正剖面图不对应,平面图和剖面图正误对比,如图 9.5 所示。

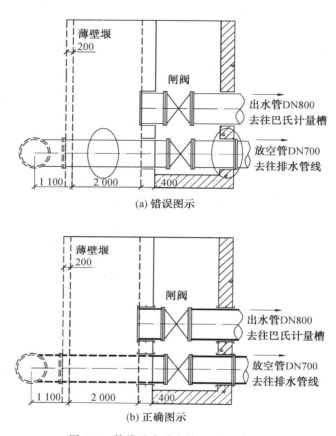

图 9.4　管线及穿墙套管正误对比图

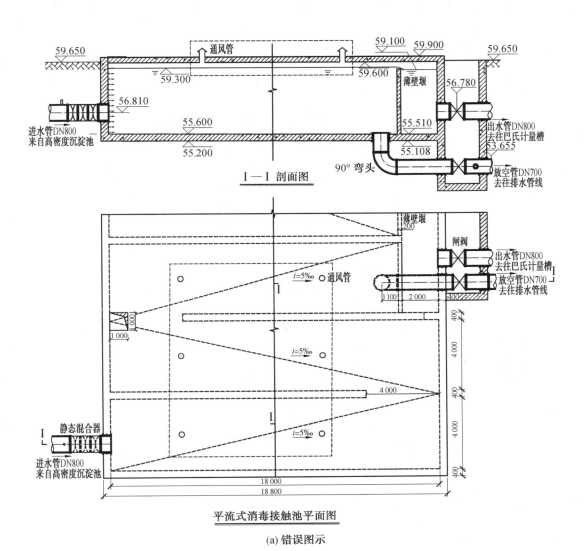

平流式消毒接触池平面图

(a) 错误图示

图 9.5 平面图和剖面图正误对比图

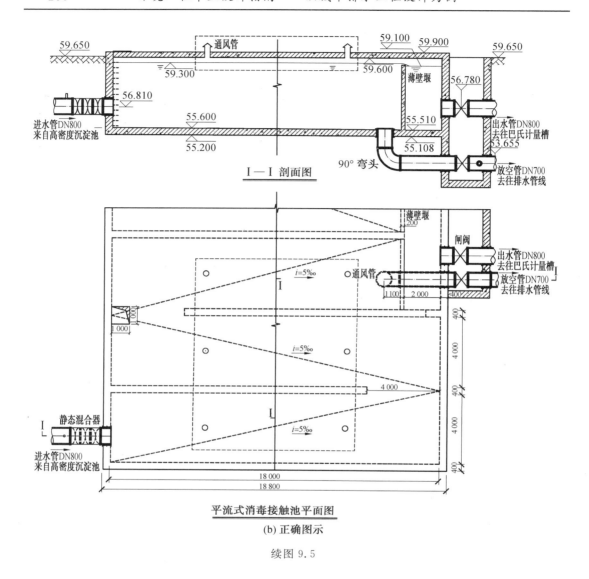

I—I 剖面图

平流式消毒接触池平面图

(b) 正确图示

续图 9.5

9.2 紫外消毒设计原则及规范设计

9.2.1 概念

病原微生物吸收波长在 200~280 nm 间的紫外线能量后,其遗传物质(核酸)发生突变导致细胞不再分裂繁殖,达到消毒杀菌的目的,即为紫外线消毒。紫外线消毒应用于污水处理工程时,由于受到处理规模、设备技术性能及投资运行费用等因素的限制,使用不广泛(图 9.6)。近年来随着公众对环境、健康问题的关注以及新型设备的出现,紫外消毒正在被逐渐推广使用。

图 9.6　紫外消毒设备

1. 紫外线消毒的优点

(1)具有广谱性,即对细菌、病毒、原生动物均有效。

(2)满足环境保护的要求,不会产生三卤甲烷、高分子诱变剂和致癌物质。

(3)不需要运输、使用、贮藏有毒或危险化学药剂。

(4)消毒接触时间极短,无须巨大的接触池、药剂库等建筑物,大大减少了土建费用。

(5)占地面积小。

(6)运行成本较氯消毒低。

(7)紫外线消毒无残余消毒作用,消毒效果受出水水质影响较大。

2. 影响紫外消毒的因素

(1)紫外光穿透率(UVT)——由于水中的某些物质和粒子(如水的色度、浊度、含铁量等)会吸收和分散紫外光,使紫外光穿透率降低。紫外光穿透率越低,达到同样消毒效果所需的紫外计量就越大。

(2)悬浮物——水中的悬浮颗粒可吸收并分散紫外能量,同时使隐藏于颗粒中的微生物避免紫外光的照射,所以悬浮物浓度越高,消毒效果越差;颗粒尺寸越大,紫外剂量需求越大。

(3)温度——紫外灯管周围的介质温度,影响灯管能量的发挥。介质温度越低,杀菌效果越差。

9.2.2　设计原则

污水的紫外线剂量宜根据试验资料或类似运行经验确定,也可按下列标准确定:

(1)二级处理的出水为 $15\sim22$ mJ/cm^2。

(2)再生水为 $24\sim30$ mJ/cm^2。

紫外线照射渠的设计,应符合下列要求:

(1)照射渠水流均布,灯管前后的渠长度不宜小于 1 m。

(2)水深应满足灯管的淹没要求。

紫外线照射渠不宜少于 2 条。当采用一条时,应设置超越渠。

9.2.3　紫外消毒设备的选择

紫外线消毒器主要有两种:浸水式和水面式。浸水式是把光源至于水中。此法的特点是紫外线利用率高,杀菌效能好,但设备的构造复杂。水面式紫外线消毒器构造简单,利用反射罩将紫外光辐射到水中。由于反射罩吸收紫外光,以及光纤散射,杀菌效果不如前者。

紫外灯的类型较多,可按表9.3参考选用。

表 9.3　污水处理出水消毒紫外灯适用表

项目	低压灯	低压高强灯	中压灯	备注
处理流量范围/（万 m³/d）	＜5	3～40	＞20	
水质条件	SS≤20 mg/L UVT≥50%	SS≤20 mg/L UVT≥50%	SS＞20 mg/L UVT＜50%	
清洗方式	人工清洗/机械清洗	人工清洗/机械加化学清洗	机械加化学清洗	
电功率	较低	较低	较高	中压灯光电转换效率低,但单根紫外灯输出功率高,所需紫外灯数少
灯管更换费用	较高	较高	较低	
水力负荷（m³/d/根紫外灯）	100～200	250～500	1000～2000	

9.2.4　构筑物组成

(1)明渠式紫外线消毒设备应包括:紫外灯模块组、模块支架、配电中心、系统控制中心、水位探测及控制装置等。

(2)压力式管道紫外线消毒设备应包括紫外线消毒器、配电中心、系统控制中心及紫外线剂量在线监测系统等。

(3)紫外线消毒设备通常还包括控制紫外线剂量的硬件和软件、控制器和监控操作界面等。紫外线消毒设备应能完成所有正常清毒及监控功能,并完整配套。

(4)所有连接紫外灯和整流器的电缆应在紫外模块的框架里,暴露在污水或紫外灯下的电缆应涂上特氟纶。

(5)紫外线消毒设备安全措施建立在紫外线消毒器、紫外灯模块组和控制设备上,根据实际需要,应设置温度过高保护、低水位保护、清洗故障报警、灯管故障报警等。

(6)紫外线消毒设备表面涂层应均匀、无皱纹、无明显划痕等缺陷。

(7)紫外线消毒设备的设计应包括对一些意外情况的考虑,需要调压水泵、备用能源、冗余量,以及对大量潜在问题的报警系统。

第 10 章　污泥处理处置工艺设计及规范制图

10.1　城镇污泥来源及特征

随着我国城镇化的不断推进和环境保护要求的不断提高,我国城镇污水处理能力日益增强,根据国家住房和城乡建设部的统计,截至 2019 年底,我国城镇污水处理厂设计规模已经突破 1.7 亿 m^3/d,已建城镇污水处理厂数量达 5 476 座,实际年处理污水量达 657 亿 m^3/d,城市和县城污水处理厂处理率分别达到 94% 和 88%,CODcr 和氨氮年削减量分别为 1 120 万吨和 100 万吨。

污泥是城镇污水处理厂污水处理的产物,主要来源于初次沉淀池、二次沉淀池等工艺环节。随着我国污水处理设施建设的高速发展,污水处理厂污泥产生量日益增加。截至 2019 年底,全国城镇污水处理厂污泥(以下简称城镇污水厂污泥)总产生量已经突破 3 900 万吨(含水率以 80% 计,下同)。2019 年,全国城镇污水处理厂污泥产量达到 3 920 万吨。

需要指出的是,大部分城镇污泥属于微细粒度有机污泥,具有亲水性强、可压缩性能差、脱水性能差的特点。由于污泥中富集了污水中的污染物,使得污泥一方面含有氮、磷等营养物质,同时其中亦含有大量的病毒微生物、寄生虫卵、重金属(主要包括铜、锌、铬、汞等)、特殊有机物等有毒有害物质,尤其是城镇污泥中以碳酸盐结合态、铁锰氧化物结合态、硫化物态存在的重金属容易被植物吸收利用,易对人体造成伤害,未经无害化处理的污泥随意堆置将产生严重的二次污染隐患。污泥稳定化处理、安全处置和合理利用问题,是污水能否得到有效处置的关键。当前,世界范围内广泛利用的污泥处理处置方式主要包括土地利用、焚烧、填埋和建材利用等。

10.2　我国污泥处理处置的现状

10.2.1　现状及污泥量计算

污泥是污水在生化处理过程中的副产物,是一种由有机残片、细菌菌体、无机颗粒、胶体等组成的极其复杂的非均质体(图 10.1)。

污水处理过程产生的污泥的主要特性是含水率高(可高达 99% 以上),有机物含量高,容易腐化发臭,并且颗粒较细,比重较小,呈胶状液态。它是介于液体和固体之间的浓稠物,可以用泵运输,但很难通过沉降进行固液分离。

1. 我国污泥处理处置情况

随着我国城镇污水处理率的不断提高,城镇污水处理厂污泥产量也急剧增加,根据"全国城镇污水处理管理信息系统"统计数据显示,截至 2019 年底,我国运营污水处理厂全年累计产生含水率 80% 的污泥近 3 900 万吨,约为 2005 年污泥总产生量的 13 倍,"十三五"期间

图 10.1　污水处理厂的污泥处理

污泥处理处置是节能减排工作的重点内容。令人遗憾的是,在污泥产生量如此巨大的背景下,我国面临污泥处置率低的严峻事实。据不完全统计,在我国目前的污泥处置方式中,焚烧及建材利用占 42%,无害化、稳定化土地利用占 49%,其余 9% 污泥未经任何无害化、稳定化处理直接进入环境。

据统计,土地利用是我国应用最多的城镇污水厂污泥处置方式。全国有超过 29% 的城镇污泥进行土地利用;大约 27% 的城镇污泥采用焚烧方式;约 20% 的污泥经过卫生填埋,而采用建材利用方式进行处理处置的污泥占全国污泥总量的 16% 左右。除此之外,未有明确统计资料的污泥处置量占全国污泥总量的 8% 左右。

2. 污泥产量计算

城镇污泥产生量主要来自初沉池污泥和二沉池污泥,其计算公式如下:

(1)初沉池污泥量计算。

$$V = \frac{Q_{\max}(C_1 - C_2)T}{K_z \gamma (1-p)} \tag{10.1}$$

式中　V——初沉池污泥产生量,m^3;

　　　$Q_{\max}$——最大时设计流量,m^3/d;

　　　C_1——进水悬浮物浓度,t/m^3;

　　　C_2——出水悬浮物浓度,t/m^3;

　　　K_z——生活污水量总变化系数;

　　　γ——污泥密度,t/m^3,约为 1;

　　　p——污泥含水率,%;

　　　T——两次排泥时间间隔,d。

初沉池污泥也可按照下公式计算:

$$V = \frac{Q_{\Psi}(C_1 - C_2)\eta_{SS}}{X_0} \tag{10.2}$$

式中　V——初沉池污泥产生量,m^3;

　　　Q_{Ψ}——平均日污水量,m^3/d;

　　　η_{SS}——初沉池 SS 去除率,%,一般为 40%～60%;

　　　X_0——初沉污泥浓度,t/m^3,一般为 0.02～0.05 t/m^3。

(2)二沉池污泥量计算。

$$\Delta X_v = aQL_r - bV_B X_v \tag{10.3}$$

式中　ΔX_v——二沉池排泥，kg/d；

　　　Q——平均日污水流量，m^3/d；

　　　a——污泥增值系数，一般取 0.4～0.8；

　　　b——污泥自身氧化系数，即衰减系数，d^{-1}，一般取 0.04～0.10 d^{-1}；

　　　L_r——去除的 BOD 浓度，kg/m^3；

　　　V_B——曝气池容积，m^3；

　　　X_V——MLVSS 浓度，kg/m^3。

二沉池污泥产量也可按照下式计算：

$$\Delta X = \frac{Q_平 L_r}{1 + K_d Q_c} \tag{10.4}$$

式中　K_d——污泥衰减系数，d^{-1}，一般为 0.05～0.1 d^{-1}；

　　　Q_c——污泥龄，d。

（3）湿污泥体积计算。

$$Q_s = \frac{\Delta X}{1\,000(1-p)} \tag{10.5}$$

10.2.2　处理处置基本技术路线

1. 污泥处理基本技术

目前，常用的污泥处理技术主要包括：污泥浓缩脱水技术、厌氧消化技术、好氧发酵技术、污泥热干化技术、石灰稳定技术及其他处理技术，各处理技术的简要描述如下。

（1）污泥浓缩脱水的目的是通过重力或机械的方式去除污泥中的一部分水分，减小其体积；浓缩污泥的含水率一般可达 94%～96%，脱水污泥的含水率一般可达到 80% 左右。

污泥浓缩的方法主要分为重力浓缩、机械浓缩（包括离心浓缩、带式浓缩、转鼓浓缩和螺压浓缩等）和气浮浓缩。以上污泥浓缩方式中，重力浓缩电耗少、缓冲能力强，但占地面积较大，易产生磷的释放，臭味大；而机械浓缩具有占地省、避免磷释放等特点，但电耗高，并需要投加高分子助凝剂。

污泥脱水工艺主要包括带式压滤脱水、离心脱水及板框压滤脱水等。带式脱水噪声小、电耗少，但占地面积和冲洗水量大，出泥含水率一般可降至 82% 以下；离心脱水占地面积小、不需冲洗水、但电耗高，药剂量高，噪声大，含水率为 95%～99.5% 的污泥经离心脱水后含水率可降至 75%～80%；板框压滤脱水泥饼含水率低，但占地和冲洗水量较大，但脱水效果好（含水率可降至 65%～75%）。

为进一步降低污泥含水量，污泥深度脱水前可对污泥进行化学调理、物理调理或热工调理。通常情况下，采用有机高分子药剂及无机金属盐药剂对污泥进行化学调理后脱水，污泥含水率可降至 65%～75%，采用无机金属盐药剂和石灰进行调理后脱水，污泥含水率可降至 55%～65%，而经高温热调理、化学和物理组合调理后脱水，含水量可降至 50% 以下。

（2）污泥厌氧消化通过把污泥中的有机物转化为沼气和二氧化碳，消减有机物含量，产生的沼气可进行综合利用。污泥厌氧消化可以稳定污泥的泥性，降低污泥含水率，提高污泥的脱水效率。根据消化温度的不同，可将污泥厌氧消化分为中温厌氧消化（35±2）℃ 和高温厌氧消化（55±2）℃。高温厌氧消化较中温厌氧消化能缩短固体停留时间，但运行费用高、能耗大且系统操作要求高。

污泥消化过程中,可通过污泥细胞破壁和强化水解技术提高有机物降解率和系统产气量,主要包括:①高温热水解预处理(155~170)℃。②生物强化预处理。③超声波预处理。④碱预处理。⑤化学氧化预处理。⑥高压喷射预处理。⑦微波预处理。其中基于高温热水解(THP)预处理的高含固污泥厌氧消化技术在欧洲得到规模化工程应用。

(3)污泥好氧发酵技术采用园林或农业废弃物作为辅助填充料,利用自然界广泛存在的细菌、放线菌、真菌等微生物,将污泥中各种有机物质转化成小分子有机物、腐殖质,以及CO_2、氨、水和无机盐等。其可有效杀灭病原菌、寄生虫卵和杂草种子,并使水分蒸发,实现污泥稳定化、无害化、减量化。好氧发酵工艺过程主要由预处理、进料、一次发酵、二次发酵、发酵产物加工及存贮等工序组成,其中污泥发酵反应系统是整个工艺的核心。

(4)污泥热解指的是将污泥中有机质在缺氧条件下加热到一定温度裂解,转化为燃油、燃气、污泥碳和水的技术。这一技术具有污泥中能量有效回收利用、温室气体排放减少、重金属得以固化、避免二恶英的产生、占地少、运行成本低等特点。

(5)水热处理是指将污泥加热,在一定温度和压力下使污泥中的黏性有机物水解,破坏污泥的胶体结构,改善脱水性能和厌氧消化性能的一种方法。经过水热处理后的污泥脱水性能大幅度提高,可与多种污泥处理、处置技术直接对接、联合使用。

2. 污泥处置基本技术

目前,我国常用的污泥处置技术主要包括污泥土地利用、污泥焚烧与协同处置、建材利用、填埋等,各处置技术的技术特征如下。

(1)污泥土地利用主要包括三个方面:一是作为农作物、牧场草地肥料的农用;二是作为林地、园林绿化肥料的林用;三是作为沙荒地、盐碱地、废弃矿区改良基质的土壤改良。污泥土地利用不仅使污泥中的有机质及氮磷等营养资源得以充分利用,同时污泥也可得以有效处置。在污泥土地利用过程中,污泥中的养分与有机物含量、重金属等含量需达到由住房和城乡建设部、国家发改委联合发布的《城镇污水处理厂污泥处理处置技术指南(试行)》中的相关要求,并满足其对污泥物理性质、腐熟度及卫生指标均的要求。污泥土地利用时应高度重视并有效降低重金属与有机污染物、病原体、杂草、盐害的风险。

(2)污泥焚烧是利用污泥中的热量和外加辅助燃料,通过燃烧实现污泥彻底无害化处置的过程。污泥焚烧包括单独焚烧和与工业窑炉结合的协同焚烧。污泥焚烧系统通常包括储运系统、干化系统、焚烧系统、余热利用系统、烟气净化系统、电气自控仪表系统及其辅助系统等,其中污泥干化系统和焚烧系统是整个系统的核心。

污泥水泥窑协同处置是利用水泥窑高温处置污泥的一种方式。水泥窑中高温能将污泥焚烧,并通过一系列物理化学反应使焚烧产物固化在水泥熟料中,成为水泥熟料的一部分,从而达到污泥安全处置的目的。热电厂污泥协同处置既可以利用热电厂余热作为干化热源,又可以利用热电厂已有的焚烧和尾气处理设备,节省投资和运行成本。在具备条件的地区,鼓励污泥在热力发电厂锅炉中与煤混合焚烧;热电厂协同处置应不对原有电厂的正常生产产生影响。在现有热电厂协同处置污泥时,入炉污泥的掺入量不宜超过燃煤量的8%。

(3)污泥的建材利用主要是指以污泥作为原料制造建筑材料,最终产物是可以用于工程的材料或制品。建材利用的主要方式有:污泥用于水泥熟料的烧制(即水泥窑协同处理处置)、污泥制陶粒等。在污泥制陶粒的生产过程中,应控制好预热和焙烧两个关键工序。

(4)污泥填埋有单独填埋与垃圾合并填埋两种方式。其只能作为污泥处理处置的阶段性、应急处置方案。

10.2.3　毕业设计中常见的污泥处理处置工程设计

目前,本科毕业设计中常见的污泥处理处置设计主要包括污泥贮泥池设计、污泥浓缩池设计及污泥厌氧消化池设计。

10.3　我国污泥处理处置的原则

10.3.1　基本原则

我国在污泥处理处置过程中坚持"安全环保、循环利用、节能降耗、因地制宜和稳妥可靠"的原则,其中安全环保是污泥处理处置必须坚持的基本要求,循环利用是污泥处理处置时应努力实现的重要目标,节能降耗是污泥处理处置应充分考虑的重要因素,因地制宜是污泥处理处置方案比选决策的基本前提,稳妥可靠是污泥处理处置贯穿始终的必需条件。

10.3.2　未来发展方向

我国未来污泥处理处置的发展方向主要包括:

(1)在一定的范围内,污泥的稳定化、减量化和无害化等处理处置设施宜相对集中设置,污泥处置方式可适当多样。

(2)应合理确定并预测污泥的泥量与泥质,从而确定污泥处理处置设施建设规模与技术路线。

(3)应制定应急方案、阶段性方案和永久性方案,加快永久性方案的实施。

10.3.3　主要技术路线

污泥处理处置应包括处理与处置两个阶段,其中处理主要是指对污泥进行稳定化、减量化和无害化处理,而处置是指对处理后污泥进行消纳的过程(图 10.2)。污泥处理设施的方案选择及规划建设应按照"处置决定处理,处理满足处置,处置适当多样,处理适当集约",尽可能实现污泥处理处置的资源化、能源化。因此,在污泥处理处置技术路线选择时,首先应调查本地区可利用土地的总体状况,按照国家相关标准要求,结合污泥泥质以及厌氧消化、好氧发酵等处理技术,优先研究污泥土地利用的可行性,可供参考的典型技术方案如下。

(1)厌氧消化→脱水→自然干化(或好氧发酵)→土地利用(用于改良土壤、园林绿化、限制性农用)。

(2)脱水→厌氧消化→脱水→自然干化(或好氧发酵)→土地利用(用于改良土壤、园林绿化、限制性农用)。

(3)厌氧消化→罐车运输→直接注入土壤(改良土壤、限制性农用)。

(4)脱水→高温好氧发酵→土地利用(用于土壤改良、园林绿化、限制性农用)。

(5)脱水→高温好氧发酵→园林绿化等分散施用。

在土地资源紧缺、人口密度高、经济条件允许的地区,支持重金属和其他有毒有害物质超标的城镇污泥经干化后进行协同焚烧(水泥窑、热电厂、垃圾)或建材利用处置,该处理处置包含的典型技术方案如下。

(1)脱水或深度脱水→在水泥窑、热电厂或垃圾焚烧炉协同焚烧。

(2)脱水→石灰稳定→在水泥窑协同焚烧利用。

(3)脱水或深度脱水→热干化→焚烧→灰渣建材利用。

(4)脱水或深度脱水→热干化→焚烧→灰渣填埋。

当污泥泥质不适合土地利用且当地不具备焚烧和建材利用条件时,建议采用卫生填埋处置作为阶段性、应急处置方案,该处理处置包含的典型的技术方案如下。

(1)脱水→石灰稳定→堆置→填埋。

(2)脱水→石灰稳定→填埋。

(3)深度脱水→填埋。

(4)脱水→添加粉煤灰或陈化垃圾对污泥进行改性处理→填埋。

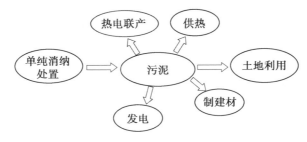

图 10.2　常见污泥处理处置路线

10.4　污泥浓缩池设计原则及规范设计

10.4.1　概念

污泥浓缩池是污水处理厂中初步降低废水污泥含水率的废水处理构筑物,HRT 为 6～8 h。一般为圆形或方形池。城镇污泥经浓缩池浓缩后其含水率约从 99.2%～99.5%降至 96%～98%。

污泥浓缩池按工作方式有连续式和间歇式。

(1)连续式运行的浓缩池一般分为建立竖流式或辐流式池型。污泥从中心筒连续配入,竖向或径向流往周边集水槽,污泥浓缩于池底,并连续排出;清水从集水槽连续排出。竖流式池采用重力排泥法。辐流式池采用机械排泥法,并安装转动栅条强化泥水分离过程,适用于污泥量大的场所。

(2)间歇式运行的浓缩池建成圆形或方形。污泥从一边进入,待充满池子后,静止沉降浓缩。经过 5～10 h 后,在不同高度处放掉上清液,然后从池底排出浓污泥,排泥采用重力式。

10.4.2　设计原则

依据《室外排水规范》(GB 50014—2016),重力式污泥浓缩池的设计应符合下列要求:

(1)污泥固体负荷宜采用 30~60 kg/(m² · d)。

(2)浓缩时间不宜小于 12 h。

(3)浓缩后污泥含水率可为 97%~98%。

(4)有效水深宜为 4 m。

(5)池底坡向泥斗的坡度不宜小于 0.05。

(6)污泥浓缩池一般宜设置去除浮渣的装置。

(7)当采用生物除磷工艺进行污水处理时,不应采用重力浓缩。

(8)污泥浓缩脱水可采用一体化机械。

(9)间歇式污泥浓缩池应设置可排出深度不同的污泥水的设施。

某同学设计的污泥浓缩池参数如下:

(1)两座竖流浓缩池,浓缩后含水率从 99% 降至 97%。

(2)浓缩池有效水深为 4.32 m。

(3)中心进泥管面积为 0.24 m²,中心管直径为 0.55 m,喇叭口直径和高度为 0.75 m,反射板宽度为 1.0 m。

(4)中心进泥管喇叭口与反射板之间的缝隙高度为 0.1 m。

(5)浓缩池直径为 7.8 m。

(6)污泥斗高度为 5.0 m,污泥斗容积为 90 m³。

(7)污泥在泥斗中停留时间为 10.6 h。

(8)浓缩池总高度为 10.0 m。

(9)溢流堰采用单侧 90°三角形出水堰,三角堰顶宽为 0.16 m,宽为 0.08 m,共有 146 个三角堰。

10.4.3　构筑物组成

污泥浓缩池从上到下,分别为顶部的澄清区、中部的进泥区、底部的压缩区。污泥重力浓缩池的设计图纸,如图 10.3 所示。进泥区的污泥固体浓度与进泥浓度大致相同;压缩区的浓度则愈往下愈浓,到排泥口达到要求的浓度;澄清区与进泥区之间有一污泥面,其高度由排泥量调节,可调节压缩污泥的压缩程度。

通常情况下,污泥浓缩池的组成主要包括以下几部分。进泥管中心管和中心管喇叭口反射板,如图 10.4 所示。

(1)进泥管(中部进泥)——污泥浓缩池中进泥的通道;污泥从中心管进入池中,通过反射板的拦阻向四周分布于整个水平断面上并缓慢向上流动。沉降速度大于水流上升速度的悬浮颗粒下到污泥斗,清液则由池顶四周的出水堰口溢流到池外。

(2)出泥管(底部排泥)——用于排出浓缩后的污泥。

(3)溢流槽 & 溢流管——用于排出浓缩池中的上清液。

(4)中心管、喇叭口、反射板——污泥浓缩池进泥的主要部件,操作时污泥沿中心管流下,在喇叭口处四散、靠液体冲击反射板的反射飞溅作用而分布液体,通过反射板的阻挡向四周分布;反射板可是平板、凸形板或锥形板。

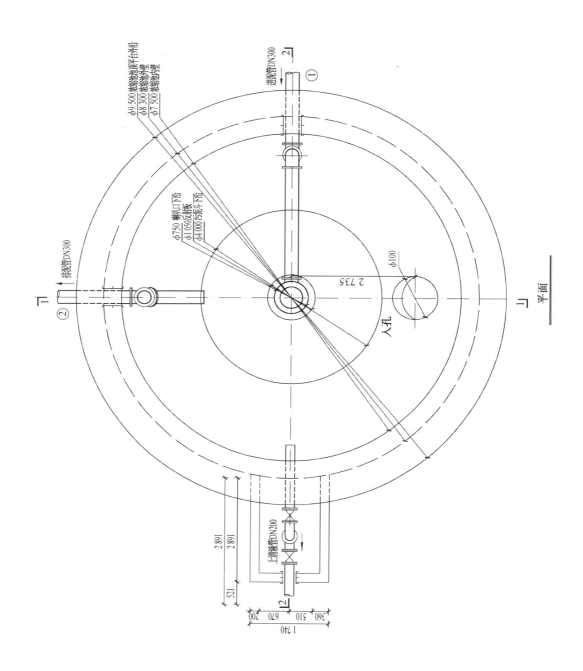

图 10.3　污泥重力浓缩池的设计图纸

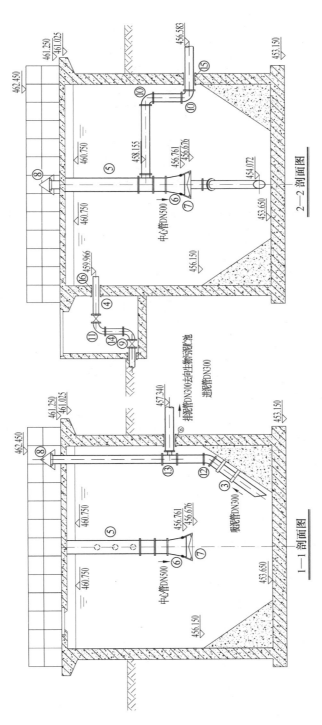

续图 10.3

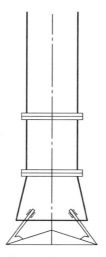

图 10.4　进泥管中心管和中心管喇叭口反射板

10.4.4　设计计算

污泥浓缩池的设计计算可按以下公式计算得到。

1. 每个浓缩池进泥量

$$Q' = \frac{Q_{总}}{n} \tag{10.6}$$

式中　Q'——每个浓缩池进泥量，$\mathrm{m^3/s}$；

　　　$Q_{总}$——污泥总量，$\mathrm{m^3/s}$；

　　　n——浓缩池个数。

2. 中心进泥管面积

$$f = \frac{Q_1}{v_0} \tag{10.7}$$

式中　f——浓缩池中心进泥管面积，$\mathrm{m^2}$；

　　　Q_1——中心进泥管设计流量；

　　　v_0——中心进泥管流速，$\mathrm{m/s}$ 一般采用 $v_0 \leqslant 0.3\ \mathrm{m/s}$。

3. 中心进泥管直径

$$d = \sqrt{\frac{4f}{\pi}} \tag{10.8}$$

式中　d——中心进泥管直径，m。

4. 中心管喇叭口参数计算

(1)喇叭口直径：$d_1 = 1.35d$

(2)喇叭口高度：$b_2 = 1.35d$

(3)反射板宽度：$d_3 = 1.3d_1$

设计取中心管直径 $d = 550\ \mathrm{mm}$，喇叭口直径 $d_1 = 750\ \mathrm{mm}$，喇叭口高度 $b_2 = 0.75\ \mathrm{m}$，反射板宽度 $d_3 = 1.0\ \mathrm{m}$。

5. 中心进泥管喇叭口与反射板之间的缝隙高度

$$h_3 = \frac{Q_1}{v_1 \pi d_1} \tag{10.9}$$

式中　Q_1——中心进泥管设计流量；

h_3——中心进泥管喇叭口与反射板之间的板缝高度，m；

v_1——污泥从中心管喇叭口与反射板之间缝隙流出速度，m/s 一般采用 0. 02～0. 03 m/s；

d_1——喇叭口直径，0. 74 m。

6. 浓缩后上清液流量

$$q = Q \times \frac{P_1 - P_2}{100 - P_2} \tag{10.10}$$

式中　q——浓缩后分离出的污水量，m/s；

Q——进入浓缩池的污泥量，m^3/s；

P_1——浓缩前污泥含水率，一般采用 99%；

P_2——浓缩后污泥含水率，一般采用 97%。

7. 浓缩池上清液流出设计面积

$$F = \frac{q}{v} \tag{10.11}$$

式中　F——浓缩池水流面积，m^2；

v——污水在浓缩池内上升流速，m/s，一般采用 $v = 0.000\ 05 \sim 0.000\ 1$ m/s。

8. 浓缩池的直径

$$D = \sqrt{\frac{4(F+f)}{\pi}} \tag{10.11}$$

式中　D——浓缩池直径，m。

9. 浓缩后剩余污泥量

$$Q_2 = Q \times \frac{100 - P_1}{100 - P_2} \tag{10.12}$$

式中　Q_2——浓缩后的剩余污泥量，m^3/s。

10. 浓缩池污泥斗容积

污泥斗设在浓缩池底部，采用重力排泥。

$$h_5 = \tan \alpha (R - r) \tag{10.13}$$

式中　h_5——污泥斗高度，m；

α——污泥斗倾角，α 常取 55°；

r——污泥斗底部半径，m；

R——浓缩池半径，m。

11. 污泥在泥斗中停留时间

$$T = \frac{V}{3\ 600 Q_1} \tag{10.14}$$

式中　V——污泥斗容积，m^3；

　　　　T——污泥在泥斗中的停留时间，h。

12. 浓缩池的有效水深

$$h_2 = v \times t \tag{10.15}$$

式中　h_2——浓缩池有效水深，m；

　　　　t——浓缩时间，h，一般采用 $10 \sim 16$ h；

　　　　v——污水在浓缩池内上升流速，m/s，一般采用 $v = 0.000\,05 \sim 0.000\,1$ m/s。

13. 浓缩池总高度

$$h = h_1 + h_2 + h_3 + h_4 + h_5 \tag{10.16}$$

式中　h——浓缩池总高，m；

　　　　h_1——超高，m，取 0.3 m；

　　　　h_2——有效水深，m；

　　　　h_3——中心管与反射板之间高度，m；

　　　　h_4——缓冲层高，取 0.3 m；

　　　　h_5——泥斗高度，m。

14. 溢流堰

浓缩池溢流出水经过溢流堰进入出水槽，然后汇入出水管排出。

(1)溢流堰周长。

$$c = \pi(D - 2b) \tag{10.17}$$

式中　c——溢流堰周长，m；

　　　　D——浓缩池直径，m；

　　　　b——出水槽宽，m。

溢流堰采用单侧 $90°$ 三角形出水堰，三角堰水深可通过以下公式计算获得：

$$q_0 = \frac{0.004\,7}{146} = 0.000\,032\,2 \text{ m}^3/\text{s}$$

$$h' = 0.7(q/m)^{\frac{2}{5}} \tag{10.18}$$

式中　q——浓缩后分离出的污水量，m/s；

　　　　m——三角堰个数；

　　　　h'——三角堰水深，m。

10.4.5　设计中常见问题

(1)中心管喇叭口和反射板设置不正确(图 10.5)。

(2)出水阀门未设置检修井(图 10.6)。

(3)出泥管未伸入池底部(图 10.7)。

(4)溢流槽画法不合理(图 10.8)。

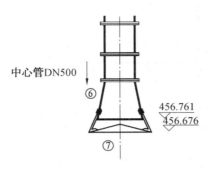

图 10.5　中心管喇叭口和反射板设计示意图

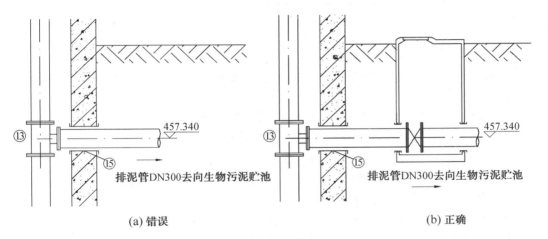

(a) 错误　　　　　　　　　　　　　　　　(b) 正确

图 10.6　出水阀门井正误对比

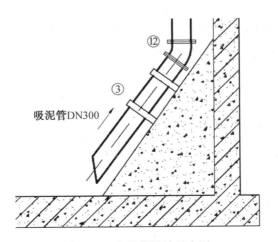

图 10.7　出泥管设计示意图

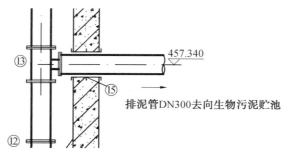

图 10.8　排泥管去向设计示意图

10.5　污泥贮泥池设计原则及规范设计

10.5.1　概念及功能

贮泥池主要用于储存污泥,调节剩余污泥量。其中固体含量基本和二沉池内固体浓度相当,为保证底部污泥不沉和防止厌氧施磷,还需要设置曝气或搅拌设备。通常在贮泥池中每格设 $\phi260$ mm 水下搅拌器一台,功率 $N=1.5$ kW。2 格均设溢流管,上清液通过溢流管流入厂区污水管,回到调节池进入处理系统。储存在贮泥池的剩余污泥通过污泥泵提升至污泥浓缩带式脱水一体机进行污泥浓缩脱水。

浓缩后剩余污泥和初沉污泥进入贮泥池,然后经投泥泵进入消化池处理系统。贮泥池主要作用为:①调节污泥量,由于消化池采用污泥泵投加,贮泥池起到调节池的作用,平衡前后处理装置的流量。②作为药剂投加池,消化池运行条件要求严格,运行中需要投加的药剂可直接在贮泥池进行调配。③作为预加热池,采用池外预热时,起到预加热池的作用。

10.5.2　基本结构

污泥贮泥池为钢筋混凝土构筑物,主要包括进泥管、出泥管和上清液排出管(图 10.9)。

(1)进泥管(中部进泥)——用于贮泥池的进泥。

(2)出泥管——用于贮泥池中污泥的排出。

(3)上清液排出管——用于将污泥贮存期间产生的上清液排出。

10.5.3　设计计算

1.贮泥池理论容积

$$V=\frac{Q\times t}{24n}\tag{10.19}$$

式中　V——贮泥池计算容积,m³;

　　　Q——每日产生的污泥量,m³/d;

　　　t——贮泥时间,h;

　　　n——贮泥池个数。

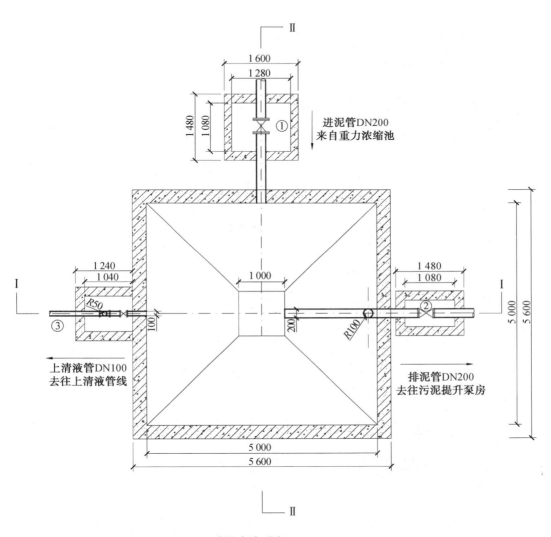

进泥管DN200
来自重力浓缩池

上清液管DN100
去往上清液管线

排泥管DN200
去往污泥提升泵房

贮泥池平面图

图 10.9　贮泥池平面图及剖面图

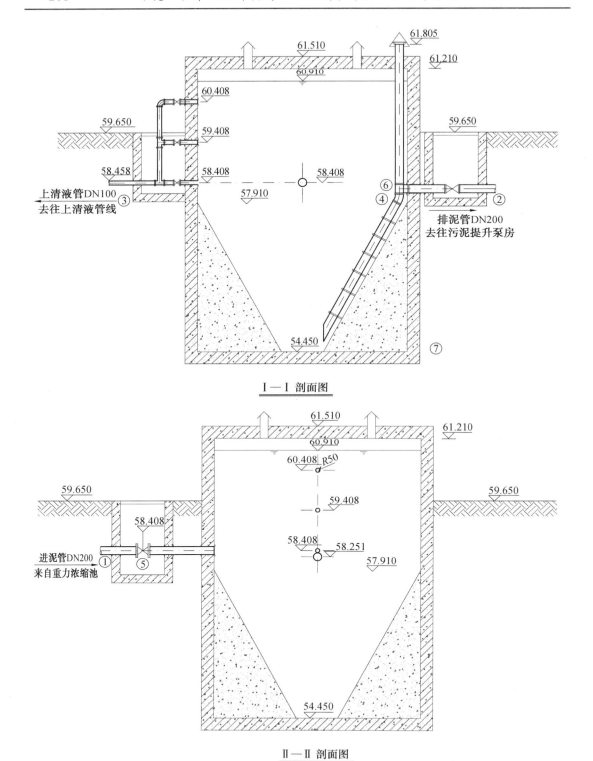

Ⅰ—Ⅰ 剖面图

Ⅱ—Ⅱ 剖面图

续图 10.9

2. 贮泥池设计容积

$$V=a^2 h_2+\frac{1}{3}h_3(a^2+ab+b^2)$$
(10.20)

$$h_3=\frac{\tan\alpha(a-b)}{2}$$
(10.21)

式中　V——贮泥池容积，m^3；

$\quad\quad$ h_2——贮泥池有效深度，m；

$\quad\quad$ h_3——污泥斗的高度，m；

$\quad\quad$ a——污泥贮池边长，m；

$\quad\quad$ b——污泥斗底边长，m；

$\quad\quad$ α——污泥斗倾角，一般采用 $60°$。

3. 贮泥池高度

$$h=h_1+h_2+h_3$$
(10.22)

式中　h——污泥贮泥池高度，m；

$\quad\quad$ h_1——超高，一般采用 0.3 m；

$\quad\quad$ h_2——污泥贮泥池有效深度，m；

$\quad\quad$ h_3——污泥斗高，m。

10.5.4　设计中常见的问题分析

(1)上清液排出管未设置不同高度的排出管(图 10.10)。

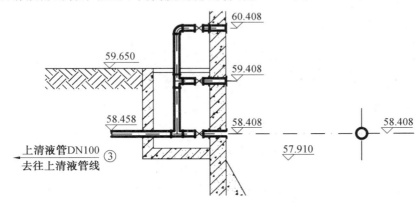

图 10.10　上清液不同高度的排出管设计示意

(2)应设置通气管，以保证必要时能实现贮泥池污泥的放空(图 10.11)。

(3)排泥管线宽不够，应该加宽(图 10.12)。

(4)设计细节展示——设置了管道支架(图 10.13)。

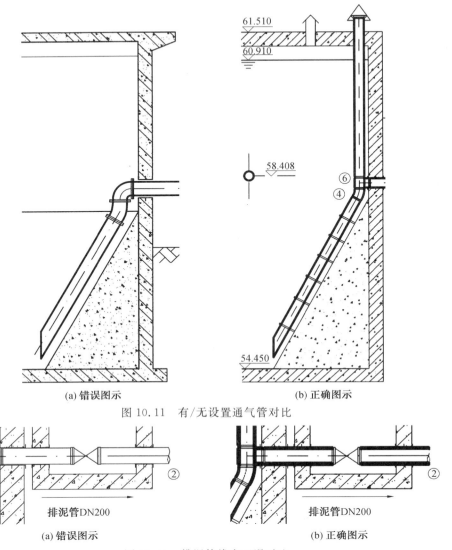

(a) 错误图示　　　　　　　　　　(b) 正确图示

图 10.11　有/无设置通气管对比

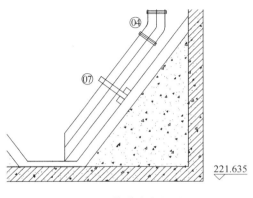

(a) 错误图示　　　　　　　　　　(b) 正确图示

排泥管DN200　　　　　　　　　　排泥管DN200

图 10.12　排泥管线宽正误对比

图 10.13　管道支架的设置

10.6　污泥厌氧消化池设计原则及规范制图

10.6.1　污泥厌氧消化概念及原理

污泥的厌氧消化是为了使污泥中的有机物质变为稳定的腐殖质,同时可以减少污泥体积,改善污泥的性质,使之易脱水,污泥厌氧消化技术由于既能够有效实现污泥的稳定化、减量化及无害化处理,又能够回收甲烷,越来越受到各国政府和相关行业主管部门的重视。

污泥厌氧消化过程中,污泥中的有机物通过大量微生物的共同作用而得到有效去除,该过程受反应器(图 10.14)中微生物作用影响,转化过程及去除途径十分复杂。通常情况下,可将污泥中有机物在厌氧消化过程中的去除阶段划分为水解、酸化和产甲烷三个阶段,其转化机制可以概括如下:①水解阶段是将污泥中不可溶有机物及高分子有机物水解成为多糖、油脂、蛋白质、脂肪族类、核酸类等可溶性的有机物质。②酸化阶段将水解产生的可溶性的有机质酸化裂解为有机酸、氢及二氧化碳等小分子物质。③产甲烷阶段是通过产甲烷菌的作用将酸化产生的乙酸盐类等小分子有机酸转化甲烷。

欧洲一些污水处理厂通过城市污泥中的生物质能源的回收和综合利用,已能够满足污水处理过程中 60% 的电耗需求,经济环境效益巨大。我国当前具备污泥厌氧消化功能的城市污水处理厂仅 50 座左右,而真正实现稳定运行的不足 30%,且大部分污泥厌氧消化设施存在产气率低、运行不稳定的缺点,未能发挥应有的工程效益。若将我国每年产生的 3 000 万吨污泥(含水量 80%)中的一半厌氧消化,则沼气产量可达到 8.75 亿 m^3/年。

图 10.14　污泥厌氧消化池

污泥厌氧消化,主要的目的及作用效果为以下几点。

(1)降低污泥中有机物含量,实现污泥泥质稳定化处理——减少污泥中可降的有机物含量,减少污泥中可分解、易腐化物质的数量,使污泥性质稳定。

(2)提高污泥的脱水效果——未消化的污泥呈黏性胶状结构,不易脱水。消化过的污泥,胶体物质被气化、液化或分解,使污泥中的水分与固体易分离。

(3)生产可供利用的甲烷气体——污泥在消化过程中产生的沼气中甲烷和二氧化碳的体积约占沼气总量的 2/3 和 1/3,其中甲烷可作为燃料,或者纯化后供居民利用;二氧化碳经纯化收集后可作为工业干冰利用。

(4)消除恶臭,提高污泥卫生质量——污泥在厌氧消化过程,硫化氢分离出硫分子或与铁结合成为硫化铁,因此消化后的污泥不会再发出恶臭。此外,污泥中含有很多有毒物质,如细菌、病原微生物、寄生虫卵,污泥在消化过程中,产生的甲烷菌具有很强的抗菌作用,可杀死大部分病原菌以及其他有害微生物,使污泥卫生化。

10.6.2　设计原则

依据《室外排水设计规范》(GB 50014—2006),污泥厌氧消化池的设计,应符合下列要求。

(1)污泥经消化处理后,其挥发性固体去除率应大于 40%。

(2)厌氧消化可采用单级或两级中温消化。

(3)二沉池污泥宜与初沉污泥合并进行厌氧消化处理。

(4)单级厌氧消化池(两级厌氧消化池中的第一级)污泥应加热并搅拌,宜有防止浮渣结壳和排出上清液的措施。

(5)厌氧消化池污泥加热,可采用池外热交换或蒸汽直接加热。

(6)厌氧消化池及污泥投配和循环管道应进行保温。厌氧消化池内壁应采取防腐措施。

(7)厌氧消化的污泥搅拌宜采用池内机械搅拌或池外循环搅拌,也可采用污泥气搅拌等。每日将全池污泥完全搅拌的次数不少于 3 次。

(8)厌氧消化池和污泥气贮罐应密封,并能承受污泥气压力。厌氧消化池溢流和表面排渣管出口不得放在室内,并必须有水封装置。

(9)用于污泥投配、循环、加热、切换控制的设备和阀门设施宜集中布置,室内应设置通风设施。

某同学设计的污泥消化池参数如下。

(1)中温厌氧消化,固定盖式圆柱形消化池,一级消化污泥投配率为 5%,二级消化投配率为 10%,消化温度为 33~35 ℃,设计温度为 35 ℃。

(2)一级消化池进行加温搅拌,二级消化池不加热,不搅拌。

(3)4 座一级消化池,每座容积为 2 000 m³,投配率为 5%。

(4)消化池直径取 17 m,集气罩直径取 2 m,池底下锥底直径取 2 m,集气罩高度为 2 m,消化池柱体高度为 8 m,总高度为 15 m。

(5)二级消化池采用两座,投配率为 10%,总容积为 2 000 m³,其余参数设计与一级消化池一致。

10.6.3　高效厌氧消化的条件及优化

要使投产使用的消化池具有良好的消化功能,设计阶段的优化是至关重要的。工程设计人员不仅要基于生物反应过程的知识进行正确的设计,而所选择的池形和相应设备也很重要。生物系统只有在相应的物理边界条件下才能创造出最佳的运行效果。为此,消化池的工艺设计应满足以下要求。

(1)适宜的池形选择。

(2)最佳的设计参数。

(3)节能、高效、易操作维护的设备。

(4)良好的搅拌设备,使池内污泥混合均匀,避免产生水力死角。

（5）原污泥均匀投入并及时与消化污泥混合接种。

（6）最小的热损失，及时的补充热量，最大限度地避免池内温度波动。

（7）消化池产生的沼气能及时从消化污泥中输导出去。

（8）具有良好的破坏浮渣层和清除浮渣的措施。

（9）具有可靠的安全防护措施。

（10）可灵活操作的管道系统。

因此，污泥消化池设计时应注意以下设计细节。

（1）厌氧消化温度选择。

污泥厌氧消化的温度根据消化池内生物作用的温度分为中温消化和高温消化。中温消化的温度一般控制在 33～35 ℃，最佳温度为 34 ℃。而高温消化的温度一般控制在 55～60 ℃。高温消化比中温消化分解速率快，产气速率高，所需的消化时间短（气量达到总产气量 90% 时所需要的天数），消化池的容积小。高温消化对寄生虫卵的杀灭率可达 90% 以上。但高温消化加热污泥所消耗热量大，耗能高，因此只有在卫生要求严格或对污泥气产生量要求较高时才选用。

（2）消化等级的选择。

污泥厌氧消化的等级按其消化池的串联使用数量分为单级消化和二级消化。单级消化只设置一个池子，污泥在一个池中完成消化过程；而二级消化的消化过程分在两个串联的消化池内进行。一般，在二级消化的一级消化池内主要进行有机物的分解，只对一级消化池进行混合搅拌和加热，不排上清液和浮渣。污泥在一级消化池进行主要分解后，排入二级消化池。二级消化池不再进行混合搅拌和加热，使污泥在低于最佳温度的条件下完成进一步的消化。在二级消化的过程中排上清液和浮渣。

单级消化的土建费用较省；可分解的有机物的分解率可达 90%；由于不能在池内分离上清液，为减少污泥体积需要设浓缩池。二级消化的土建费用较高；有机物的分解率略有提高，产气率一般比单级消化约高 10%；二级消化的运行操作比单级消化复杂。

（3）消化池池形的选择。

消化池池形设计过程中应具有结构条件好、防止沉淀、没有死区、混合良好、易去除浮渣及泡沫等优点。各个国家采用的消化池的池形样式较多，但常用的基本形状有以下四种：龟甲形、传统圆柱形、卵形和平底圆柱形。

①龟甲形消化池。龟甲形消化池在英、美国家采用的较多，此种池形的优点是土建造价低、结构设计简单。但要求搅拌系统具有较好的防止和消除沉积物效果，因此相配套的设备投资和运行费用较高。

②传统圆柱形消化池。在中欧及中国，常用的消化池的形状是圆柱状中部、圆锥形底部和顶部的消化池池形。这种池形的优点是热量损失比龟甲形小，易选择搅拌系统。但底部面积大，易造成粗砂的堆积，因此需要定期进行停池清理。更重要的是在形状变化的部分存在尖角，应力很容易聚集在这些区域，使结构处理较困难。底部和顶部的圆锥部分，在土建施工浇铸时混凝土难密实，易产生渗漏。

③卵形消化池。德国从 1956 年就开始采用卵形消化池，并作为一种主要的形式推广到全国，应用较普遍。卵形消化池最显著的特点是运行效率高，经济实用。其优点可以总结为以下几点：a. 其池形能促进混合搅拌的均匀，单位面积内可获得较多的微生物。用较小的能

量即可达到良好的混合效果。b.卵形消化池的形状有效地消除了粗砂和浮渣的堆积,池内一般不产生死角,可保证生产的稳定性和连续性。c.卵形消化池表面积小,耗热量较低,很容易保持系统温度。d.生化效果好,分解率高。e.上部面积少,不易产生浮渣,即使生成也易去除。f.卵形消化池的壳体形状使池体结构受力分布均匀,结构设计具有很大优势,可以做到消化池单池池容的大型化。g.池形美观。卵形消化池的缺点是土建施工费用比传统消化池高。然而卵形消化池运行上的优点直接提高了处理过程的效率,因此节约了运行成本。

④平底圆柱形。平底圆形池是一种土建成本较低的池形。圆柱部分的高径比≥1,这种池形在欧洲已成功地用在不同规模的污水厂。它要求池形与装备和功能之间要有很好的相互协调。当前可配套使用的搅拌设备较少,大都采用可在池内多点安装的悬挂喷入式沼气搅拌技术。

在我国,消化池的形状多年来大都采用传统的圆柱形,随着搅拌设备的引进,我国污泥消化池的池形也变得多样化。近几年,我国先后设计并施工了多座卵形消化池,改变了国内消化池池形单一状况。例如,杭州四堡污水处理厂已建成了 3 座容积 10 500 m^3 的卵形池;济南盖家沟污水厂的 3 座容积 10 500 m^3 的卵形池;济宁污水处理厂新近建成的 2 座容积 12 700 m^3 的卵形池。此外,漳州污水处理厂 2 座容积 11 000 m^3 的卵形池也在施工中。

卵形与传统圆柱形消化池运行过程中不同参数的综合比较见表 10.1。

表 10.1 卵形与传统圆柱形消化池运行中不同参数比较

名称	传统圆柱形	卵形
混合性能	低效的混合性,为了混合得更均匀需要很大的能量	超强的混合性,需要能量低(约节省40%～50%的能量)
粗砂和淤泥的聚集	底部面积大,易沉淀粗砂和污泥,需要定期清理;浪费的空间导致消化物的消化水平较差	底部面积小,可有效地消除粗砂和污泥的沉淀,使微小颗粒与污泥充分混合
浮渣的堆积	因泥液面较大,浮渣的堆积层不能被有效和永久性解决	污泥液面积大大减少,能有效地控制浮渣的形成和排出
维护与保养	一般情况下需对全池进行清理,重新启动系统和整个处理装置需要几个月的时间。维护费用较高	不需要定期清理,可连续运行
运行	底部的死角很容易被粗砂和其他沉淀物所堆积,而顶部的无效空间又极易堆积浮渣,从而使消化处理效果较差	稳定地减少易挥发性有机物且稳定、连续地产生沼气,形成有效的运行处理过程
容积	受结构和工艺条件的限制,单池容积不易很大,因此占地面积大	结构和工艺条件较好,单池处理能力大,故而所占地面积小,因此在地面积有限或土地价格昂贵的地方成为必然的选择
运行温度	表面积与处理污泥量的比例较大,使运行费用高且能量消耗较大	表面积与污泥处理量的比例较小。优异的混合性能保证了系统温度的稳定

10.6.4 构筑物组成

污泥厌氧消化池的作用是将一部分有机物转化为沼气和稳定性良好的腐殖质,能够提高污泥的脱水性能并减少污泥体积、灭活致病微生物,从而有利于污泥的进一步处理和利用。含水率为 3%～10% 的泥从进料管投配到厌氧消化反应器中,在一定反应温度下,进行厌氧消化,所产甲烷从顶部的集气罩输出。间歇性进出料,贮存气设备既平衡产气和用气,也平衡池内压力,防止出料时形成负压吸入空气,破坏无氧环境。污泥厌氧消化池设计图如图 10.15 所示。

污泥厌氧消化池在运行过程中应进泥良好、排泥顺畅、沼气收集和排出畅通、加热设备正常运行、搅拌系统周期运行,并能够通过相关设备的安装实现对污泥厌氧消化效能和系统的日常监测。

通常情况下,污泥消化池的组成主要包括以下几点:

(1)进泥管(四周进泥)。

(2)排泥管(底部排泥)。

(3)搅拌设备(可采用沼气搅拌和机械搅拌等多种方式)。

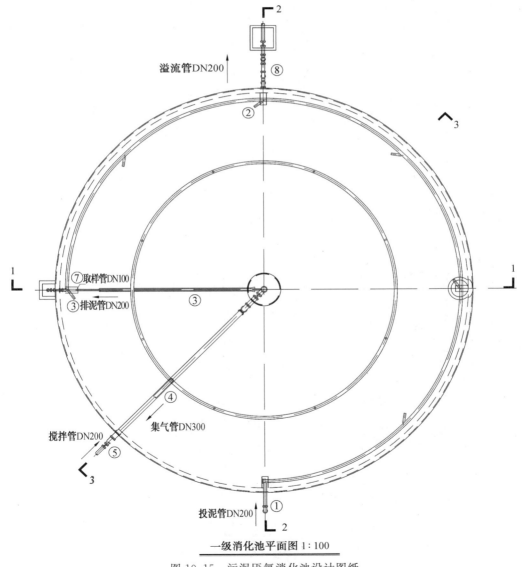

一级消化池平面图 1:100

图 10.15　污泥厌氧消化池设计图纸

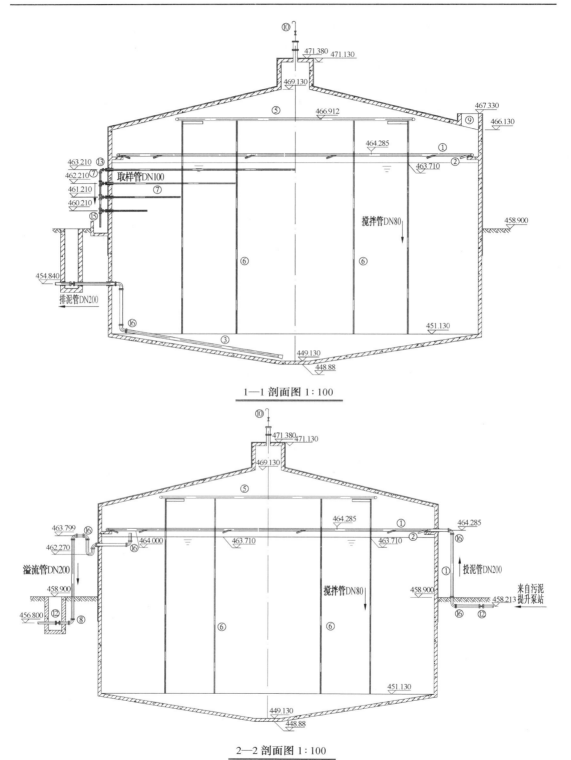

1—1 剖面图 1 : 100

2—2 剖面图 1 : 100

续图 10.15

(4)沼气集气管(用于收集厌氧反应器中产生的沼气)。

(5)取样管(用于对污泥厌氧消化系统内不同高度处污泥的取样及监测)。

(6)溢流管(用于污泥上清液的溢出)。

(7)人孔(用于系统的检修等)。

(8)爬梯(用于维修工人进入厌氧反应系统内部)。

10.6.5　设计计算

1. 消化池容积计算

$$V = Q_o \cdot t_d \qquad (10.23)$$

$$V = \frac{W_s}{L_v} \qquad (10.24)$$

式中　t_d——消化时间,宜为 20~30 d;

　　　V——消化池总有效容积,m^3;

　　　Q_o——每日投入消化池的原污泥量,m^3/d;

　　　L_v——消化池挥发性固体(VSS)容积负荷,$kg/(m^3 \cdot d)$,重力浓缩后的原污泥(VSS)宜采用 0.6~$1.5 \ kg/(m^3 \cdot d)$,机械浓缩后的高浓度原污泥(VSS)不应大于 $2.3 \ kg/(m^3 \cdot d)$;

　　　W_s——每日投入消化池的原污泥中挥发性干固体(VSS)质量,kg/d。

2. 上锥体高度 h_2 计算

假定消化池直径 D,计算消化池高度,再通过 H/D 进行验算。

$$h_2 = \tan \alpha_1 \left(\frac{D - d_1}{2} \right) \qquad (10.25)$$

式中　D——消化池直径,m;

　　　d_1——集气罩直径,m,一般设定 d_1 为 2 m;

　　　d_2——池底下锥底直径,m,一般设定 d_2 为 2 m;

　　　h_1——集气罩高度,m,一般设定 h_1 为 2 m;

　　　α_1——上椎体倾角,一般采用 $15°$~$30°$。

3. 下锥体高度 h_4

$$h_4 = \tan \alpha_2 \left(\frac{D - d_2}{2} \right) \qquad (10.26)$$

式中　α_2——下椎体倾角,一般采用 $5°$~$15°$;

　　　d_2——池底下锥底直径,m,一般设定 d_2 为 2 m;

　　　D——消化池直径,m;

　　　h_4——消化池下椎体高度,m。

4. 消化池高度 h_3

根据消化池容积、集气罩的容积、上椎体容积、下椎体容积初步计算消化池柱体容积,再根据消化池直径,初步计算获得消化池高度 h_3。

5. 消化池总高度为

$$H = h_1 + h_2 + h_3 + h_4 \qquad (10.27)$$

6. 一级消化后的污泥量

$$V_2 P_2 = V_1 P_1 \qquad (10.28)$$

$$V_2(1-P_2) = V_1(1-P_1)(1-P_v R_d m) \qquad (10.29)$$

式中 V_1——一级消化前生污泥量,m³/d;

      V_2——二级消化前生污泥量,m³/d;

      P_1——生污泥含水率,%;

      P_2——一级消化污泥含水率,%;

      P_v——生污泥中含有的有机物含量,%,一般采用65%;

      R_d——污泥可消化程度,%,一般采用50%;

      m——一级消化占可消化程度的比例,%,一般采用70%~80%。

7. 二级消化后的污泥量

$$V_3 = \frac{100-P_1}{100-P_3} V_1 (1-P_v \times R_d) \qquad (10.30)$$

式中 V_1——生污泥量,m³/d;

      V_3——二级消化后污泥量,m³/d;

      P_1——生污泥含水率,%;

      P_3——二级消化后的污泥含水率,%。

8. 二级消化池上清液排放量

$$V' = V_1 P_1 - V_3 P_3 \qquad (10.31)$$

9. 消化池降解的污泥量

$$X = (1-P)V_1 P_v R_d \qquad (10.32)$$

式中 X——消化池降解的污泥量,kg/d;

      P——生污泥含水率,%;

      V_1——生污泥含量,m³/d;

      P_v——生污泥有机含量,一般采用65%;

      R_d——污泥可消化程度,%,一般采用50%。

10. 消化池的产气量

$$q = aX \qquad (10.33)$$

式中 q——消化池沼气产量,m³/d;

      a——污泥沼气产率,m³/kg 污泥,一般采用0.75~1.10 m³/kg 污泥。

10.6.6   污泥消化池设计中常见的问题及设计细节展示

(1)不能遗漏人孔,人工检修等操作需要,污泥消化池人孔设计如图10.16所示。

(2)应画出消化池池体平面图应标半径等,消化池池体平面图正误对比图如图10.17所示。

(3)不能遗漏搅拌管,搅拌管设计示意图如图10.18所示。

(4)溢流管应增加U型管,防止产生虹吸,溢流管设计示意图如图10.19所示。

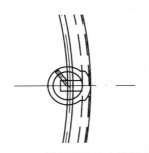

图 10.16 污泥消化池人孔设计

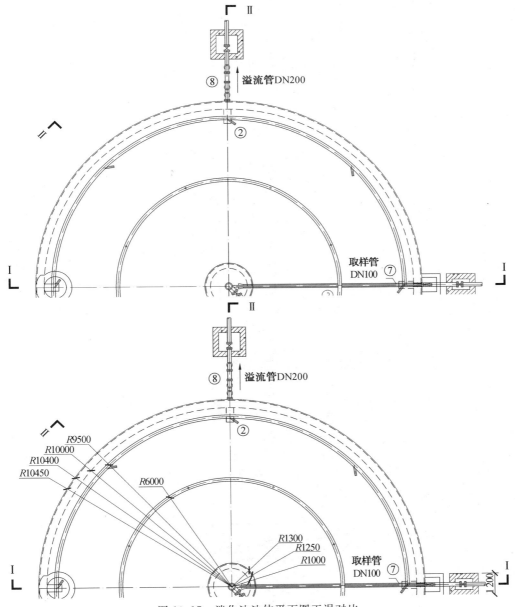

图 10.17 消化池池体平面图正误对比

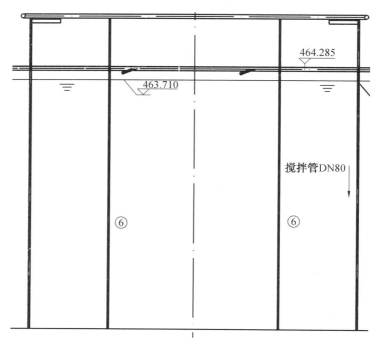

图 10.18　搅拌管设计示意图

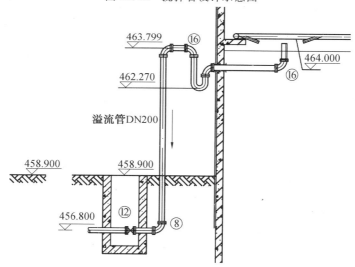

图 10.19　溢流管设计示意图

（5）排泥管下部应增加喇叭口，排泥管下部喇叭口的增设，如图 10.20 所示。

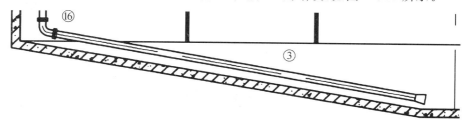

图 10.20　排泥管下部喇叭口的增设

10.6.7　污泥消化池设计实例

本书以北京小红门污泥厌氧消化工程作为污泥消化池设计实例,其污泥厌氧消化工程图如图 10.21 所示。

图 10.21　污泥厌氧消化工程图

小红门厂污泥处理工艺采用浓缩—消化—脱水工艺。2008 年 11 月竣工,正式投入运行。经过了清水联动调试、进泥试运行后,顺利开始正式稳定运行。污泥通过中温厌氧消化达到了稳定化、资源化、减量化。通过相关工艺的调控,消化池稳定运行,产生的沼气中甲烷含量稳定,在其具备点燃条件后,成功地调试沼气拖动鼓风机,实现了能源的再生利用。

北京小红门污泥厌氧消化项目由消化系统、控制系统和沼气收集利用系统组成。

(1)消化系统:包括 5 座卵形消化池(单池容积 12 300 m³)、1 座中控塔、3 座沼气柜、2 座脱硫塔、2 台废气燃烧器、3 台沼气锅炉、3 台沼气鼓风机等。工程总投资 1.8 亿元人民币,于 2008 年 11 月开始投入运行。

(2)控制系统:采用中温厌氧消化工艺,满负荷进泥量为每日每池 600 m³,污泥在消化池中停留 20 d,消化温度控制在 35 ℃左右。使用沼气搅拌和污泥循环搅拌。

系统运行过程中通过进排泥控制、污泥搅拌控制、pH 控制、沼气脱硫、温度控制等系统的高效运行,实现了污泥厌氧消化系统的高效运行。

(4)沼气收集利用系统:5 座消化池满负荷运行每日可产沼气 20 000 m³ 以上,沼气中甲烷平均含量为 65%～70%,沼气经过脱硫后,进入气柜储存,用于沼气发动机驱动鼓风机及沼气锅炉为消化池加热,冬季时,富余沼气还用于供暖锅炉为厂内供暖。

该工程中厌氧消化系统的运行参数见表 10.2。

表 10.2　小红门污泥厌氧消化系统的运行参数

项目	数值
进泥量	2 300 m³/d
产气率	8.7
进泥含水率	95%～97.5%
进泥有机份含量	50%～72%
有机分解率	50%～65%
沼气产量	2 000 m³/d
分解单位有机物产气率	1.07 m³/kg 有机物
排泥含水率	97.5%～98.5%
排泥有机份含量	45%～50%
沼气中甲烷含量	65%～70%

该工程的运行状况如图 10.22 所示。

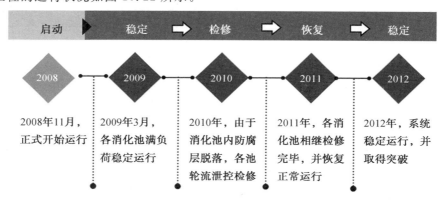

图 10.22　小红门污泥厌氧消化工程运行状况

该工程的运行参数如下。

(1)进排泥系统:进泥含水率为 95%～97.5%,有机份含量为 50%～72%,排泥含水率为 97.5%～98.5%,有机份为 45%～50%。进泥方式为顶部连续进泥,排泥方式为静压溢流排泥。

(2)加热系统:使用热交换器对进泥进行加热,加热至 35 ℃左右。热水为沼气发动机冷却循环水,冬季热量不足时,使用沼气锅炉进行加热。

(3)搅拌系统:使用沼气压缩机进行沼气搅拌;使用中部污泥循环泵作为辅助搅拌;

(4)沼气脱硫系统:采用无定形羟基氧化铁,脱硫效率可达到 99%以上,用户免维护。

该工程的沼气利用技术路线如图 10.23 所示。

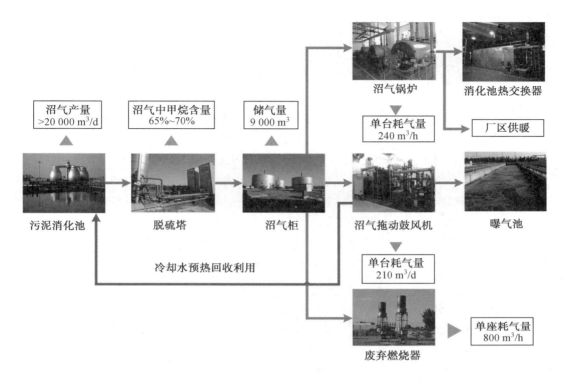

图 10.23　小红门沼气利用技术路线

10.7　污泥脱水设计

10.7.1　污泥脱水概念及功能

污泥脱水目的是使固体部分得到富集,减少污泥体积。污水经过沉淀处理后会产生大量污泥,即使经过浓缩及消化处理,含水率仍高达 96%,体积很大,难以消纳处置,必须经过脱水处理,提高泥饼的含固率,以减少污泥堆置的占地面积。一般城镇污水处理厂的污泥多采用机械脱水,主要有带式压滤机、离心式脱水机、板框式压滤机、污泥浓缩脱水一体化设备等。

10.7.2　常见污泥脱水设备

1. 带式压滤脱水机

带式压滤脱水机是由上下两条张紧的滤带夹带着污泥层,从一连串有规律排列的辊压筒中呈 S 形经过,依靠滤带本身的张力形成对污泥层的压榨和剪切力,把污泥层中的毛细水挤压出来,获得含固量较高的泥饼,从而实现污泥脱水。

一般带式压滤脱水机由滤带、辊压筒、滤带张紧系统、滤带调偏系统、滤带冲洗系统和滤带驱动系统构成。做机型选择时,应从以下几个方面加以考虑。

(1)滤带:要求其具有较高的抗拉强度、耐曲折、耐酸碱、耐温度变化等特点,同时还应考虑污泥的具体性质,选择适合的编织纹理,使滤带具有良好的透气性能及对污泥颗粒的拦截性能。

(2)辊压筒的调偏系统:一般通过气动装置完成。

(3)滤带的张紧系统:一般也由气动系统来控制。滤带张力一般控制在 0.3~0.7 MPa,常用值为 0.5 MPa。

(4)带速控制。不同性质的污泥对带速的要求各不相同,即对任何一种特定的污泥都存在一个最佳的带速控制范围,在该范围内,脱水系统既能保证一定的处理能力,又能得到高质量的泥饼。

带式压滤脱水机受污泥负荷波动的影响小,还具有出泥含水率较低且工作稳定、启耗少、管理控制相对简单、对运转人员的素质要求不高等特点。同时,由于带式压滤脱水机进入国内较早,已有相当数量的厂家可以生产这种设备。在污水处理工程建设决策时,可以选用带式压滤机以降低工程投资。目前,国内新建的污水处理厂大多采用带式压滤脱水机,例如北京高碑店污水处理厂一期工程五台脱水机全部是带式压滤脱水机,投入运行以来情况良好,所以在二期设备选型时仍然选用了这种机型。

2. 离心式脱水机

离心脱水机主要由转载和带空心转轴的螺旋输送器组成,污泥由空心转轴送入转筒后,在高速旋转产生的离心力作用下,立即被甩入转毂腔内。污泥颗粒比重较大,因而产生的离心力也较大,被甩贴在转毂内壁上,形成固体层;水密度小,离心力也小,只在固体层内侧产生液体层。固体层的污泥在螺旋输送器的缓慢推动下,被输送到转载的锥端,经转载周围的出口连续排出,液体则由堰四溢流排至转载外,汇集后排出脱水机。

离心脱水机最关键的部件是转毂,转毂的直径越大,脱水处理能力越大,但制造及运行成本都相当高,很不经济。转载的长度越长,污泥的含固率就越高,但转载过长会使性能价格比下降。使用过程中,转载的转速是一个重要的控制参数,控制转毂的转速,使其既能获得较高的含固率又能降低能耗,是离心脱水机运行好坏的关键。

离心脱水的优点在于基建投资少,占地小;设备结构紧凑;不投加或少加化学药剂;处理能力大且效果好;总处理费用较低;自动化程度高,操作简便、卫生等。目前,多采用低速离心脱水机。在做离心式脱水机选型时,因转轮或螺旋的外缘极易磨损,对其材质要有特殊要求。新型离心脱水机螺旋外缘大多做成装配块,以便更换。装配块的材质一般为碳化钨,价格昂贵。离心脱水机具有噪音大、能耗高、处理能力低等缺点。

3. 板框式压滤机

板框式压滤机是通过板框的挤压,使污泥内的水通过滤布排出,达到脱水目的。它主要由凹入式滤板、框架、自动—气动闭合系统测板悬挂系统、滤板震动系统、空气压缩装置、滤布高压冲洗装置及机身一侧光电保护装置等构成。设备选型时,应考虑以下几个方面。

(1)对泥饼含固率的要求。一般板框式压滤机与其他类型脱水机相比,泥饼含固率最高,可达 35%,如果从减少污泥堆置占地因素考虑,板框式压滤机应该是首选方案。

(2)框架的材质。

(3)滤板及滤布的材质:要求耐腐蚀,滤布要具有一定的抗拉强度。

(4)滤板的移动方式:要求可以通过液压与气动装置全自动或半自动完成,以减轻操作人员劳动强度。

(5)滤布振荡装置,以使滤饼易于脱落。与其他形式脱水机相比,板框式压滤机最大的缺点是占地面积较大。

4. 污泥浓缩脱水一体化设备

在传统污水处理工艺中,污泥浓缩和脱水是分开进行的。20 世纪 90 年代以来,欧美一些国家通过改进一般带式压滤机重力脱水段的性质、适应二级处理新工艺污泥性质的变化而设计制造出污泥浓缩脱水一体化设备。污泥浓缩脱水一体化设备具有工艺流程简单,工艺适应性强,自动化程度高,运行连续控制操作简单,过程可调性强的特点。该设备将污泥浓缩段与污泥脱水段集于一体,而浓缩段接受的水力负荷较高,大约在 40~50 m³/(m · h),而该段固液分离及控制较为困难,因此浓缩段是一体化设备的技术关键。

从污水处理工艺来看,近年来已从传统的活性污泥法派生出 A/A/O 法、A/O 法、AB 法、SBR 法、氧化沟法等,在这些新工艺背景下产生的污泥,其性态已与传统活性污泥法的污泥有所不同,在一些特定的工艺中,重力浓缩池已不再适合污泥的浓缩,如 A/A/O 法产生的污泥含有大量的磷,这种污泥在浓缩池的缺氧环境中有可能形成磷的二次释放。在这种情况下,采用机械式浓缩脱水一体化设备已成为今后污水厂污泥处理设备的方向。此类设备可对污水处理厂的建设及运行带来较好的经济效益,即占地小,降低基建成本,缩短污泥浓缩时间,保证工艺效果,减少机械磨耗,节约设备投资和运行成本。

10.7.3　污泥脱水设备的能耗

根据不同形式脱水机性能的比较分析,污水处理厂应从污泥特性、运行状况、人员素质、对泥饼的要求以及资金、成本等几个方面综合考虑,才能做出合理选择。

带式压滤机出泥含水率为 80%~85%,处理量(按含水率 96 %计)为 14~18 m³/h,折算干泥量为 12~14 t/d(带宽约 3 m)。土建费用约为 240 万元/100 t 干泥,设备费用约 483~595 万元/100 t 干泥,电耗为 15~20(kW · h)/t 干泥,药耗为 5~7 kg PAM/t 干泥,水耗为 35~40 m³/t 干泥。带式压滤机对人员素质要求相对较低,运行操作人员每班约 4 人。

离心机出泥含水率为 70%~80%,每立方米污泥脱水耗电为 1.2 kW/m³,运行时噪音为 76~80 dB,全天 24 h 连续运行,除停机外,运行中不需清洗水;而带式压滤机每立方米污泥脱水耗电为 0.8 kW/m³,运行时噪音为 70~75 dB,滤布需松弛保养,一般每天只安排二班操作,运行过程中需不断用高压水冲洗滤布,冲洗下的水增加了二次处理量。

板框压滤机压缩量一般为 13 m³ 固体/批次,折算干泥量为 4 t/批次(2 m×2 m ,含水率按 70 %计),出泥含水率为 60%~75%。土建费用约为 350 万元/100 t 干泥,设备费用约 1 130~1 270 万元/100 t 干泥,电耗为 10~15 (kW · h)/t 干泥,药耗为 5~6 kg PAM/t 干泥,水耗为 0.5 m³/t 干泥。

污泥浓缩脱水一体化设备以带式浓缩脱水一体化设备为例,污泥经加药处理后送至浓缩段,定时浓缩处理后,污泥含固率可以达到 2%~10%左右,进泥含固率为 0.5%~1.5%;浓缩段含固率为 4%~6%;泥饼含固率为剩余活性污泥的 15%~18%,生污泥的 20%~25%;干泥产量为 200~300 kg/m · h;设备价格低于国外同类产品 3~4 倍。

第11章 城镇污水处理厂平面、水力 高程布置图设计及规范制图

通过计算并结合实际情况完成污水处理厂工艺选择与各处理构筑物规范设计后,需要根据气象、地形、工艺流程、构(建)筑物特点、进出水方向、维护维修方便等因素进行污水处理厂平面和水力高程布置。

污水处理厂平面布置的主要任务是:在满足各处理构筑物尺寸及流经各构筑物的水力要求的同时减少水头损失,节约能量损耗,降低运行成本;因地制宜,结合地形,顺坡布设构筑物;妥善处理交通运输问题,减少土石方数量;顺应进出水方向,方便取样、巡视和维护;考虑分期、分级建设需要。污水处理厂高程布置的主要任务是:合理确定各处理构筑物和泵房标高;确定处理构筑物之间连接管渠的尺寸及其标高;确定各部位的水面标高,考虑预留水头,避免跌水浪费,使污水沿处理流程在处理构筑物之间通畅地流动,保证污水处理厂正常达标运行。

11.1 污水处理厂平面布置图设计原则及规范设计

11.1.1 污水处理厂厂区功能区分布

污水处理厂一般分区布置,主要有厂前区、污水处理区、污泥处理区、动力区、远期预留地等。厂区内主要构筑物包括处理构筑物、办公楼、化验室及其他辅助建筑物以及各种管道渠道、道路、绿化带的布置。典型的污水处理厂平面布置图如图11.1所示。

11.1.2 厂区平面布设原则

处理构筑物是污水处理厂的主体构筑物,在进行污水处理厂构筑物平面布置时,应根据各构筑物的功能要求和水力要求,结合地形和地质条件,确定它们在厂区内平面的位置,对此,应考虑以下几方面。

(1)贯通、连接各处理构筑物之间的管、渠应便捷、直通,避免迂回曲折。

(2)污水厂的工艺流程、竖向设计宜充分利用地形,符合排水通畅、降低能耗、平衡土方的要求,并避免劣质土壤地段。

(3)在处理构筑物之间,应保持一定的间距,以保证敷设连接管、渠的要求,一般的间距可取值5~10 m,某些有特殊要求的构筑物,如污泥消化池、消化气贮罐等,其间距应按有关规定确定;

(4)各处理构筑物在平面布置上,应考虑适当紧凑。一般小型处理厂采用圆形池较为经济,而大型处理厂则以采用矩形池为经济。除了占地、构造和造价等因素以外,还应考虑水力条件、浮渣清除以及设备维护等因素。

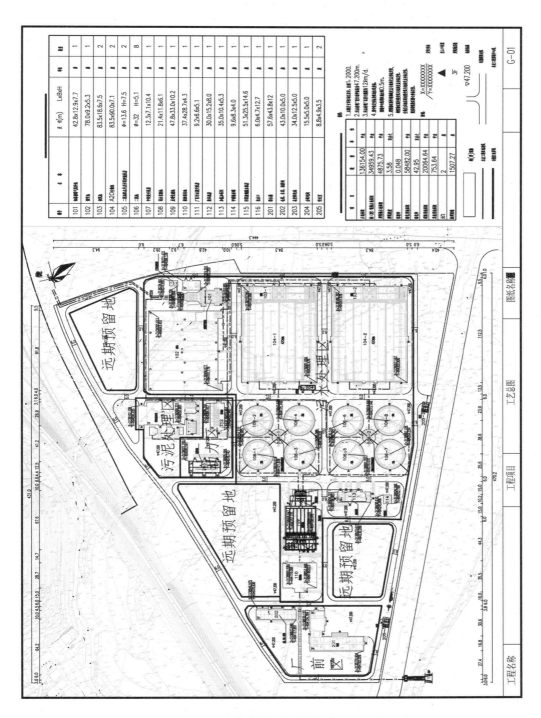

图 11.1 典型的污水处理厂平面布置图

(5)污水厂的厂区面积,应按项目总规模控制,并做出分期建设的安排,合理确定近期规模,近期工程投入运行一年内水量宜达到近期设计规模的60%。

(6)污水厂的总体布置应根据厂内各建筑物和构筑物的功能和流程要求,结合厂址地形、气候和地质条件,优化运行成本,便于施工、维护和管理等因素,经技术经济性比较确定。

(7)污水厂厂区内各建筑物造型应简洁美观、节省材料、选材适当,并应使建筑物和构筑物群体的效果与周围环境协调。

(8)生产管理建筑物和生活设施宜集中布置,其位置和朝向应力求合理,生活区一般布置在夏季主导风向的上风向,在北方地区还应考虑建筑物的朝向,污泥区一般布置在夏季主导风向的下风向,并应与处理构筑物保持一定距离。

(9)污水和污泥的处理构筑物宜根据情况尽可能分别集中布置。处理构筑物的间距应紧凑、合理,符合国家现行的防火规范的要求,并应满足各构筑物的施工、设备安装和埋设各种管道以及养护、维修和管理的要求。

污水处理厂平面布设过程中管道及渠道的平面布置应遵循如下原则:

(1)在各处理构筑物之间,设有贯通、连接的管、渠。此外,还应设有能使各处理构筑物独立运行的管、渠,当某一处理构筑物因故停止工作时,应通过相应管道的设置使其进入后续处理构筑物,并保证一定程度上的正常运行。

(2)应设超越全部处理构筑物,直接排放水体的超越管。

(3)在厂区内还设有:给水管、空气管、消化气管、蒸汽管以及输配电线路。这些管线可以敷设在地下,也可以敷设在地上,相应管路的布置既要便于施工和维护管理,但也要紧凑,少占用地。

(4)污水处理厂内各种管渠应全面安排,避免相互干扰,管道复杂时可设置管廊,在污水处理厂厂区内,应有完善的雨水管道系统,必要时应设置防洪沟渠。

(5)承压管(如给水管、空气管、蒸汽管等)可考虑平行架空布置,以节省用地和便于维修,地下埋设的管道应尽可能集中并设管廊或管沟。污水和污泥管道应尽可能考虑重力自流。在污水厂内应有完善的雨水管道系统,必要时应考虑设防洪沟渠。

污水处理厂内的辅助建筑物有:泵房、鼓风机房、办公室、集中控制室、水质分析化验室、变电所、机修、仓库、食堂等。对于污水处理厂附属建筑物,其布设原则如下。

(1)在资金和条件允许的条件下,可设立试验车间。

(2)各辅助建筑物应根据方便、安全等原则确定布设位置。如鼓风机房应设于曝气池附近,以节省管道与动力;变电所宜设于耗电量大的构筑物附近;化验室应远离机器间和污泥干化场,以保证良好的工作条件;办公室、化验室等均应与处理构筑物保持适当距离,并应位于处理构筑物的夏季主风向的上风向处;值班室应尽量布置在使工人能够便于观察各处理构筑物运行情况的位置。

(3)在污水处理厂内应广为植树、绿化、美化厂区,改善卫生条件。按规定,污水处理厂厂区的绿化面积不得少于30%。

(4)在污水处理厂内,应合理地修筑道路,方便运输;应设置通向各处理构筑物和辅助建筑物的必要通道,通道的设计应符合如下要求:①主要车行道的宽度:单车道为3.5 m,双车道为6～7 m,并应设置回车道。②车道的转弯半径不宜小于6 m。③人行道的宽度为1.5～2 m。④通向高架构筑物的扶梯倾角不宜大于45°。⑤天桥宽度不宜小于1 m。

(5)厂区道路、绿化布置、照明、围墙及进门等其他设施的设计和布置参见设计手册。

11.1.3　国内外典型污水处理厂平面布设

1. 案例一

美国芝加哥 Stickney 污水处理厂(图 11.2)是世界上最大的污水处理厂,处理规模为 465 万 m³/d,采用传统活性污泥工艺。目前的实际处理水量为 271 万 m³/d。1939 年建成运行。其进水泵站是世界最大的地下式污水提升泵站。

图 11.2　芝加哥 Stickney 污水处理厂

2. 案例二

底特律污水处理厂(图 11.3)处理能力为 360 万 t/d,该厂于 1939 年运行,在当时只有简单的一级处理,1972 年实现二级处理,由此该厂建设了曝气池、二沉池、污泥处理设施。1970 年起,底特律污水处理厂开始化学除磷,实现出水 TP 小于 1 mg/L 的目标。

3. 案例三

上海白龙港污水(图 11.4)处理厂是中国规模最大的污水处理厂,也是亚洲规模最大的污水处理厂,2008 年 9 月升级改造工程全部建成投产,处理规模达 200 万 t/d,处理能力占上海城市污水处理能力的三分之一左右。

4. 案例四

北京高碑店再生水厂(图 11.5)位于朝阳区高碑店乡,是目前全球最大、技术先进的再生水厂。占地面积 68 公顷,负责处理北京市中心城区及东部地区总计 9 661 公顷流域范围内的城市污水,日处理能力 100 万 t,并承担向通惠河补充景观水的任务。不仅有传统的污水处理工艺,还拥有世界先进的再生水生产和污泥处理工艺。

图 11.3　底特律污水处理厂

图 11.4　上海白龙港污水处理厂

图 11.5　北京高碑店再生水厂

5. 案例五

大连寺儿沟污水处理厂(图 11.6)位于大连东港商务区内,占地 3.3 万 m^2,设计日处理污水能力 10 万 t,远期规模为日处理 20 万 t,服务面积覆盖 11.14 km^2,服务人口 20 万。

图 11.6　大连寺儿沟污水处理厂

11.1.4　平面布设图布设常见问题

污水处理厂平面布设图——优秀毕业设计作品如图 11.7 所示。

污水处理厂平面布设图绘制中的常见问题如下。

(1)构筑物及建筑物一览表文字应该在表格中居中,主体构筑物应按一般顺次排序,构筑物的尺寸以 m 计(图 11.8)。

(2)构筑物的编号应写在构筑物内,适当缩小字体且字体大小应统一(图 11.9)。

(3)管线应闭合,管道应加粗,并用不同的线型进行区分(图 11.10)。

(4)污水厂的单行车道道路宽度一般为 7 m,双行车道宽度一般不小于 9 m;道路转弯半径应满足《建筑设计防火规范》(GB 50016—2014),转弯半径为 9～12 m。厂区内道路禁止穿越花坛等构筑物(图 11.11)。

(5)平面图中没有风向玫瑰图,或者风向玫瑰图没有填充(图 11.12)。

(6)图例标注缺失,且区分不够明显(图 11.13)。

(7)点画线也应与构筑物相连接(图 11.14)。

(8)构筑物一般不紧挨着墙,应留出一定的道路,并做距离标注(图 11.15)。

11.2　污水处理厂水力高程布置图设计原则及规范化设计

11.2.1　污水处理厂水力高程布置图概念

污水处理工程的污水处理流程高程布置的主要任务是确定各处理构筑物的泵房的标高,确定各处理构筑物之间联结灌渠的尺寸及其标高(图 11.16);通过计算确定各部位的水面标高,从而使污水能够在各处理构筑物之间顺畅地流动,保证污水处理工程的正常运行。

11.2.2　污水处理厂水力高程布置图布设原则

污水处理水力高程图,应该是从工艺的首个构筑物开始画,特别是当采用重力流的情况

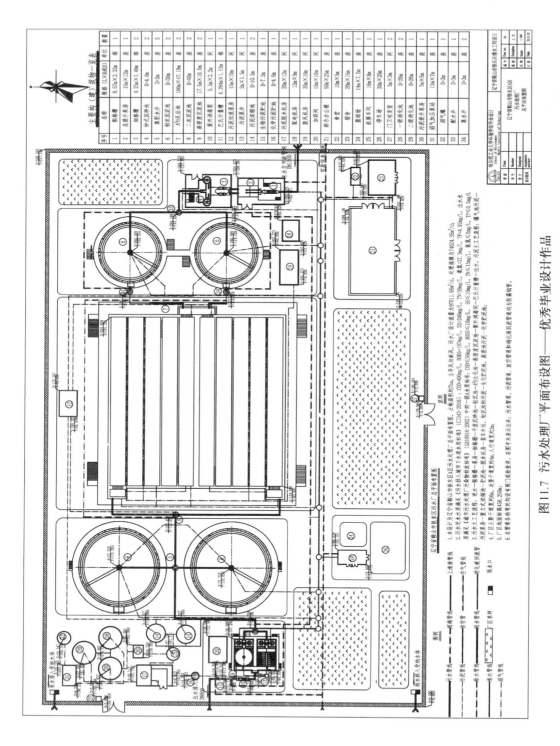

图 11.7　污水处理厂平面布设图——优秀毕业设计作品

主要建(构)筑物一览表

编号	名称	规格	单位	数量
1	中格栅	2.67×0.62m	个	2
2	总泵站	16.0m×16.0m	座	1
3	细格栅	3.89m×1.83m	个	2
4	钟式沉砂池	D=3.65m	座	2
5	初次沉淀池	D=30.0m	座	2
6	初沉池集配水井	D=4.0m	个	1
7	A/A/O配水井	D=5.0m	个	1
8	A/A/O反应池	77.0m×43.0m	座	2
9	二次沉淀池	D=42.0m	座	2
10	二沉池集配水井	D=5.0m	个	1

(a) 错误

主要建(构)筑物一览表

编号	名称	规格	单位	数量
1	二次沉淀池	D=42.0m	座	1
2	总泵站	16.0m×16.0m	座	1
3	细格栅	3.89m×1.83m	个	2
4	钟式沉砂池	D=3.65m	座	2
5	初次沉淀池	D=30.0m	座	2
6	初沉池集配水井	D=4.0m	个	1
7	A/A/O配水井	D=5.0m	个	1
8	A/A/O反应池	77.0m×43.0m	座	2
9	中格栅	2.67×0.62m	个	2
10	二沉池集配水井	D=5.0m	个	1

(b) 正确

图 11.8　构筑物一览表常见问题及修正

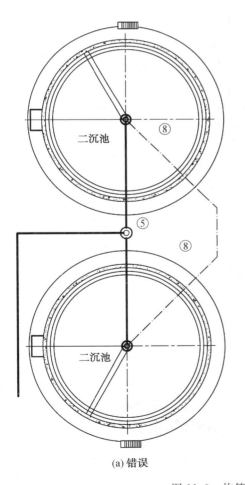

(a) 错误　　　　　　　　　　　(b) 正确

图 11.9　构筑物编号常见问题及修正

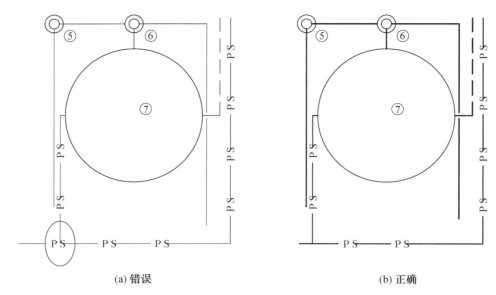

(a) 错误　　　　　　　　　　　(b) 正确

图 11.10　管线常见问题及修正

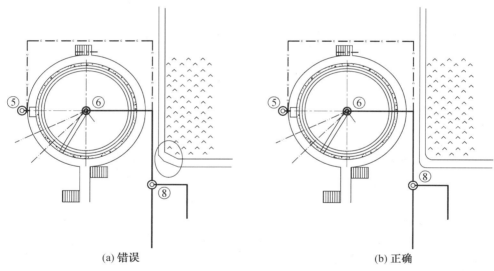

(a) 错误　　　　　　　　　　　(b) 正确

图 11.11　污水厂内道路常见问题及修正

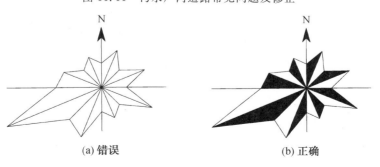

(a) 错误　　　　　　　　　　　(b) 正确

图 11.12　风向玫瑰图问题及修正

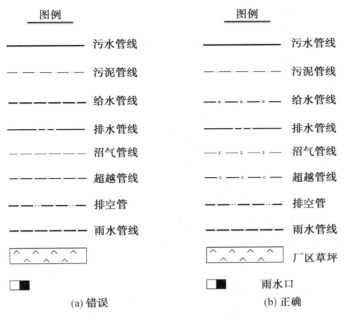

图 11.13 图例常见问题及修正

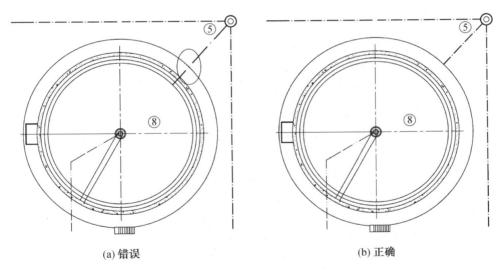

图 11.14 点画线问题及修正

下,各构筑物高程应根据出水高程、水力损失等依次确定。其布设原则如下:

(1)污水处理厂的水力高程布置是在平面布置完成之后进行的,应先计算处理构筑物之间的水头损失、确定各自高程,再进行高程布置。高程布置解决的是净化构筑物和建筑物的高程设计问题,其结果反映在高程布置图上。

(2)为了保证污水在各构筑物之间能够顺利自流,必须精确计算各构筑物之间的水头损失,包括污水流经处理构筑物本身的水头损失,污水流经前后两构筑物管渠的沿程损失、局部损失以及污水流经计量设备的水头损失,此外,还应考虑污水厂扩建时预留的贮备水头。

(3)为了降低运行费用和便于维护管理,污水在处理构筑物之间的流动,以按重力流考

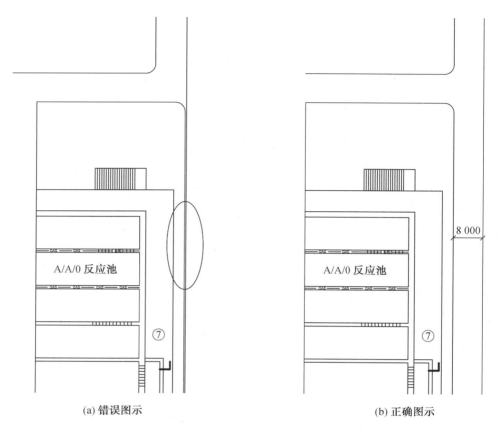

(a) 错误图示　　　　　　　　　(b) 正确图示

图 11.15　污水厂内预留道路问题及修正

虑为宜,并设计选择一条距离最长,水头损失最大的流程进行水力计算。

(4)水力计算参考以接纳水体的最高水位作为起点,逆污水处理流程向上倒推计算,以使处理后污水在洪水季节能自流排出,而水泵需要的扬程也较小,运行费用也较低。

(5)同时应考虑构筑物的埋深,不宜太大或太小,埋深太大会增加施工难度和加大投资和维护费用,埋深太小会造成某些构筑物架空并增加水泵提升高度。

(6)高程布置时,还应考虑污水流程和污泥流程的配合,尽量减少污泥的提升。在确定污泥干化厂、污泥浓缩池、消化池等构筑物的高程时,应注意使它们的污泥水能自动流入污水处理构筑。高程的布置应考虑全厂土方量的开挖平衡。

11.2.3　污水处理厂水力高程布置图水头损失及计算

污水处理厂水力高程图计算过程中水头损失主要包括以下几方面。

(1)污水流经各处理构筑物的水头损失。

各处理构筑物(设备)的水头损失和构筑物中集配水渠的水头损失在构筑物的设计计算中应给出。

(2)连接管渠的水头损失(沿程水头损失 & 局部水头损失)。

为简化计算,认为水流为均匀流。管渠的水头损失主要有沿程水头损失和局部水头损失。

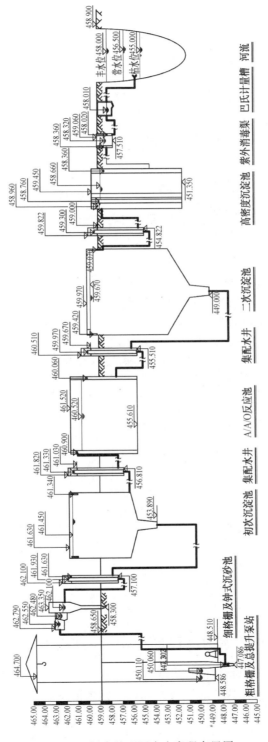

图 11.16　污水处理厂水力高程布置图

①沿程水头损失 h_f。

$$h_f = \frac{v^2}{C^2 R} L \tag{11.1}$$

式中　　v——水流速度,m/s;

　　　　L——管段或渠道长度,m;

　　　　C——谢才系数,$C = \left(\frac{1}{n}\right) R^{1/6}$;

　　　　R——水力半径,m;

　　　　n——管壁粗糙系数,该值根据管渠材料而定。

②局部水头损失 h_m。

$$h_m = \sum \frac{v^2}{2g} \tag{11.2}$$

式中　　Σ——局部阻力系数可参考《给水排水设计手册》取值;

　　　　v——水流速度,m/s;

　　　　g——重力加速度,m/s²。

由于矩形渠道水头损失的水力计算表资料较为缺乏,故用上式进行计算;但铸铁管道的水力计算可查《给水排水设计手册》来进行计算。

（3）污水流经量水设备的水头损失

污水流经量水设备的水头损失相关工程系数见表 11.1。

表 11.1　污水流经量水设备的水头损失相关工程系数

管道及构筑物名称	Q_s/(L·s⁻¹)	D/mm	L/m	I/%	V/(m·s⁻¹)	水头损失/m				水面标高/m	
						沿程	局部	构筑物	合计	上游	下游
出水口－计量槽	742	1 000	29.2	0.985	0.94	0.029	0.045		0.074	90.25	90.18
接触池	371			·				0.3	0.300	90.92	90.62
接触池－CAST 池	371	700	49	1.64	0.97	0.080	0.386		0.466	91.38	90.92
CAST 池	742							1.7	1.700	93.08	90.92
CAST 池－沉砂池	7A2	1 000	18	0.985	0.94	0.018	0.473		0.491	93.57	93.08
沉砂池	371							0.2	0.200	93.77	93.57
细格栅	371							0.15	0.150	93.92	93.77
细格栅－泵房	371	700	14.2	1.64	0.97	0.023	0.048		0.071	93.99	93 92

11.2.4　污水处理厂水力高程布置图污泥高程损失

由于目前有关污泥水力特性的研究还不够,因此对于污泥管道的计算,目前主要采用权宜的经验公式或实验资料。这些经验公式及计算图表极不完善,并有条件限制,所以本次设计则根据经验数值进行。

设计污水厂内的污泥输送为重力管道,坡度常用 0.01~0.02,最小管径为 200 mm,中途设置清通口,以便在堵塞时用机械清通或高压水冲洗。局部水头损失按沿程水头损失的

30%计算。各构筑物的污泥水头损失取经验值(表 11.2)。

污泥高程布置应遵循以下几点。

(1)由初沉池液面高程推算贮泥池液面高程,再由贮泥池液面高程反推浓缩池液面高程。

(2)由一级消化池高程再推算二级消化池高程和脱水机房高程。

(3)确定曝气池至浓缩池的污泥泵提升高度。

(4)确定贮泥池至一级消化池的污泥泵提升高度。

表 11.2　污水处理厂水力高程布置图污泥高程损失相关工程系数

管道及构筑物名称	Q_s/(L·s⁻¹)	D/mm	V/(m·s⁻¹)	L/m	水头损失/m			水面标高/m			构筑物泥面标高
					沿程	局部	构筑物	合计	上游	下游	
CASS 池							2	2.00	90.68	88.68	90.68
CAST 池—污泥泵房	14.86	200	0.473	156	0.41	0.07		0.48	88.68	88.20	
提升 3.78 m											
污泥泵房—浓缩池	14.86	200	0.473	33	0.09	0.07		0.16	91.98	91.82	
浓缩池							1.5	1.50	91.82	90.32	91.82
浓缩池—贮泥池	2.3	200	0.073	14.1	0.01	0.01		0.02	90.32	90.30	
贮泥池							1.50	1.50	90.30	88.80	90.3
贮泥池—控制间	4.6	200	0.146	29.3	0.01	0.01		0.02	88.80	88.79	
控制间—一级消化池	1.15	200	0.037	4.4	0.01	0.01		0.02	93.82	93.80	
一级消化池							1.5	1.50	93.80	92.30	93.8
一级消化池—二级消化池	2.28	200	0.073	50	0.01	0.01		0.02	92.30	92.28	
二级消化池							1.50	1.50	92.28	90.78	92.28
二级消化池—脱水机房								0.02	90.78	90.76	
二级消化池							1.00	1.00	90.76	89.76	90.76

11.2.5　污水处理高程图布设中常见问题

污水处理高程图布设中常见问题如下。

(1)未标出地面高程(图 11.17)。

(2)未标出丰水位、常水位和枯水位(图 11.18)。

(3)出水水位设置问题(图 11.19)。

(4)应考虑 SBR 和 CASS 工艺的滗水深度(图 11.20)。

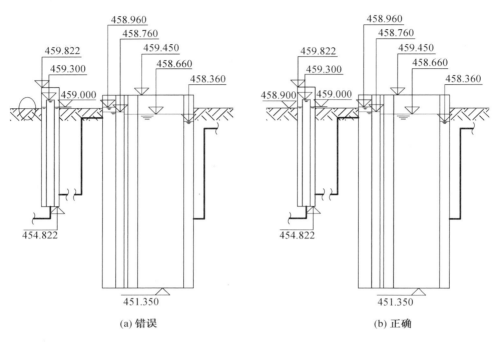

(a) 错误　　　　　　　　　　　　　(b) 正确

图 11.17　有/无标出地面高程对比

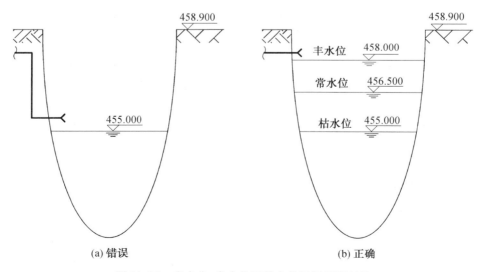

(a) 错误　　　　　　　　　　　　　(b) 正确

图 11.18　丰水位、常水位和枯水位标记正误对比

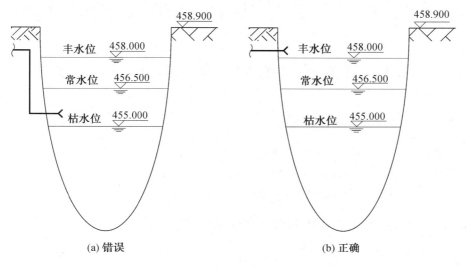

图 11.19　出水水位正误对比

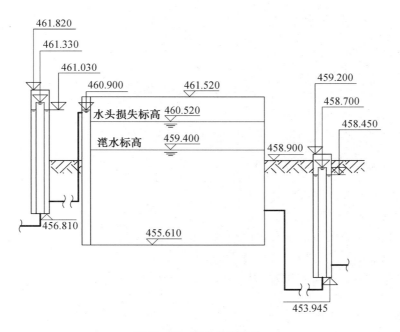

图 11.20　滗水深度设计

第 12 章　本科毕业设计的规范化写作

12.1　开题报告的规范化写作及基本要求

12.1.1　开题检查的基本要求

(1)检查学生的选题是否合适、方案论证是否可行、工作量是否适宜。

(2)检查开题报告内容是否完整、格式是否正确。

(3)检查小组根据任务书、开题报告及学生开题情况给出评分。

12.1.2　规范化写作的开题报告需具备的条件

(1)格式正确、沟通良好(开题报告版本是否正确、设计任务书是否认真阅读、日志指导需教师签名、地形图是否认真阅读)。

(2)方案可行、工作量大。

(3)注意细节、避免错误。

(4)认真准备 PPT。

12.1.3　开题报告的内容

(1)本设计的目的和意义。

(2)本设计的工程背景及设计依据。

(3)拟开展设计方案(主要设计内容、方法及参考文献)。

(4)工作进度安排、预期成果。

(5)设计过程中可能遇到的困难和问题,以及解决的措施。

12.1.4　开题报告能力考查

(1)调查研究,查阅文献资料的能力。

(2)方案论证,分析比较的能力。

(3)设计、计算、绘图与标准规范的正确选择的能力。

(4)本专业常用工艺、设备的应用能力。

(5)本专业英文资料阅读能力,利用计算机 CAD 绘图软件和表、图、公式的录入与编辑能力。

(6)撰写设计说明书的能力。

(7)语言表达,思维能力,以及准确阐述观点、清晰回答问题的能力。

12.1.5　开题报告样式

开题报告封面样式如图 12.1 所示。

哈尔滨工业大学

毕业设计（论文）开题报告

题目：辽宁省鞍山市铁东区A区的城市排水工程

专　　业　　<u>　环境工程　</u>

学　　生　　<u>　　xxx　　</u>

学　　号　　<u>　xxxxxxxx　</u>

指导教师　　<u>　　xxx　　</u>

日　　期　　<u>2020 年 5 月 15 日</u>

哈尔滨工业大学教务处制

图 12.1　开题报告封面样式

12.2　中期报告的规范化写作及基本要求

12.2.1　中期报告检查重点

(1)学生是否按计划完成规定工作。

(2)如期完成整个论文工作的可能性。

(3)回答专家问题的情况。

(4)检查教师的指导工作情况。

12.2.2　中期报告应具备的条件

(1)格式正确、沟通良好，如中期报告版本、日志指导教师签名、图纸指导老师签名。

(2)包含大量计算细节，如管网设计计算、污水处理构筑物计算。

(3)英文文章翻译(建议翻译最新一年的英文权威期刊论文)。

(4)注意细节、避免错误。

(5)认真准备PPT。

12.2.3　中期报告的主要内容

(1)论文工作是否按开题报告预定的内容及进度安排进行。

(2)目前已完成的研究工作及结果。

(3)后期拟完成的工作及进度安排。

(4)存在的困难与问题。

(5)如期完成全部论文工作的可能性。

12.3　设计说明书的规范化写作及基本要求

12.3.1　设计说明书的要求

(1)设计工作依据、思路、计算、成果的集结。

(2)内容总共10章,涵盖基本设计背景、初步设计、管网布设、污水一级处理、二级处理、深度处理、污泥处理处置、泵站设计、平面布置、工程概算等内容。

(3)150页左右,4万字以上。

(4)毕业答辩过程中专家组必检查的材料。

12.3.2　设计说明书重点章节内容组成及初步讲解

通常情况下,排水管网的规划设计、污水的一级处理、污水的二级处理、污水的后续处理、污泥处理、泵站的设计是设计说明书的重中之重。

1. 绪论部分

(1)毕业设计背景,要详细介绍设计的必要性、紧迫性,最好引用当前的环保形势,设计区域的污染现状等基本情况。

(2)毕业设计资料,应对指导老师布置的设计说明书进行解读,结合设计区域城市地形图、工厂分布、人口分布等对设计说明书材料进行整理。

2. 排水管网的规划设计

(1)排水体制及其选择,包括合流制、分流制、混合排水制。

(2)排水系统及管网定线,包括设计原则、定线原则、定线说明(污水处理厂、管线走向)。

(3)排水管网水力计算,包括公式、最小埋深、最小坡度、控制点、整体埋深。

(4)排水管网电算,如市政工程设计软件等。

(5)排水管网方案的技术经济性比较,具体比较案例见表12.1。

表 12.1　排水管网方案的技术经济性比较

方案	提升点	提升流量 /(L·s^{-1})	提升扬程/m	提升泵站 造价/元	管网造价 /万元	总造价 /万元
方案一	46	256.81	4.508	1 400 713.7	763.022	986.936 9
方案二	20	414.63	5.3	838 432.22	782.532	866.375 4

3. 污水处理厂初步设计

(1)设计方案的选择,要结合待处理污水水质特征、污水排放标准、当地气候条件、当地经济条件等进行科学性的选择。

(2)污水量及处理程度的计算,应遵循标准为先、计算准确、留有余地。

4. 污水的一级处理

(1)格栅的设计计算应注意不选用地下格栅。

(2)沉沙池的设计计算,可选择平流式沉砂池、竖流式沉砂池、曝气沉砂池、钟式沉砂池(一般吸砂机)、旋流沉砂池(真空吸砂机)中的一种。

5. 污水的二级处理(CASS、SBR、氧化沟、AAO)

(1)选择合理的工艺。

(2)选定参数。

(3)反应池尺寸计算(泥龄计算、污泥产率系数、反应污泥量、总污泥量、主反应池容积、污泥浓度、污泥负荷)。

(4)进出水系统(特别对于 SBR、CASS 工艺的滗水器出水高度)。

(5)曝气系统(降解单位含碳有机物需氧量——$1.1 \sim 1.5 \ kgO_2/kg \ BOD$、空气干管、空压机选择)。

6. 污泥处理

(1)污泥量计算,产生 80% 含水率的污泥的体积一般按处理污水体积的万分之六计算。

(2)污泥浓缩池,浓缩后污泥含水率降至 97%。

(3)污泥储泥池,涉及进泥量、容积、进泥高度。

(4)污泥消化池,包括污泥有机质、反应温度、有机物降解率、产气量、沼气收集及循环利用系统。

(5)污泥脱水,根据污泥处理处置的最终途径选择脱水后污泥的含水率。

12.3.3　优秀的设计说明书应具备的条件

(1)管网设计计算合理。

(2)污水处理厂平面布设图、污水处理厂高程图设计计算合理。

(3)管网剖面图规范设计。

(4)污水处理厂工艺选择合理,污水处理厂构筑物设计计算正确,污水处理设备选型准确,污水处理达标,污水处理成本低廉。

(5)污泥处理处置设施设计计算科学合理。

(6)泵站设计计算合理。

(7)文献翻译"信达雅"且为最新优秀文献。

(8)水力计算、构筑物计算合理。

(9)格式正确。

(10)为所介绍的内容承担责任。

12.3.4　开题报告、中期报告及设计说明书中常见问题剖析

（1）报告中目录级别设置问题，正确目录级别应显示到三级目录，如图 12.2 所示。

目　录

图 12.2　正确目录级别设置

（2）格式不对，行间距问题，公式中字母的斜体和正体未调整，如图 12.3 所示。

（3）字体问题，如英文、数字、全角、半角、上下标、字体大小、正体、斜体等问题，具体如图 12.4 所示。

式中：$t = t_1 + mt_2$；

$\quad\quad\quad\quad$ t——集水时间，min；

$\quad\quad\quad\quad$ t_1——地面集水时间，昆明市取 12 min；
$\quad\quad\quad\quad$ m——折减系数，设计管渠为暗管，取 2；
$\quad\quad\quad\quad$ t_2——管道内雨水流行时间，min。

图 12.3　格式和行间距问题

沉泥区高度

$h = h_a + 0.06 L2 = 0.6 + 0.06 \times 3$

池体总高度 H，设超高 $h_1 = 0.3$ m

《评估在实验规模下改进 A2O 工艺的污水中含氮化合物的去除》

（a）

表 4.1

项目	1978	1987	1997	2004	2008	2010	2014
污水处理厂数目/座	42	87	230	637	1 459	2 832	5 300
污水处理量/(亿吨/年)	—	10	20	85.7	190	340	430

（b）

生活污水平均流量 $Q_1 = 75\ 297\ 474 \text{L/d} = 871.50 \text{L/s}$

工厂 A 最大排水量 $Q_2 = 4\ 000\ \text{m}^3/\text{d} = 46.30 \text{L/s}$

工厂 A 最大排水量 $Q_3 = 2\ 000\ \text{m}^3/\text{d} = 23.15 \text{L/s}$

生活污水变化系数 $K_z = 1.33$

城市污水设计流量：$Q = Q_1 + K_z + Q_2 + Q_3 = 1\ 228.545 = 106\ 146\ \text{m}^3/\text{d}$

（c）

图 12.4　字体问题

（4）设计说明书内容太少，工作量不够；行文语言表达不通畅。

（5）报告导师未签名、未书写意见；日志导师未签名；设计任务书导师未签名，相关信息未书写。

12.3.5　开题报告、中期报告及答辩 PPT 如何准备及讲解重点

Microsoft Office PowerPoint，是微软公司设计的演示文稿软件。通常用来向听众进行自我展示或者信息展示。毕业设计过程中，大部分学院要求学生结合 PPT 进行设计内容的讲解及展示，一份优秀的 PPT 对毕业设计的成功展示非常重要。

1. 优秀的 PPT 汇报应具备的条件

一份优秀的 PPT 通常需要包含以下要素：优质的内容、良好的模板、和谐的配色、简练必需的动画，再配上铿锵有力的演讲和必要的互动，便是一个优秀的汇报。

2. PPT 布局要点

（1）内容不在多，贵在精当。

（2）色彩不在多，贵在和谐。

（3）动画不在多，贵在需要。

（4）文字要少，公式要少，字体要大。

3. PPT 设计及讲解重点

（1）提纲挈领。按照开题报告、中期报告的大纲进行汇报。

（2）简洁明了。文字较少、多放图片、多进行详细的讲解。

（3）注意细节。避免错别字的出现。

（4）图文并茂。重点对管网布设图、管道剖面图、平面布置图等图的细节进行展示。

（5）实事求是。对所做的设计内容如实地进行展示。

（6）数据说话。列出关键的数据、结论和计算过程。

4. PPT 制作和演示应注意的问题

（1）好看很重要但千万不要花里胡哨、要简洁明了，注重齐、整、简、适，忌杂、乱、繁、过。

（2）多画些示意图，文字尽量少而简洁。

（3）颜色不要太多，最多不要超过四种（黑、红、绿、蓝就够了）、对比要鲜明，不要用黄色、亮绿这种和白底对比很弱的颜色。

（4）字体大小要合适。论文题目使用 44 号或者 40 号字体；标题使用 30～36 号左右；下面内容使用 22～24 号左右，字体大小层次要有区分。

（5）不能照读 PPT，照本宣科。

（6）避免长难句和排版混乱。

（7）白底 PPT 应选择黑字、红字或者蓝字；蓝底可配白字或者黄字，避免暗红色；黑底应配白字或者黄字。

（8）Magic Seven 原则：文字行数 7±2。

（9）KISS 原则：KEEP IT SIMPLE AND STUPID。

（10）文不如表、表不如图。

（11）汇报时应态度严肃、衣着整洁、举止大方，语速适中，面对观众，可适当借助肢体语言。

5. PPT 要有明晰的逻辑，并且突出中心思想

制作 PPT 时，首先应从目的出发，然后分角度去拆解。PPT 中的大标题要表达中心思想，小标题一般是该页 PPT 的关键词，其他字体一般为简明扼要的内容。通常采用备注法和核心内容凝练法对相关内容进行总结。

6. 争取成为 PPT 高手

高手在做 PPT 时通常会思考大段文字如何简化、图片如何能出效果、表格怎样安排才好看、图标该如何做、逻辑结构如何提升、特效怎样出彩等问题，力争使自己的 PPT 简明易懂、合规漂亮，见表 12.2。

表 12.2　如何成为 PPT 高手

菜鸟会想	高手会想
母版是哪里下载的	为什么用这个母版
背景主题能不能复制过来	背景主题和论点是否协调
动画特效我要是能做出来就好了	动画对沟通有帮助吗
他的图表怎么就这么漂亮呢	有更合理的图表来表达观点吗
这个字体哪里来的	字体字形对听众阅读有影响吗
色彩该怎么调整才好看呢	光影设置如何和现场灯光匹配
PPT 真漂亮啊	PPT 有说服力吗
...	...

第13章 城市排水工程方案经济性比较

方案的经济性比较在城市排水工程建设的各个阶段都存在,总体而言,方案的经济性比较有助于控制项目总投资、优化设计方案,从而从源头上减少设计方案的变更,有助于业主的科学决策。在排水工程设计建设中,不同的技术通常均能够达到设计目标要求,故经济方案的比较尤显重要。

在城市排水方案的比较中,首先应对各方案进行投资估算(概算),然后对各方案建设过程的成本进行评估。在达到设计技术要求的前提下,通过比较各方案投资、成本的高低对方案进行优选。

13.1 城市排水工程概算组成及概算指标

13.1.1 投资概算组成

由于城市排水工程建设过程中固定资产投资远远大于无形资产和递延资产投资,所以对城市排水工程进行工程概算书编制的过程中一般将重点放在固定资产投资方面。总体上,建设项目总投资组成如图13.1所示。

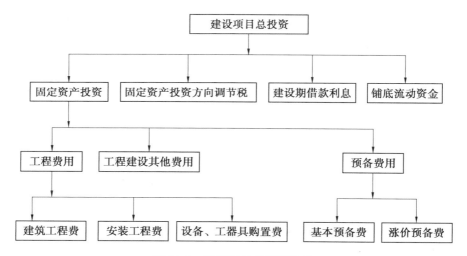

图 13.1 建设项目总投资组成

相较于固定资产投资方向调节税、建设期借款利息和铺底流动资金,固定资产的投资约占整个项目总投资的 90% 左右,是其中最重要的组成部分。

在固定资产投资组成中,工程费用又占固定资产投资的 80% 左右。所以,在进行排水工程投资方案比较时,为了减少计算的烦琐与重复,常常将工程费用作为各方案比较的重要依据。

13.1.2　定额的选用

在进行排水工程经济方案比较的过程中,排水工程概算所采用的定额主要有:预算定额、概算定额、概算指标以及估算指标。

1. 预算定额

预算定额是确定建筑安装工程产品价格的依据。预算定额通常是按照国家方针政策编制,经过国家或授权机关批准,具有法定性的一种指标。

2. 概算定额

概算定额是预算定额的扩大与综合,是估算建设项目投资的依据,其规定了完成单位扩大分项工程或单位扩大结构构件所必须消耗的人工、材料和机械台班的数量标准。概算定额是扩大初步设计阶段编制设计概算和技术设计阶段编制修正概算的依据;是对设计项目进行技术经济分析和比较的基础资料之一;是编制建设项目主要材料计划的参考依据;是编制概算指标的依据;是编制招标控制价和投标报价的依据。

3. 概算指标

概算指标是确定某一建筑物、构筑物或设备、生产装置的人工、材料及机械消耗数量的标准,通常以实物量或货币为计量单位。例如,对于建筑工程是以每 m、m^2、m^3、座等用量或每万元投资消耗量表示;对于设备安装工程是以每台、t、座设备或生产装置用量或占设备价格的比率,一定计量单位生产能力的装置消耗量表示。

概算指标用于编制可行性研究报告书或项目建议书的投资估算,编制物资计划、建设计划,也用于建设项目方案的经济性比较及财务评价。

4. 估算指标

估算指标,是在编制项目建议书可行性研究报告和编制设计任务书阶段进行投资估算、计算投资需要量时使用的一种定额。

估算指标常以实物量或货币为计量单位,来确定排水工程各主要构筑物综合投资的指标。该指标是编制项目建议书和项目可行性研究报告投资估算的主要依据,也可作技术方案的参考依据。根据不同需要可分为综合估算指标、分项估算指标、技术经济指标。

13.1.3　定额或指标使用时应遵循的原则

在使用上述的定额或指标时,应遵循以下原则。

(1)概算定额或指标是在预算定额或基础定额的基础上,扩大、综合并收集大量实际资料编制的。从精确度讲,预算定额大于概算定额,概算定额大于概算(估算)指标。

(2)基础定额、预算定额由全国统一编制,全国各省、市根据基础定额、预算定额编制了各自的预算定额及估算表;概算定额没有全国统一编制。

13.1.4　城市排水工程投资的估算指标

根据《全国市政工程投资估算指标》(HGZ 247—101—96)和《给水排水设计手册－第10 册－技术经济》(第二版),确定城市排水工程投资估算指标主要有综合指标和分项指标。

1. 综合指标

城市排水工程总造价综合指标包括设备器具购置费、建筑安装工程费、基本预备费、工程建设其他费用等,此外还包括主要材料用量,污水处理厂、泵站工程的占地数量、设备功率等。

综合指标上限适用于建设条件差、地质条件差、水环境条件差、自控程度较高、工艺标准和结构标准较高、有独立的附属建筑物等情况,必要时应按规定做相应的调整。

综合指标中的主要指标包含内容如下。

(1)建筑安装工程费,包括直接费、其他工程费、综合费用。其中直接费由人工费、材料费、机械使用费组成;其他工程费由为完成主体工程必须发生的其他工程(如平整场地、堆场、拆除旧构筑物、修建临时便道、便桥等)费用组成;综合费用则由其他直接费、间接费、利润和税金组成。

(2)设备工器具购置费。设备工器具购置费由设备价、运输费、采购保管费等项目组成,进口设备还包括关税、到岸价格、商检税及国内运杂费、银行手续费等。

(3)工程建设其他费用。该费用主要包括建设单位管理费、供配电费、研究试验费、生产准备费、联合试运转费等组成。

(4)基本预备费,主要指在初步设计和概率中未预见的工程费用。

(5)设备指标,包括各种空气压缩机、水泵、鼓风机、机械反应及搅拌设备、刮泥设备、吸泥设备及其他水处理设备的功率。

(6)占地指标,包括生产所必需的各种建筑物、构筑物所占用的土地面积,不包括预留远期发展和卫生防护地带用地。

(7)指标不包括土地使用费(含拆迁、补偿费)、施工机构迁移费、涨价预备费、建设期贷款利息和固定资产投资方向调节税。

2. 分项指标

城市排水工程分项指标主要包括建筑安装工程费、设备工器具购置费等。需要注意的是,利用分项指标计算排水管渠的建筑安装工程费应运用管渠长度指标(元/km);利用分项指标计算排水工程构筑物建设安装工程费用应运用体积、面积、容积指标,而水量指标只作为负荷综合指标时的参考。

在使用分项指标进行工程经济性评估计算时,应按拟建排水工程项目的单项构筑物、建筑物的规模、工艺标准和结构特征,选择有一定代表性的分项指标。

3. 投资的估算指标费率、价格标准及调整

城市排水工程投资的估算指标的价格标准在选定上参考工程建设当地某年度工程材料价格、人工单价、机械使用费取价格。在实际计算时,使用估算指标时应按指标消耗量及工程所在地区的当时、当地市场价格对人工费和主要材料费等进行调整,并相应计算其他材料费和机械使用费等。

在对城市排水工程投资估算的过程中,费率的选定常遵循以下约定。

(1)其他工程费用。排水管道工程的其他工程费用按指标基价的 10% 计算;排水厂站及构筑物的其他工程费用按指标基价的 8% 计算。

(2)综合费用。排水管道工程的综合费用约占总投资的 40%,排水厂站及构筑物的土建工程按总土建费用的 35.3％计算,安装工程的综合费用按安装工程总费用的 19.6％计算。

（3）工程建设其他费用。排水管道工程费率为 8.77％；排水厂站及构筑物费率为 13.47％。

（4）基本预备费。基本预备费费率为 10％。

13.2　城市排水工程概算书编制

13.2.1　工程费用估算

工程费用又称第一部分费用,主要包括建筑工程费用、设备购置费用、安装工程费用、工器具购置费用等部分,在城市排水工程建设中是总投资的重要组成部分。

1. 建筑工程费用的估算

城市排水工程的建筑工程费用估算可根据单项工程的性质进行编制,不同单项的估算方式差异明显,主要方法如下。

（1）主要构筑物或单项工程。

对于城市排水工程的主要构筑物,可采用套用估算值标（类似工程造价指标）进行编制和套用概算定额或综合预算定额进行编制两种方法。

①套用估算值标（类似工程造价指标）进行编制。该方法是指按照主要构筑物的设计规模、工艺、建设标准和主要尺寸,套用相适应的构筑物估算值标或类似工程的造价指标和经济分析资料。在此过程中,应结合工程的具体条件、地点、材料价格等可变因素,做出必要的调整。a.将人工和材料价格以及费用水平调整为预算编制年份工程所在地的市场价格和现行费率标准。b.当设计构筑物或单项工程的规模与套用工程的规模有较大差异时,应根据规模经济效应调整造价指标。c.设计构筑物与所套用指标项目的主要结构特征或结构断面有较大差别时,应对工程量进行适当调整后计算建设费用。

②套用概算定额或综合预算定额进行编制。当设计的排水工程构筑物缺乏合适的估算指标或同类工程造价指标可资套用时,则应根据主要工程量套用概算定额和综合预算定额来计算。次要工程项目费用可按估算出的主要工程项目费用来计算,该费用一般不超过主要工程项目费用的 20％。

（2）室外管道铺设。

排水管网和雨水管道铺设工程估算的编制,应采用工程建设地的管道铺设概（估）算指标或综合定额,若当地无此资料,则可采用《全国市政工程投资估算指标》内相应的管道铺设指标,但应根据工程所在地的水文地质和施工机具设备条件对工程建设项目做必要的调整。

（3）辅助性构筑物或非主要的单项工程。

辅助性构筑物或非主要的单项工程可参照估算指标或类似工程单位建筑体积或有效容积的造价指标进行编制。

（4）辅助生产项目和生活设施的房屋建筑。

辅助生产项目和生活设施的房屋建筑可根据工程所在地同类型或相近建筑标准的房屋建设的“平方米造价指标”进行编制。

2. 安装工程费用的估算

安装工程费用估算的常用方法主要有:套用估算指标或类似工程造价指标进行编制、套用概算定额或综合预算定额进行编制和按主要设备和主要材料费用的百分比进行估算等,各方法分别如下。

(1)套用估算指标或类似工程造价指标进行编制。单项构筑物管配件安装工程可根据建筑物的设计规模和工艺形式套用相适应的估算指标或类似工程技术经济指标;在此过程中,根据工程建设地实际经济状况、人力价格和物价,适当调整人工价格、材料价格以及费率标准。

当设计规模和套用估算指标项目的规模有差异时,应首先采用相同工艺形式的单位生产能力造价指标进行估算。

(2)套用概算定额或综合预算定额进行编制。若单项构筑物或构筑物的安装工程缺乏合适的估算指标或类似工程技术经济指标可供参考时,可首先计算出该工程的主要工程量,然后按概算定额或综合预算定额进行编制。

(3)按主要设备和主要材料费用的百分比进行估算。排水工程机械设备、管道、动力配电、变配电设备和自控仪表的安装费用可参考相关工程(可为不同工程性质)以主要设备和主要材料费用的百分比进行估算。安装费用占主要设备和材料费用的百分比可根据有关指标或同类工程的测算资料取定。

3. 设备购置费估算

设备购置费主要包括主要设备购置费、备品备件购置费、次要设备购置费、成套设备服务费、设备运杂费等部分。各部分费用的估算方式如下。

(1)主要设备购置费用。排水工程的主要设备费用应逐项计算,计算公式如下:

$$Q = C(1+p)^n \tag{13.1}$$

式中　Q——某设备折算成概算编制年份的价格;

　　　C——某设备第 n 年前的出厂价格;

　　　p——某设备出厂期间平均调价系数;

　　　n——某设备出厂到现在的年数。

(2)次要设备购置费用。一般按主要设备购置总价的 10% 计算。

(3)备品备件购置费。按计算出预算编制年主要设备价值的 1% 估算。

(4)成套设备服务费。可按设备总价(含主要设备、次要设备和备品设备的安装费用)的 1% 估算。

(5)设备运杂费。以设备总价为计算基础,不同地区的运杂费率差异明显,具体见表 13.1。

表 13.1　我国不同地区设备运杂费费率

序号	工程所在地区	费率/%
1	辽宁、吉林、河北、北京、天津、山西、上海、江苏、浙江、山东、安徽	6~7
2	河南、陕西、湖北、湖南、江西、黑龙江、广东、四川、重庆、福建	7~8
3	内蒙古、甘肃、宁夏、广西、海南	8~10
4	贵州、云南、青海、新疆	10~11

注:西藏边远地区和当厂址距离铁路或水运码头超过 50 km 时,可适当提高运杂费费率。

4. 工器具及生产家具购置费用

工器具及生产家具购置费用可按建设工程第一部分工程费用内设备购置费总值的 1%～2% 进行估算。

13.2.2　工程建设其他费用估算

工程建设其他费用指工程费用以外的建设项目必须支出费用，又称第二部分费用。其主要包括土地使用费及迁移补偿费、建设单位管理费、工程建设管理费、研究试验费、生产设备费、办公家具购置费、勘察设计费、工程保险费、公用事业增容补贴费、竣工图编制费、联合试运转费、施工机构迁移费，不同排水工程建设项目工程建设其他费用略有差异，应结合实际工程项目予以确定。

工程建设其他费用的取费标准可依次参考国家计委、建设部、建设项目主管部委、工程所在地的省、自治区、直辖市人民政府或主管部门制定颁发的有关其他费用的取费标准。当主管部委和工程所在地人民政府或主管部门均无明确规定时，可参考其他部委或邻近省市规定的取费标准计算。不同项目的估算方式如下。

（1）土地使用费及迁移补偿费，按各省、自治区、直辖市人民政府颁发的各项补偿费、安置补助费标准计算。

（2）建设单位管理费，以工程费用总和为基础，参考表 13.2 进行计算。

表 13.2　新建项目建设单位管理费取费标准

序号	第一部分工程费用总值/万元	计算基础	费率/%
1	100～300	第一部分工程费用总值	2.0～2.4
2	300～500	第一部分工程费用总值	1.7～2.0
3	500～1 000	第一部分工程费用总值	1.5～1.7
4	1 000～5 000	第一部分工程费用总值	1.2～1.5
5	50 000～10 000	第一部分工程费用总值	1.1～1.2
6	10 000～20 000	第一部分工程费用总值	0.9～1.1
7	20 000～50 000	第一部分工程费用总值	0.8～0.9
8	50 000 以上	第一部分工程费用总值	0.6～0.8

注：费率的选择应根据工程的繁简程度确定，一般道路及管网工程取下限，污水处理厂、泵站、桥梁工程取上限。

（3）工程建设管理费，按所监理项目概（预）算的百分比计收，具体计算见表 13.3。

（4）研究试验费，用于排水工程施工过程中必须进行的实验所需费用以及支付科技成果、先进技术的一次性技术转让费。

（5）生产培训费，根据培训人数（按设计定员的 60%）按 6 个月培训期计算生产培训费。

（6）办公和生活家具购置费，可按设计定员人数每人 1 000～2 000 元计算。

（7）勘察设计费，由工程设计费、工程勘察费和施工图预算编制费等组成。

（8）竣工图编制费，通常情况下按设计费的 5% 记取。

（9）联合试运转费，按第一部分工程费用内设备购置费总值的 1% 计算。

表 13.3 工程建设管理费收费标准

序号	工程概(预)算 M/万元	设计阶段(含设计投标) 监理取费 a/%	验工(含施工投标) 及保修阶段监理取费 b/%
1	$M<500$	$0.2<a$	$2.5<b$
2	$500\leqslant M<1\,000$	$0.15<a\leqslant0.2$	$2.00<b\leqslant2.50$
3	$1\,000\leqslant M<5\,000$	$0.10<a\leqslant0.15$	$1.40<b\leqslant2.00$
4	$5\,000\leqslant M<10\,000$	$0.08<a\leqslant0.10$	$1.20<b\leqslant1.40$
5	$10\,000\leqslant M<50\,000$	$0.05<a\leqslant0.08$	$0.80<b\leqslant1.20$
6	$50\,000\leqslant M<100\,000$	$0.03<a\leqslant0.05$	$0.60<b\leqslant0.80$
7	$100\,000\leqslant M$	$a\leqslant0.03$	$b\leqslant0.60$

13.2.3 工程预备费计算

工程预备费主要包括基本预备费和涨价预备费两部分。

(1)基本预备费。基本预备费常按工程费用和工程建设其他费用总和的 8%～10% 计算。

(2)涨价预备费。涨价预备费指项目筹建和建设期间,为建材、设备等价格可能发生上涨而预留的费用,其计算公式如下:

$$P_{\mathrm{f}} = \sum_{t=1}^{n} I_t \big[(1+f)^{t-1} - 1\big] \tag{13.2}$$

式中 P_{f}——计算期涨价预备费;

I_t——计算期第 t 年建筑安装工程费用和设备及工器具的购置费用;

f——物价上涨系数;

n——计算期年数,以编制方案的年份为基期,计算至项目建成的年份;

t——计算期第 t 年(以编制方案的年份为计算期第一年)。

13.2.4 建设期借款利息计算

建设期借款利息应根据建设期年限、资金来源和银行借款利率分别计算。

13.2.5 铺底流动资金计算

铺底流动资金,是指生产性建设工程项目为保证生产和经营正常进行,按规定应列入建设工程项目总投资的资金,一般按流动资金的 30% 计算。流动资金总额可以按年经营成本的 25% 估算。

13.2.6 建设项目总投资计算

项目总投资可分为静态总投资和动态总投资。

1. 静态总投资

静态投资是指编制预期造价时以某一基准年、月的建设要素单位价为依据所计算出的

造价时值。不包括以后时期因价格上涨等风险因素而增加的投资,以及因时间迁移而发生的投资利息支出。其计算公式如下:

静态总投资＝工程费用＋工程建设其他费用＋基本预备费＋固定资产投资方向调节税＋
　　　　　辅底流动资金　　　　　　　　　　　　　　　　　　　　　　　　(13.3)

2. 动态总投资

动态总投资指完成了一个建设项目预计所需投资的总和,包括静态投资、价格上涨等因素而需要的投资以及预计所需的投资利息支出。其计算公式如下:

动态总投资＝静态总投资＋涨价预备费＋建设期借款利息　　　　(13.4)

3. 建设项目总投资概算表

建设项目总概算是确定建设项目的全部建设费用的总文件,它包括该项目从筹建到竣工验收、交付使用的全部建设费用。它由各单项工程综合概算、工程建设其他费用、建设期贷款利息、预备费、固定资产投资方向调节税和经营性铺底流动资金组成,按照主管部门规定的统一表格编制(表 13.4)。某工程建设其他费用计算表见表 13.5。

表 13.4　某工程总投资概算表

建设项目名称:　　　　　　　　　　　　　　　　　　　　　　　第　页共　页

序号	工程或费用名称	投资金额/万元				技术经济指标				备注
		建筑工程	安装工程	设备及工器具购置	其他费用	合计	单位	数量	单位价值/元	
1	2	3	4	5	6	7	8	9	10	11

编制:　　　　　校核:　　　　　　　审核:

表 13.5　某工程建设其他费用计算表

建设项目名称:　　　　　　　　　　　　　　　　　　　　　　　第　页共　页

序号	费用名称	说明及计算式	金额(元)	备注

编制:　　　　　复核:

13.2.7　排水工程主要技术经济指标

排水工程的主要技术经济指标应包括投资、主要材料用量、用地、经营成本和劳动定员费用等指标。其评价指标主要包括单位生产能力（设计规模）指标、单位工程造价指标、主要材料消耗指标、投资分析指标和其他指标等。

1. 单位生产能力（设计规模）指标

（1）排水工程综合经济指标（元/m^3/d）＝工程总投资/设计供水量。

（2）污水处理厂工程经济指标（元/m^3/d）＝工程投资/设计水量。

（3）输水工程经济指标，管道工程按单位长度设计流量或按单位长度为计量单位[元/（m^3·d·km）或元/km]。

2. 单位工程造价指标

（1）单项处理构筑物造价[元/（m^3·d）]＝单项构筑物工程造价/日处理水量。

（2）厂、站造价[元/（m^3·d）]＝厂、站工程造价/设计水量。

（3）配水管网造价（元/km）＝配水管网工程造价/设计长度；排水管道[元/km、元/（m^3·km）]＝排水管道工程造价/设计长度或泄水面积。

（4）辅助性建筑工程造价（元/m^2 或元/m^3）＝辅助性建筑工程造价/设计面积或体积。

3. 主要材料消耗指标

（1）造价不同材质、口径的非金属管道或金属以总质量 t 计。

（2）不同规格钢材、不同标号水泥以总质量 t 计。

（3）建材、木材以 m^3 计。

4. 投资分析指标

排水工程投资比例分析时采用的主要指标包括以下几点。

（1）各项枢纽工程的工程费用占单项工程费用总计的比例。

（2）工程费用、预备费用、工程建设其他费用各占固定投资资产的比例。

（3）建筑工程费、设备购置费、安装工程费、其他费用各占建设项目总投资的比例。

5. 其他指标

城市排水工程的经济技术指标中涉及的其他指标主要包括以下几点。

（1）处理单位体积的污水消耗的能耗（kWh/m^3）＝水处理总电耗/设计水量。

（2）排水建设工期指标，以年、季、月为单位。

（3）城市排水工程的占用土地，常以 m^2、公顷、亩等计；单位处理水量占地指标以 m^2/（m^3·d）计。

（4）劳动消耗量指标。

（5）主要机电设备指标，常以 kW、t 计。

13.3　城市排水工程成本估算

13.3.1　成本组成

人们要进行生产经营活动,就必须耗费一定的人力、物力和财力等资源,其所费资源的货币表现被称为成本,成本是商品价值的组成部分。对于城市排水工程,其成本主要来自污水处理厂进行水污染控制所发生的耗费。总成本费用与经营成本关系图如图 13.2 所示。

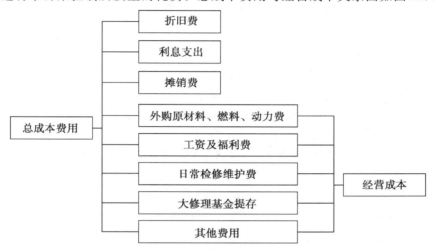

图 13.2　总成本费用与经营成本关系图

1. 总成本

总成本,是指企业在一定日期内(一般为一年)生产或运行过程中为提供某种劳务而发生的总耗费。对于城市排水工程,其总成本为外购原材料、折旧费、摊销费、燃料及动力、工资及福利费、日常检修维护费、大修基金提存、其他费用等费用的总和。

2. 经营成本

经营成本是指项目在一定时期内为生产和销售产品而花的现金。在计算时,经营成本等于外购原材料、燃料及动力、工资及福利费、日常检修维护费、大修基金提存、其他费用的总和。因此,经营成本也可以通过下式计算获得:

$$经营成本＝总成本费用－折旧费－摊销费－利息支出 \tag{13.5}$$

3. 运行成本

运行成本是指建设项目运行后在日常生产和销售产品过程中所需的资金。在计算时,运行成本等于外购原材料、燃料及动力、工资及福利费、日常检修维护费、其他费用之和,因此,运行成本也可以通过以下公式计算获得:

$$运行成本＝总成本费用－折旧费－摊销费－利息支出－大修基金提存 \tag{13.6}$$

4. 可变成本

可变成本,又称变动成本,是指在总成本中随产量的变化而变动的成本项目,主要是原

材料、燃料、动力等生产要素的价值,当一定期间的产量增大时,原材料、燃料、动力的消耗会按比例相应增多。其计算公式如下:

$$可变成本=外购原材料、燃料及动力+利息支出+其他费用 \qquad (13.7)$$

5. 固定成本

固定成本相对于变动成本,是指成本总额在一定时期和一定业务量范围内,不受业务量增减变动影响而能保持不变的成本。其计算公式如下:

$$固定成本=总成本-可变成本$$
$$=折旧费+摊销费+工资福利费+大修基金提存+日常检修维护费 \qquad (13.8)$$

13.3.2　成本计算参数

1. 固定资产折旧年限和折旧率

在城市排水工程固定资产折旧费计算上,固定资产折旧年限和折旧率一般按平均年限法计算。因此,固定资产的年折旧额等于固定资产原值和年折旧率的乘积。

年折旧率的计算可按下式进行:

$$年折旧率=(1-净残值率)/折旧年限×100\% \qquad (13.9)$$

所谓的净残值,是指当固定资产使用期满后,对应的固定资产的残余价值减去相应的清理费用后剩余的那部分价值。固定资产净残值属于固定资产的不转移价值,不应计入成本、费用中,在计算固定资产折旧时,采取预估的方法,从固定资产原值中扣除,固定资产净残值(残值-清理费用)按固定资产净值的3%~5%计算。所谓的净残值率,就是净产值占固定资产原值的比例。

在实际计算中,城市排水工程中重要设备和构筑物固定资产折旧年限参见表13.6。

表 13.6　排水工程中重要设备和构筑物固定资产折旧年限

项目名称	年限/a	基本折旧率/%	项目名称	年限/a	基本折旧率/%
机械设备	18	5.33	输电设备	28	3.43
电气设备	18	5.33	管道	30	3.2
空气压缩设备	19	5.05	水塔、蓄水池	30	3.2
自动化控制设备	10	9.6	污水池	20	4.8
半自动控制设备	12	8.0	其他建筑物	30	3.2
电子计算机	8	12.0	生产用房(砖混结构)	40	2.4
通用测试仪器及设备	10	9.6	生产用房(砖木结构)	30	3.2
成套工具及一般工具	18	5.33	受腐蚀性生产用房	30	3.2
其他非成产用设备及器具	22	4.36	生产用房(钢、钢筋混凝土结构)	50	1.92
真空吸滤机	20	4.8			

城市排水工程中涉及的设备和构筑物较多,为了便于统计,可将其固定资产折旧率按平均综合基本折旧率计算。对于排水工程中设备基本国产化的项目,其综合基本折旧率按

4.6%计算;而对于设备适量进口的项目,其折旧率可按 5.2%计算。

2. 无形资产摊销年限

所谓的无形资产的应摊销金额为其成本扣除预计残值后的金额。已计提减值准备的无形资产,还应扣除已计提的无形资产减值准备累计金额。

对于城市排水工程,无形资产按规定期限分期摊销;没有规定年限的,按不少于 10 年分期摊销。

3. 递延资产摊销年限

所谓的递延资产,是指本身没有交换价值,不可转让,一经发生就已消耗,但能为企业创造未来收益,并能从未来收益的会计期间抵补的各项支出。递延资产又指不能全部计入当年损益,应在以后年度内较长时期摊销的除固定资产和无形资产以外的其他费用支出,包括开办费、租入固定资产改良支出,以及摊销期在一年以上的长期待摊费用等。

城市排水工程的递延资产所占建设投资比重甚小,一般可按 5 年分期摊销。

4. 年大修基金提存率

对于排水工程中设备基本国产化的项目,其年大修基金提存率按 2.4%计算;而对于设备适量进口的项目,其折旧率可按 2.2%计算。

5. 日常检修维护费率

排水工程的日常检修维护费率一般可按 1%计算。

6. 定额流动资金周转天数

定额流动资金周转天数一般取定为 90 d。

7. 自有流动资金率

自有流动资金率除在建设资金筹措时无明确规定的项目外,一般按 30%估算。

13.3.3　排水工程污水处理成本计算

城市排水工程污水处理成本主要包括处理后污水的排放费、能源消耗费、药剂费、工资及福利费、固定资产基本折旧费、无形资产和递延资产摊销费、大修基金提存费、日常检修维护费、其他费用、流动资金利息支出等。各成本的计算公式如下。

1. 处理后污水的排放费 E_1

城市污水处理厂处理后污水排入水体如需支付排放费用的,其计算公式如下。

$$E_1 = 365Q \cdot e \tag{13.10}$$

式中　　E_1——污水的排放费,元/年;

　　　　Q——平均日污水量,m^3/d;

　　　　e——处理后污水的排放费率,元/m^3。

2. 能源消耗费 E_2

能源消耗费的主要组成部分为污水处理过程中所消耗的能源费。工业废水处理中还包括蒸汽、煤等能源消耗。由于其他能源消耗较少,则能源消耗费计算中主要按电费计算,其计算公式如下:

$$E_2 = \frac{8\,760Nd}{k} \tag{13.11}$$

式中　　E_2——能源消耗费，元/年；

　　　　N——污水处理厂内的水泵、空压机或鼓风机及其他机电设备的功率总和，kW；

　　　　k——污水量总变化系数；

　　　　d——电费单价，元/kW·h。

3. 药剂费 E_3

污水处理厂运行过程中药剂费包括污泥处理所需的药剂费，其计算公式如下：

$$E_3 = \frac{365Qk_1}{k_2 \times 10^6}(a_1b_1 + a_2b_2 + a_3b_3 + \cdots) \tag{13.12}$$

式中　　E_3——药剂费，元/年；

　　　　a_1, a_2, a_3——各种药剂（包括混凝剂、消毒剂、脱水药剂等）的平均投加量，确定时应考虑药剂的有效成分，mg/L；

　　　　b_1, b_2, b_3——各种药剂的相应单价，元/t；

　　　　k_1——考虑污水处理厂处理水量增加系数；

　　　　k_2——日变化系数。

4. 工人工资及福利 E_4

$$E_4 = AN \tag{13.13}$$

式中　　E_4——工人工资及福利；

　　　　A——职工每人每年的平均工资及福利费，元/(年·人)；

　　　　N——职工人数，人。

5. 固定资产基本折旧费 E_5

$$E_5 = 固定资产原值 \times 综合基本折旧率 \tag{13.14}$$

固定资产原值是指项目总投资中形成固定资产的费用。

6. 递延资产和无形资产推销费 E_6

$$E_6 = 无形资产和递延资产值 \times 年推销量 \tag{13.15}$$

递延资产和无形资产是指项目总投资中形成无形资产和递延资产的费用。

7. 大修基金提存费 E_7

$$E_7 = 固定资产原值 \times 大修基金提存率 \tag{13.16}$$

8. 日常检修维护费 E_8

$$E_8 = 固定资产原值 \times 日常检修维护费率 \tag{13.17}$$

生活污水一般可参照类似工程的比率按固定资产总值的 1% 提取。

9. 其他费用 E_9

此处其他费用包括管理和销售部分的取暖费、办公费、保险费、租赁费、研究试验费、差旅费、会议费、成本中列支的税金及其他不属于以上项目的支出等。一般可按以上各项费用总和的 15% 计算，其计算公式如下：

$$E_9 = (E_1 + E_2 + E_3 + E_4 + E_5 + E_6 + E_7 + E_8) \times 15\% \tag{13.18}$$

10. 流动资金利息支出 E_{10}

$$E_{10} = (流动资金总额 - 自有流动资金) \times 流动资金借款年利率 \qquad (13.19)$$

11. 年运行成本 E_y

年运行成本等于处理后污水的排放费、能源消耗费、药剂费、工人工资及福利、日常检修维护费和其他费用之和,其计算公式如下:

$$E_y = E_1 + E_2 + E_3 + E_4 + E_8 + E_9 \qquad (13.20)$$

12. 年经营成本 E_c

年经营成本等于处理后污水的排放费、能源消耗费、药剂费、工人工资及福利、大修基金提存费、日常检修维护费和其他费用之和,其计算公式如下:

$$E_c = E_1 + E_2 + E_3 + E_4 + E_7 + E_8 + E_9 \qquad (13.21)$$

13. 年总成本 Y_c

年总成本的计算公式如下:

$$Y_c = E_C + E_5 + E_6 + E_{10} = \sum_{j=1}^{10} E_j \qquad (13.22)$$

其中,固定成本计算公式如下:

$$Y_{cb} = E_4 + E_5 + E_6 + E_7 + E_8 \qquad (13.23)$$

可变成本计算公式如下:

$$Y_{ca} = E_1 + E_2 + E_3 + E_9 + E_{10} \qquad (13.24)$$

13.3.4　排水工程成本估算表

排水工程的成本费用的估算,一般采用"总成本费用估算表"来表达,该表格的形式见表 13.7。

表 13.7　总成本费用估算表　　　　　　　　　单位:万元

序号	项目	投产期/年		达到设计能力期/年				合计
	生产负荷/%	3	4	5	6	...	n	
1	外购原材料							
	...							
2	外购燃料及动力							
	...							
3	工资及福利费							
4	大修基金提存费							
5	日常检修维护费							
6	折旧费							
7	摊销费							
8	利息支出(含流动资金、短期、长期借款利息支出)							

续表 13.7

序号	项目	投产期/年	达到设计能力期/年					合计
	生产负荷/%	3	4	5	6	…	n	
9	其他费用							
10	总成本费用(1+2+…+9)							
	其中:固定成本(3+4+5+6+7)							
	可变成本(1+2+8+9)							
11	经营成本(10-6-7-8)							
12	运行成本(11-4)							

13.4　城市排水工程方案经济比选

13.4.1　城市排水工程方案的比较原则

城市排水工程进行方案比较时,应遵循以下原则。

(1)两(多)方案必须具有可比性。这里的可比性包括满足设计需求、建设费用可比、价格指标可比和时间上可比。在此基础上,进行各方案所含全部因素的经济效益方面的对比。

(2)经济方案比较时以动态分析为主,动态分析与静态分析相结合。这里所说的动态分析将不同时间内资金的流入和流出转换为同一时的价值,能反映出未来时期的发展变化情况。

(3)以定量分析为主,辅以定性分析。在进行项目方案费用和效益等方面分析时,应扩大经济因素的数量化范围,进行全方位的定量分析。对于一些不能量化的指标,辅以定性分析。

(4)以宏观效益分析为主,兼顾微观效益分析。

以某建设项目拟定的两个不同的工艺方案为案例,令第一方案的建设投资为 I_1,每年经营费用为 E_1;再令第二方案的建设投资为 I_2,每年的经营费用为 E_2。

比较两个方案的结果有三种情况存在:

(1)当 $I_1 < I_2$,$E_1 < E_2$ 时,第一种方案经济为优选方案。

(2)当 $I_1 > I_2$,$E_1 > E_2$ 时,第二种方案经济为优选方案。

(3)当 $I_1 > I_2$ 而 $E_1 < E_2$ 或 $I_1 < I_2$ 而 $E_1 > E_2$ 时,此时需要通过静态或动态的比较计算来确定方案的优劣。

13.4.2　静态比较

在进行方案经济比选时,常用的静态比较方法主要有静态差额投资收益率法、静态差额投资回收期法和计算费用法等。

(1)静态差额投资收益率法是指利用差额投资收益率作为指标来评价多个方案的经济

效益。其计算公式如下：

$$R_{a} = \frac{C_1 - C_2}{I_2 - I_1} \times 100\% \tag{13.25}$$

式中　　R_{a}——静态差额投资收益率；

　　　　C_1，C_2——方案 1、2 的年经营费用，且 $C_1 > C_2$；

　　　　I_1，I_2——方案 1、2 的总投资，$I_2 > I_1$。

当 R_{a} 值大于基准的静态投资收益率 i_c 时，说明投资额较大的方案优于投资额较小的方案；反之，当 $R_{a} < i_c$ 时，说明投资额较小的方案优于投资较大的方案。

(2) 静态差额投资回收期法。所谓的差额投资回收期指的是用年成本的节约额，逐年回收因投资增加所需要的年限，用 P_{a} 表示，其计算公式为：

$$P_{a} = \frac{I_2 - I_1}{C_1 - C_2} \tag{13.26}$$

假定 P_{c} 为基准投资回收期，当 $P_{a} > P_{c}$ 时，说明投资略小的方案优于投资略大的方案；反之，则表明投资较大的方案较优。

(3) 计算费用法。

当 $\dfrac{C_1 - C_2}{I_2 - I_1} > i_c$ 时，亦即 $R_{a} > i_c$ 时，方案 2 优于方案 1，此时 $C_2 + i_c I_2 < C_1 + i_c I_1$。

我们将 $C_1 + i_c I_1$ 和 $C_2 + i_c I_2$ 分别定义为方案 1 和方案 2 的计算费用，可推导出，在进行多个(n 个)方案比较时，若第 j 个方案的 $C_j + i_c I_j$ 最少，说明第 j 个方案优。

13.4.3　动态比较

进行动态比较时，重点考虑资金在不同时间的价值，其主要分析方法有净现值法、差额投资内部收益率法、最低价格法和效益／费用法等。

1. 净现值法

所谓的净现值法，是利用净现金效益量的总现值与净现金投资量算出净现值，然后根据净现值的大小来评价投资方案。净现值为正值，投资方案是可以接受的；净现值是负值，投资方案就是不可接受的。其方法有两个：

(1) 净现值总额法：计算各方案的净现值总额，结果最大者为优选方案。

(2) 投资增额净现值法。将待比较各方案按投资额由小到大排序，从小到大依次计算相邻两方案现金流量之差，再考虑某一方案比另一方案增加的投资在经济上是否合算。两个方案现金流量之差的现金流量的净现值为投资增额净现值，若投资增额净现值大于零，则投资增加是合算的，应选投资较大的方案；反之，则应选投资较小的方案。

2. 差额投资内部收益率法

差额投资内部收益率法是指在计算出两个原始投资额不相等的投资项目的差量现金净流量的基础上，计算出差额内部报酬率，并据以判断这两个投资项目孰优孰劣的方法。其计算公式为

$$\sum_{t=1}^{n} [CF_2 - CF_1]_t (1 + \Delta\,\text{IRR})^{-t} = 0 \tag{13.27}$$

式中　　CF_2——投资较大的方案的净现金流；

$$CF_1——\text{投资较小的方案的净现金流；}$$

$$IRR——\text{差额投资内部收益率；一般可用试差法求得。}$$

差额投资内部收益率大于或等于基准收益率时，投资较大的方案较优，此方法与净现值法得出的结论是一致的。

3. 最低价格法

对于产品价格标准不确定、产品质量差异明显的方案进行比较时，当其产品为单一产品或能折合为单一产品时，可采用最低价格法。该方法分别计算比较方案净现值等于零时的产品价格并进行比较，以产品价格较低的方案为优。其计算公式如下：

$$P_{\min} = \frac{\sum_{t=1}^{n} CF_t (1+i)^{-t}}{\sum_{t=1}^{n} Q_t (1+i)^{-t}} \qquad (13.28)$$

式中　　Q_t—— 第 t 年产量；

CF_t—— 第 t 年费用支出；

i—— 要求的收益率为 10% 。

4. 效益 / 费用法

分别计算比较方案各自的费用（当量年成本表示）与效益（用现值或当量年限表示），若费用 / 效益 <1，则方案在经济上是合理的；反之则不合理。

13.5　排水工程方案技术经济比选

13.5.1　评价设计方案的技术经济指标

城市排水工程的技术经济评价指标主要包括建设投资指标、年经营费指标、占用土地指标、主要动力设备指标和基建劳动力与主要材料消耗指标等。

1. 建设投资指标

建设投资是指城市排水工程建设期间所支出的全部资金，其评价指标主要包括单位水量总投资指标和单位水量工程投资指标。

其中单位水量总投资指标等于项目总投资除以项目设计规模，其单位通常用元 /（m^3/d）。

单位水量工程投资指标等于项目工程投资除以项目设计规模，单位为元 /（$m^3 \cdot d^{-1}$）。

2. 年经营费指标

年经营费是工程投产后产品的成本费用。年经营费指标常用单位污水处理费用指标表示。

单位污水处理费用等于排水工程年经营费用除以项目设计规模。

3. 占用土地指标

污水处理厂占地指标通常用项目占地面积除以项目设计规模获得，其单位通常为 $m^2 /（m^3 \cdot d^{-1}）$。

4. 主要动力设备指标

主要动力设备指标可用单位处理水量设备功率指标和单位水量使用设备功率指标来表示。

其中单位处理水量设备功率指标可通过计算项目主要动力设备功率和项目设计规模之比获得,单位通常为 $kW/(m^3 \cdot d^{-1})$;而单位水量使用设备功率指标可通过计算项目使用设备功率和项目设计规模之比获得,单位通常为 $kW/(m^3 \cdot d^{-1})$。

5. 基建劳动力与主要材料消耗指标

基建劳动力与主要材料消耗指标可按方案的主要工程量分析工料消耗或参考有关技术经济资料计算。

13.5.2 设计方案经济评价的步骤

1. 排水工程方案投资的估算

在进行城市排水工程方案投资估算过程中,既可以采用全部投资估算法,也可以采用相对投资估算法。总体而言,全部投资估算法虽然能够对工程费用、工程建设其他费用、预备费、建设期贷款利息以及铺底流动资金等费进行详细的计算,但该方法计算过程中花费时间较多,不能在短时间内获得工程量等内容。上述两方法的定义如下。

(1) 全部投资估算法。全部投资估算法是指根据某方案的全部工程内容,按工程费用、工程建设其他费用、预备费、建设期贷款利息以及铺底流动资金等费用进行详细统计计算。由于该方法详细细致,不仅可用于方案比选,还可用于最优方案的最终投资估算。

(2) 相对投资估算法。在该方法的应用过程中,各方案的投资估算中仅对存在差异的工程内容、工程量等进行统计比较。相对法分为两种:① 按工程费用、工程建设其他费用、预备费、建设期贷款利息以及铺底流动资金等费用组成计算各方案的投资;② 按照工程费用各其他费用的不同计算各个方案的投资。

2. 各方案成本的估算

排水工程运行过程中的成本费用包括总成本、经营成本、运行成本等,必要时,还应计算固定成本和可变成本。估算中应根据各方案的运营管理期间所需年成本费用组成来计算。其估算方法主要有全部成本估算法和相对成本估算法。

(1) 全部成本估算法。全部成本估算法是指根据工程某一建设方案的全部建设内容,详细计算得出结果。该方法需时较长,工作量大。

(2) 相对成本估算法。相对成本估算法是指将需对比的两个或多个方案成本中组成内容、数量等不同之处进行统计评估,按成本计算方法计算各方案的成本。

3. 各方案的经济性比较

在进行各方案经济性比较时,常用的方法主要有逐项比较法、综合比较法和综合评分法、两两对比加权评分法等。

(1) 逐项比较法。项目建设及运行过程中技术经济指标中的项目投资(I)和年经营费(C)两指标对项目经济指标的评价和方案选择意义重大,所以在项目设计方案评价中,常常将上述两项逐项进行比较,并以货币的形式表示结果,进而对工程建设投产前后的经济效果进行客观的比较。

（2）综合比较法。在工程技术经济指标分析中，诸如占用土地、主要材料及主要动力设备等指标通常不能直接以货币形式表现，但上述指标在某些特殊情况下十分重要，对工程的建设起到决定性的作用，所以不能只采用简单的逐项对比法，而应采用综合比较法，所得结论才比较合理、科学。例如，在设计方案技术经济性比较中存在着 I（项目投资）$>C$（年经营费）或 $C>I$ 的情况，但上述两指标又不是完全独立的，彼此之间又有内在联系，两者综合起来可以反映总的经济效果和劳动消耗。

在项目经济性比较过程中，综合比较法常用到的公式为

$$I + T_0 C = 最小 \tag{13.29}$$

式中　　T_0—— 一定额投资偿还年限，年；

　　　　I—— 项目投资，元；

　　　　C—— 年经营费用，元。

该公式计算方便，适用于同时比较两个以上的设计方案。

定额投资偿还年限 $T_0 =$ 投资额 / 年积累数（年盈利数）

定额投资效果系数 $e = 1/T_0$

根据国内资料分析，城市排水工程的定额投资偿还期 T_0 可采用 20 年，其额定投资效果系数 e 为 0.05。

（3）综合评分法。项目建设的经济效益包括直接经济效益和间接经济效益两个方面。直接经济效益是指可以直接通过定量的费用和数量计算出经济的效果，又称内部效益；而直接经济效益无法用经济的尺度来衡量，如排水工程建成投入使用后带来的环境效益和社会效益。因此，对于此类不能直接计量的间接效益（或外部收益），我们可采用定性的办法进行评价；所以，对城市排水工程经济效益进行计算的过程中，常常将定量与定性的方法相结合，该方法被称为综合分析法。

综合评分法的计算步骤如下：

第一，按已确定的标准投资计算出工程效益、建设期限和有效使用期，计算出待评估各方案的项目总投资和年经营费的净现值，求出各方案的相对百分数。

第二，根据工程的特点，确定若干项评价指标，各项评价中效益最大的为 5 分，最差的为 1 分，然后将确定的若干评价指标根据其重要性的大小程度进行极差量化处理（加权）。可分为意义不大、应考虑、重要、很重要、极重要五个等级。假设"意义不大"为一级，依权按 2^{n-1} 进级，则"应考虑"为 $2 = (2^{2-1})$，"重要"为 $4 = (2^{3-1})$，"很重要"为 $8 = (2^{4-1})$，"极重要"为 $16 = (2^{5.1})$。

第三，根据步骤一和步骤二确定的评价指标及加权数，对待评估的方案进行逐项评分，得出评价值，计算出各项指标的得分。各项指标的得分之和，为该方案总得分。

第四，将各方案的总得分进行比较，进行优选，具体见表 13.8、13.9。

表 13.8　指标、权数表

序号	评价指标项目	加权数	序号	评价指标项目	加权数
1	经济方面	16	4	移民安置	8
2	环境效益	16	5	施工方面	4
3	占用土地	8	6	管理方面	2

表 13.9　综合评价表

评价指标序号	1	2	3	4	5	6	总得分
重要等级(加权)	16	16	8	8	4	2	
方案评价值	3	3	4	4	4	4	184
(一)得分	48	48	32	32	16	8	
方案评价值							
(二)得分							
方案评价值							
(三)得分							
方案评价值							
(四)得分							

　　(4) 两两对比加权评分法。技术经济数学模型的应用能够解决大部分工程的经济效益评估过程中的问题,但城市排水工程具有其自身的特殊性,其建设运行过程与社会、环境有着密切的联系,只有从社会效益、环境效益等方面进行全面分析、综合评价,才能获得综合效益的最优方案。但综合比较法虽然能够较好地反映出计算结果,但很难反映出各评价指标的重要程度。此外,综合评分法虽然对权重进行了考察,但该过程中权重的准确值不易确定,容易出现人为偏差。

　　基于上述考虑,在工程经济效益评估中,引入了两两对比加权评分法,这可以在较大程度上克服不易确定权重和人为的偏差。其评价过程及计算方法如下。

　　① 列出方案的评价指标。应根据具体城市排水工程项目的特点,全面分析,扼要地罗列重要评价指标,指标的选择应尽可能地使评价指标能全面反映工程实际情况。

　　② 采用两两对比评价指标的权重 W_i。各评价指标在不同的排水工程技术方案中,所占的重要程度有所不同,因此应根据评价对象的具体情况,分别将各评价指标与其余评价指标一次一项地逐项对比评分,每一次为两次评价指标对比,根据各自在技术方案中的重要程度,评出各自的得分,如每对指标的分数和为 1.0,则按其在技术方案中的相对重要程度可计为:(0.9,0.1);(0.8,0.2);(0.7,0.3);(0.6,0.4);(0.5,0.5)。在此过程中,保证对比的两个指标的得分之和始终为 1.0。经过这样对比计分,如技术方案中一共有 n 项综合评价指标,则每项指标共有 $n-1$ 次得分,各项指标总分记为 P_i,即

$$P_i = \sum_{k=1}^{n-1} F_{ik} \tag{13.30}$$

式中　　P_i——第 i 项指标总分($i=1,2,\cdots,n$);

　　　　F_{ik}——第 i 项指标,第 k 次对比得分($k=1,2,\cdots,n-1$)。

　　以每项指标总分与全部指标总分的比值表示各项指标的权重 W_i。设两两对比的总组数为 N,则 N 是从 n 个元素中每次取 2 个元素的组合,即

$$N = C_n^2 = \frac{n!}{2!\ (n-2)!} = \frac{n!}{2(n-2)!} = \frac{n(n-1)}{2} \tag{13.31}$$

式中　　n——意义同前。

全部指标总分为

$$P = mN = m\frac{n(n-1)}{2} \tag{13.32}$$

式中　　P——全部指标分数之和；

　　　　N——每组对比指标的分数之和(实际上 $m = 1.0$)。

各项指标的权重 W_i 为

$$W_i = P_i/P \tag{13.33}$$

计算各项指标的权重，一般采用列表计算较方便。

③ 得出各个技术方案的各项评价指标得分 P_{ji}。根据各个技术方案对各项指标的满足程度，评出各个技术方案的各项评价指标得分。一般按 100 分制分为五个等级，即优、良、中、差、最差五级，各级得分值列于表 13.10。

表 13.10　　分级标准

等级	优	良	中	差	最差
得分值 P_{ji}	100 ~ 90	89 ~ 70	69 ~ 50	49 ~ 30	< 30

④ 得出各个技术方案的总分 F_j。

各个技术方案的各项评价指标的加权平均之和，即为各技术方案的总评分数，即

$$F_j = \sum_{i=1}^{n} W_i P_{ji} \tag{13.34}$$

⑤ 确定综合效益最优的技术方案。

由上式计算的各方案的总评分 F_j，进行比较分析，高分值为最优，从而得到综合效益最优的技术方案。

各项评价指标权重及各方案得分见表 13.11 ~ 表 13.13。

表 13.11　　各项评价指标权重计算表

得分项 ＼ 对比指标	$P_i = \sum_{k-1}^{n-1}(i=1)$	$W_i = P_i/P$
1		
2		
⋮		
n		
总计	$\sum P_i = P$	$\sum W_i = 1.00$

表 13.12　　各方案中各项得分指标 P_a

方案 ＼ 对比指标	1	2	⋯	n
方案一				
方案二				
方案三				

表 13.13　各方案总分 $W_i P_i$

对比指标	1	2	⋯	n	总得分
权　重 W_i 方　案					
方案一					
方案二					
方案三					

第14章 本科毕业设计中文献的
查阅方法及文献翻译

为了鼓励本科生学习、了解相关领域国内外研究学习常用的专业词汇,大多数高校在毕业设计中要求本科生翻译至少一篇与所做设计相关的高水平英文文献,故本章对如何查阅文献、如何进行忠于原文的翻译、如何避免翻译中常见错误等进行介绍。

14.1 如何查到最新和相关的文献

不同高校图书馆中进行英文文献的查阅及下载略有差别,本书以哈尔滨工业大学图书馆中论文的下载为例,对文献的下载方法进行介绍。

1.方法一

(1)进入哈尔滨工业大学主页(图 14.1)。

图 14.1 高校主页

(2)进入工大图书馆中的资源选项,选择数据库(图 14.2)。

图 14.2　高校图书馆数据库

（3）进入后查看外文数据库（图 14.3）。

中文数据库		外文数据库	
图书馆电子资源校外访问	>	AIAA美国航空航天学会数据库	>
北大法宝数据库	>	AIAA美国航空航天学会电子图书	>
博看人文社科期刊数据库	>	AIP美国物理研究所	>
创新树-全球创新知识服务平台	>	Annual Reviews 综述数据库	>
畅想之星光盘数据库	>	APS 美国物理学会	>
超星学术视频	>	AMS美国数学学会免费电子图书	>
cnki工具书	>	ASCE 美国土木工程学会	>
畅想之星电子书	>	ASME 美国机械工程师学会	>
CIDP制造业数字资源平台	>	A&HCI 艺术和人文科学引文索引	>
超星电子图书（读秀知识库服务平台）	>	Academic Search Premier (ASP) 综合学科参考类全文数据库	>
EPS全球统计数据/分析平台	>	ACM 美国计算机学会	>
e线图情	>	ACS 美国化学学会	>

图 14.3　外文数据库

（4）进入 Elsevier Science、ACS、IWA、John Wiley、Tayloy 等常用英文数据库进行文献的查询与下载（图 14.4）。

（5）进入上述数据库后选择 Advanced Search（高级搜索）（图 14.5）。

（6）选择关键词进行搜索（图 14.6）。

2. 方法二

（1）进入工大主页（图 14.7）。

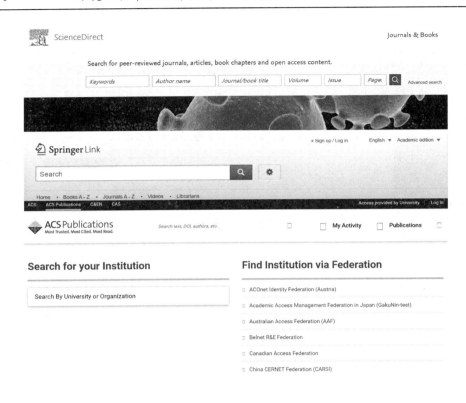

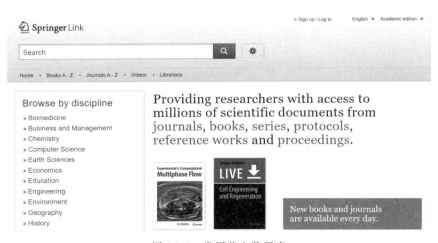

图 14.4　常用英文数据库

ScienceDirect   Journals & Books

Advanced Search

Search tips ⑦   Find articles with these terms

                                 _____

                                 In this journal or book title   Year(s)

                                 _____   _____

                                 Author(s)   Author affiliation

                                 _____   _____

                                 Title, abstract or author-specified keywords

                                 _____

                                 ∨ Show all fields

                                                                    Search Q

图 14.5　选择高级搜索

ScienceDirect   Journals & Books

Advanced Search

Search tips ⑦   Find articles with these terms
                                 wastewater treatment plant
                                 _____

                                 In this journal or book title   Year(s)

                                 _____   _____

                                 Author(s)   Author affiliation

                                 _____   _____

                                 Title, abstract or author-specified keywords
                                 SBR   ✕
                                 _____

                                 ∨ Show all fields

                                                                    Search Q

图 14.6　输入关键词

（2）进入工大图书馆中的服务（图 14.8）。

（3）点击学科服务（图 14.9）。

（4）进入相关数据库入口中的 SCI 科学引文索引（图 14.10）。

（5）进入 Web of Science（图 14.11）。

（6）开始搜索文献（图 14.12）。

图 14.7　高校主页

图 14.8　高校图书馆

图 14.9　学科服务

- ◆ Web of Science（SCI、SSCI、A&HCI）收录期刊一览

  - · 科学引文索引（SCI）收录期刊　（国外站点，需付国际流量费）

  - · 科学引文索引扩展版（SCI Expanded）收录期刊（国外站点，需付国际流量费）

  - · 社会科学引文索引（SSCI）收录期刊　（国外站点，需付国际流量费）

  - · 艺术与人文引文索引（A&HCI）收录期刊　（国外站点，需付国际流量费）

- ◆ 投稿指南

  - · SCI中收录的期刊目录

  - · SSCI中收录的期刊目录

  - · A&HCI中收录的期刊目录

- ◆ 相关数据库入口

  - · SCI科学引文索引

  - · JCR期刊引证报告

图 14.10　SCI 科学引文索引

Web of Science

Clarivate
Analytics

工具 ▾　检索和跟踪 ▾　检索历史　标记结果列表

选择数据库　| 所有数据库　　　　　　　　　　　　▾ |

基本检索　　被引参考文献检索　　高级检索

| 示例: oil spill* mediterranean ✖ | 主题　　　　　　　　　　　▾ |　检索　　检索提示

+ 添加行 | 重设

时间跨度

| 所有年份 (1950 - 2020) ▾ |

更多设置 ▾

图 14.11　Web of Science

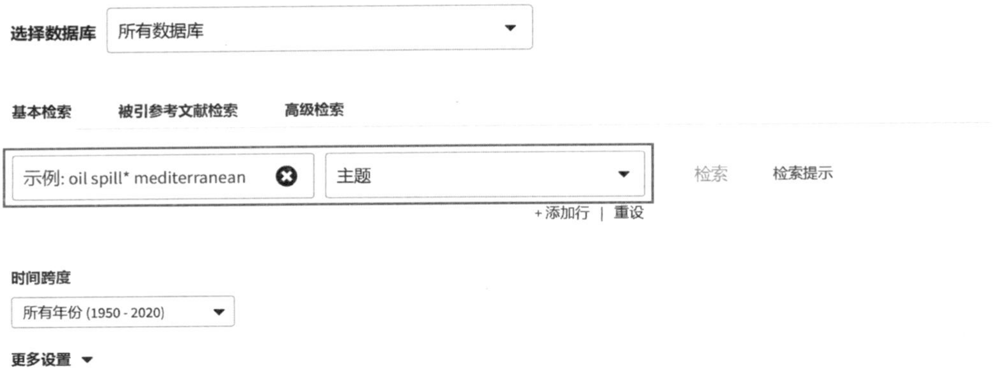

图 14.12　搜索文献

14.2　相关英文文献翻译中注意事项

外文文献翻译应尽可能与所做毕业设计在内容上有一定的吻合度,并且翻译后文章应该通顺、准确、格式正确。在英文文献翻译过程中,应避免以下问题的出现:

(1)翻译文献与所做设计完全不相关。

(2)文献过于陈旧,没有参考价值。

(3)翻译英文文献出处不详(如部分同学选择在百度文库上下载没有出处的不正规文献)。

(4)翻译文章未进行格式调整,文稿格式混乱影响答辩成绩。

(5)未对文献中图表名称进行翻译。

(6)文字大小和字体格式运用不准确,特别是新罗马字体、半角字体、斜体字等字体未规范化使用。

(7)全文行文不通畅、晦涩难懂。

(8)未对文献全文进行准确翻译。

14.3　怎样做到文献翻译的准确

英文文献的翻译一般需要进行 4 个方面的工作:①了解文献的写作背景和研究涉及的领域;②对相关文献中涉及的研究内容对应的中文文献进行了解,了解相关专业词汇的用法和意义;③通读全文,尝试读懂文献内容;④翻译成句,仔细琢磨,认真修改。通常情况下,好的翻译需要以下步骤支撑。

(1)了解相关文献的背景知识。由于本科生未接受正规的科研训练,对涉及领域较窄、相对专业的英文文献所讲的内容不甚熟悉,故在翻译英文文献之前,有必要阅读大量与之相关的中文文献,以熟悉相关的专用名词及背景知识。

(2)熟悉待翻译的文献。翻译是以原作品为出发点,以翻译成中文为目标的学习过程。对原文的理解程度将影响到最后翻译的"信、达、雅",所以,建议在正式翻译文献之前多读几遍,对不认识的单词进行查阅、了解,这样才能完全理解文献的主旨思想、层次。

（3）用词准确。对于行业的专有名词，如果翻译不准确的话很可能影响读者的理解，故应准确检查相关专有名词和句中关键词的意思，以达到"使读者读完译文之后的收益与原作一致"目标。

（4）对文献中图标题及表中内容进行翻译。通常情况下，文献中图、表内容是整篇文献的核心内容及科研结果，故有必要对相关内容进行准确翻译。

（5）翻译完文献后仔细检查。在翻译完文献后，应对翻译后整篇文章进行润色修改，并进行信息核对。

（6）进行格式上的修改、完善。完成文献翻译后，应对翻译后的 Word 文档进行行间距、字体、图表格式的修改，对上下标字体、斜体字等字体进行核对。

14.4　翻译中常见问题详解

（1）与所做设计内容完全不相关（图 14.13）。

Contents lists available at ScienceDirect

Science of the Total Environment

journal homepage: www.elsevier.com/locate/scitotenv

Persistence and availability of veterinary antibiotics in soil and soil-manure systems

Beatriz Albero, José Luis Tadeo, Miguel Escario, Esther Miguel, Rosa Ana Pérez *

Departamento de Medio Ambiente, Instituto Nacional de Investigación y Tecnología Agraria y Alimentaria (INIA), Ctra. de la Coruña, Km. 7, 28040 Madrid, Spain

HIGHLIGHTS

- Sulfonamides and lincomycin showed the highest levels in soil solution.
- A correlation was observed between antibiotic availability, incubation time and DOC.
- Except for fluoroquinolones, a fast dissipation of antibiotics in soil occurred.
- Entry route affects the fate of antibiotics in soil.

GRAPHICAL ABSTRACT

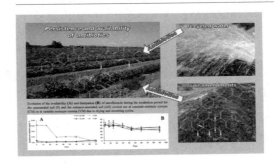

图 14.13　内容无关问题

（2）文献太过陈旧（图 14.14）。

（3）没有进行最后的格式调整（图 14.15）。

（4）文章没有出处，随意从百度文库中下载（图 14.16）。

（5）未对文章中的图表名称进行翻译（图 14.17）。

（6）字体格式混乱（图 14.18）。

〉 Appl Biochem Biotechnol. Spring 2002;98-100:935-45.

Treatment of Sewage Sludge Generated in Municipal Wastewater Treatment Plants

Célia R G Tavares [1], Cláudia T Benatti, Benedito P Dias Filho

图 14.14　文献陈旧问题

在香港，海水厕所冲水已经实行了数十年，为 80%的居民提供服务以减少淡水短缺（Leung 等人，2012）。结果是香港污水中的硫酸盐浓度高于 150 mg S / L（Wang 等，2009），这导致污水输送系统，CEPT 反应器和厌氧消化池中的硫酸盐生产潜力很高。当添加铁以抑制硫化物时，亚铁硫化物（FeS），亚铁氢氧化物（Fe（OH）2），元素硫（S0）和硫酸盐（SO2-）是根据等式的主要产品。（1）e（3）（Brock 和 O'Dea，1977 年）。这些产品可进一步用于自养脱氮（Di Capua 等，2015；Gong 等，2016；Sahinkaya 等，2014）。

$$Fe^{2+} + HS^- \rightarrow FeS + H^+ \tag{1}$$

$$2Fe^{3+} + 3HS^- \rightarrow 2FeS + S^0 + 3H^+ \tag{2}$$

$$FeS + 8Fe^{3+} + 22H_2O \rightarrow 9Fe(OH)_2 + SO_4^{2-} + 26H^+ \tag{3}$$

即使使用 FeS 或 Fe(OH)₂ 作为唯一电子给体的自养脱氮得到了证实 (Gong 等人，2016)，也没有研究认为利用铁化学污泥作为快速自给体脱硝的电子供体是可行的。因此，进行了一系列的批处理试验，以研究使用 FeS, Fe(OH)₂和 S°作为电子污泥中自养正电子组成的电子供体的可行性。另外，在实验的开始和结束时，在实验室规模的流式厌氧污泥层批处理实验中测量了脱氮性能，其稳定在 7.1 附近。每小时用注射器从与每个测试瓶相连的采样阀中抽取样品，以监测铁，硫化物，硫酸盐，硝酸盐和亚硝酸盐的变化。同时进行无电子供体剂量的对照试验，以记录处理后的活性污泥中残留的脱硝电位。还进行了无活性污泥的平行测试以进行非生物控制。所有批次测试至少进行了 3 次。

图 14.15　格式问题

Oxidize the ditch craft in dirty water handle of application and development

Summary: This text expatiated primarily the Carrousel oxidizes the construction, craft mechanism of the ditch and circulate the problem

图 14.16　文献出处不明问题

Table 2

Physicochemical properties of unamended soil (S) and soil amended with poultry manure (AS).

	S	AS
pH	8.14	8.30
EC (dS m^{-1})	0.28	0.35
%CO$_3$	3.7	4.2
%N	0.13	0.18
%OM	2.04	2.70
C/N ratio	9.10	8.7
TOC (mg kg^{-1})	243.5	370.9
CEC (cmol kg^{-1})	16.7	17.2
P (mg kg^{-1})	15	71
Ca (mg kg^{-1})	2814	2711
Mg (mg kg^{-1})	186	228
Na (mg kg^{-1})	15	60
K (mg kg^{-1})	392	584

图 14.17　图表名称未翻译问题

[1]高伟丽.我国城市环境污染现状及防治措施[].技术与市场，2017: 334.

[2]姚澄字. 我国城市水污染现状剖析与对策初探[刀]给水排水，2010: 138-143.

[3] 王嘉,王湛,杨文涛,等.中国水资源现状及其未来发展方向展望[J].环境工程, 2014 :1-5.

[4] Car leton M G. Compar ion of over flows from separate and comb ined sewers-
Quantityand quality [J]. WATER SCIENCE AND TECHNOLOGY, 1990, 22 (10/11): 31-38.

图 14.18　字体格式混乱问题

（7）行文不通畅（图 14.19）。

　　污水处理厂产生的污泥量预计将显著增加,在这两个工业化国家和新兴市场国家，由于延长污水系统和先进的污水处理,废水和改善仍然在许多卫生系统工程质量差。治疗和/或处置污.泥约占总成本的-.半污水处理。实际上，污泥处理的选择受到场地位置和运输成本等非技术因素的强烈影响。

图 14.19　行文不通畅问题

参 考 文 献

[1] 中华人民共和国住房和城乡建设部,中华人民共和国国家质量监督检验检疫总局.室外排水设计规范:GB 50014—2006(2016 年版)[S].北京:中国计划出版社,2016.

[2] 张自杰.排水工程.下册[M].北京:中国建筑工业出版社,2015.

[3] 莫骄.给水排水工程专业课程设计与毕业设计资料集[M].长沙:湖南大学出版社,2009.

[4] 杨莉.环境工程设计基础[M].北京:机械工业出版社,2015.

[5] 柴晓利,冯沧,党小庆.环境工程专业毕业设计指南[M].北京:化学工业出版社,2008.

[6] 李益编.建筑工程 CAD 制图[M].北京:北京理工大学出版社,2012.

[7] 中华人民共和国建设部,国家质量监督检验检疫总局.给水排水工程构筑物结构设计规范:GB 50069—2002[S].北京:中国建筑工业出版社,2003.

[8] 北京市市政工程设计研究总院.给水排水设计手册第 05 期:城镇排水[M].北京:中国建筑工业出版社,2004.

[9] 张智.排水工程上册[M].5 版.北京:中国建筑工业出版社,2015.

[10] 任南琪,马放.污染控制微生物学[M].4 版.哈尔滨:哈尔滨工业大学出版社,2011.

[11] 张辰.污水处理厂改扩建设计[M].北京:中国建筑工业出版社,2015.

[12] 李娟.城市污水处理厂工艺设计研究[D].西安:西安建筑科技大学,2008.

[13] 余杰,田宁宁,王凯军.我国污泥处理、处置技术政策探讨[J].中国给水排水,2005(08):84-87.

[14] 季民,马德刚.建立毕业设计管理体系 提高毕业设计质量[J].中国大学教学,2007(05):20-22.

[15] 郑梅.污水处理工程工艺设计[M].北京:化学工业出版社,2017.

[16] 北京市市政工程设计研究总院.给水排水设计手册 第 5 册[M].北京:中国建筑工业出版社,2016.

[17] 高俊发,王社平.污水处理厂工艺设计手册[M].北京:化学工业出版社,2003.

[18] 顾夏声.水处理工程[M].北京:清华大学出版社,1985.

[19] 刘振江,崔玉川.城市污水厂处理设施设计计算[M].3 版.北京:化学工业出版社,2011.

[20] 李亚峰,尹士君.给水排水工程专业毕业设计指南[M].北京:化学工业出版社,2003.

[21] 张智,张勤,郭士全,等.给水排水工程专业毕业设计指南[M].2 版.北京:中国水利水电出版社,2000.

[22] 朱华清,陈云霞,叶君耀.环境工程 CAD 技术[M].上海:华东理工大学出版社,2011.

[23] 霍晓卫.城市给排水工程规划设计概预算与定额施工及验收实用全书(中册)[M].北

京：中国环境科学出版社，2000.

［24］余健.给水排水工程概预算与经济分析［M］.北京：化学工业出版社，2002.

［25］上海市政工程设计研究总院有限公司.市政工程设计概算编制办法［M］.北京：中国计
　　　划出版社，2011.

［26］潘倩，陈蓉.科技文献阅读与翻译（新祖视域普通高等教育大学英语规划教材）［M］.北
　　　京：人民邮电出版社，2014.